职业教育汽车工程专业“十四五”规划教材
互联网+新形态活页式教材

新能源汽车构造与检修

刘 钢 孙常林 主编

图书在版编目（CIP）数据

新能源汽车构造与检修／刘钢，孙常林主编．—天津：天津大学出版社，2023.6

职业教育汽车工程专业“十四五”规划教材　互联网＋新形态活页式教材

ISBN 978－7－5618－7404－2

Ⅰ．①新…　Ⅱ．①刘…　②孙…　Ⅲ．①新能源－汽车－构造－职业教育－教材　②新能源－汽车－车辆修理－职业教育－教材　Ⅳ．①U469.7

中国版本图书馆 CIP 数据核字（2023）第 018678 号

出版发行　天津大学出版社
地　　址　天津市卫津路 92 号天津大学内（邮编：300072）
电　　话　发行部：022－27403647
网　　址　www.tjupress.com.cn
印　　刷　北京盛通印刷股份有限公司
经　　销　全国各地新华书店
开　　本　787mm×1092mm　1/16
印　　张　14.5
字　　数　327 千
版　　次　2023 年 6 月第 1 版
印　　次　2023 年 6 月第 1 次
定　　价　45.00 元

《新能源汽车构造与检修》编委会

主　编　刘　钢　潍坊职业学院

　　　　　孙常林　潍坊职业学院

副主编　郑希江　莱芜职业技术学院

　　　　　郑　聪　枣庄职业学院

编　委　许建忠　北京汇智慧众汽车技术研究院

　　　　　张国华　潍坊力神动力电池系统有限公司

前　言

汽车在给人们提供便捷、高效、舒适的工作和生活体验的同时，也带来了很多问题，如能源危机、环境污染等。为缓解资源与环境的双重压力，各国相继出台了一系列政策来支持新能源汽车的发展。我国“十五”“十一五”“十二五”“十三五”“十四五”规划，从不同维度、不同层次，持续支持新能源汽车产业发展。

新能源汽车在传统汽车的基础上进行子系统的改进和革新，比如电驱动系统、新型变速系统、储能系统等。这些系统总成之间存在复杂的耦合关系，使得整车集成优化、控制、安全设计等诸多方面都面临巨大的挑战。新能源汽车包含混合动力汽车、纯电动汽车、燃料电池汽车、代用燃料汽车等不同类型。当前，在我国，新能源汽车的主流研发推广方向是纯电动汽车。我国自主品牌的新能源汽车生产商，如北汽、比亚迪、吉利、理想、小鹏、蔚来等已经在新能源汽车市场取得了一定成绩。随着我国个人购买的纯电动汽车的数量急剧增加，新能源汽车行业对技能人才的需求量也不断增大。

“新能源汽车构造与检修”是新能源汽车技术、新能源汽车运用与维修、新能源汽车制造与检测等专业的必修课。本书采用任务描述的方式导入学习内容，注重实用性，力求概念叙述清楚，内容深入浅出。同时，本书从培养学生维修新能源汽车技能的角度出发，培养学生的实际动手能力，以科学性、实用性、通用性为原则，以使教材符合职业教育汽车类课程体系设置；以内容为核心，注重形式的灵活性，以使学生易于接受。

本书以职业教育理实一体化课程改革模式作为课程设置与内容选择的参考，其主要特点是任务引领、理实一体、内容丰富、实车为例、图文并茂、通俗易懂、实用性强。本书还配有数字信息化教学资源，益教易学。

本书为高职高专院校新能源汽车专业、汽车运用技术专业等的教学用书，也可作为成人高等教育或汽车技术人员培训教材，以及汽车维修人员和汽车技术爱好者的自学用书。

本书由潍坊职业学院刘钢、孙常林担任主编。在本书编写过程中，上海景格科技股份有限公司提供了大力支持，在此表示衷心感谢。

由于编者的水平有限，书中难免有错漏之处，敬请读者批评指正。

编　者

2023 年 6 月

目　录

任务一　纯电动汽车基本结构认识　001

任务描述 / 001
学习目标 / 002
知识准备 / 002
实训技能 / 005
思考与练习 / 009
学习小结 / 010

任务二　纯电动汽车基本检测技术　011

任务描述 / 011
学习目标 / 011
知识准备 / 011
实训技能 / 018
思考与练习 / 023
学习小结 / 024

任务三　纯电动汽车驱动电机系统　025

任务描述 / 025
学习目标 / 025
知识准备 / 025
思考与练习 / 048
学习小结 / 049

任务四　纯电动汽车驱动系统拆装与检测　050

任务描述 / 050
学习目标 / 050
知识准备 / 050
实训技能 / 051
思考与练习 / 068
学习小结 / 069

任务五　纯电动汽车动力电池系统结构与控制原理　070
任务描述 / 070
学习目标 / 071
知识准备 / 071
思考与练习 / 075
学习小结 / 076

任务六　纯电动汽车动力电池拆装与检测　077
任务描述 / 077
学习目标 / 078
知识准备 / 078
实训技能 / 088
思考与练习 / 097
学习小结 / 098

任务七　纯电动汽车动力电池管理系统检测　099
任务描述 / 099
学习目标 / 101
知识准备 / 101
实训技能 / 110
思考与练习 / 115
学习小结 / 115

任务八　纯电动汽车充电系统　117
任务描述 / 117
学习目标 / 117
知识准备 / 117
实训技能 / 122
思考与练习 / 124
学习小结 / 125

任务九　纯电动汽车总线控制系统结构与检修　126
任务描述 / 126
学习目标 / 126
知识准备 / 126
实训技能 / 132
思考与练习 / 136
学习小结 / 137

任务十 纯电动汽车整车控制策略实验 138

任务描述 / 138
学习目标 / 138
知识准备 / 138
实训技能 / 148
思考与练习 / 152
学习小结 / 153

任务十一 纯电动汽车能量回收系统结构与控制原理 154

任务描述 / 154
学习目标 / 154
知识准备 / 154
思考与练习 / 166
学习小结 / 167

任务十二 纯电动汽车制动系统结构与检修 169

任务描述 / 169
学习目标 / 169
知识准备 / 169
实训技能 / 181
思考与练习 / 182
学习小结 / 183

任务十三 纯电动汽车电动空调系统结构与检修 184

任务描述 / 184
学习目标 / 184
知识准备 / 184
实训技能 / 194
思考与练习 / 199
学习小结 / 200

任务十四 纯电动汽车常见故障诊断与排除 201

任务描述 / 201
学习目标 / 201
知识准备 / 201
实训技能 / 209
思考与练习 / 219
学习小结 / 219

任务一
纯电动汽车基本结构认识

任务描述

1881 年，第一辆使用铅酸电池的纯电动汽车诞生，其出现早于燃油汽车。1900 年，在欧美出售的 4 200 辆汽车中，40% 是蒸汽机车，38% 是纯电动汽车，剩下的 22% 才是燃油汽车。20 世纪初期，随着发动机技术的发展、启动机的发明以及生产技术的提高，燃油汽车在这一阶段形成了绝对的优势。而纯电动汽车因充电不便，在这一阶段退出了汽车市场。21 世纪初期，因电池技术有所突破，各国开始大规模研发纯电动汽车。随着电池功率密度和电机动力的提升，以及燃油汽车带来能源短缺、环境污染和全球变暖等问题，当前，新能源汽车成为汽车的主要发展方向。我国更是大力推进新能源汽车的技术发展和产品落地，目前我国已经成为全球新能源汽车保有量、产销量最高的国家。

纯电动汽车（Electric Vehicle，EV 或 Battery Electric Vehicle，BEV），即由电动机驱动的汽车，驱动电能源于车载可充电蓄电池或其他能量储存装置。

2012 年 5 月 11 日，《纯电动乘用车 技术条件》（GB/T 28382—2012）正式发布实施，该标准适用于使用动力蓄电池驱动、5 座以下的纯电动汽车，对车速、安全、质量分配、加速性能、爬坡性能、低温性能、可靠性等方面的技术指标做了详细的规定。纯电动汽车具有以下特点。

1）优点

（1）对环境污染小。纯电动汽车本身不排放污染大气的有害气体，即使按所耗电量换算为发电厂的污染物排放量，除硫和微粒外，其他污染物也显著减少。发电厂大多建于人口密度较低的城市边缘，因而对人类危害较小。而且发电厂是固定不动的，各种废弃物集中排放，清除各种有害排放物较容易，也已有了相关成熟的技术。

（2）有效缓解石油短缺危机。电力可以从多种一次能源获得，如煤、核能、水力、风力、光、热等，因而有助于人们摆脱对石油资源的过度依赖。

（3）提高发电设备的经济效益。纯电动汽车可以充分利用晚间用电低谷时富余的电力充电，使发电设备日夜都能被充分利用，提高经济效益。

（4）节约能源，减少温室气体排放。有关研究表明，同样的原油经过粗炼，送至发电厂发电，电力充入电池，再由电池驱动汽车，其能量利用效率比经过精炼变为汽油，再经汽油机驱动汽车高。因此，使用纯电动汽车有利于节约能源和减少二氧化碳的排放量。

(5) 技术相对简单、成熟，只要有电力供应的地方都能够对纯电动汽车充电。

正是这些优点，使纯电动汽车的研究和应用成为汽车工业的“热点”。有专家认为，对于纯电动汽车而言，目前基础设施建设及价格影响了其产业化的进程。

2) 缺点

(1) 续驶里程较短。目前，纯电动汽车的技术尚不如燃油汽车完善，尤其是动力蓄电池的寿命短、成本高、储能量小、一次充电后续驶里程较短以及受温度等环境因素影响较大。

(2) 成本高。目前，纯电动汽车主要采用锂离子蓄电池，成本较高，需要“碳积分”交易和国家补贴来降低成本。

(3) 安全性。锂离子蓄电池的稳定性有待进一步提高。

(4) 充电时间较长。纯电动汽车一般交流充电（慢充）时长为6~8 h，直流充电（快充）时长为0.5 h左右，但经常直流快充会对动力蓄电池寿命产生不利影响。

(5) 配套设施有待完善。纯电动汽车使用的方便性远不如燃油汽车，日后还要加大配套基础设施的建设力度。

随着纯电动汽车技术的不断发展，特别是动力蓄电池容量和循环寿命的增加，配套基础设施的完善，以及制造成本和销售价格的降低，纯电动汽车一定会得到更广泛的应用。

值得注意的是，纯电动汽车的电机能量主要来自电池，而电池储存的电能主要来自国家电网，随着纯电动汽车保有量的增加，用电量也会随之增加。如果国家电网的电能都来自煤炭发电，就会增加煤炭发电产生的污染。另外，动力蓄电池废弃以后，也要合理利用，不能造成二次污染。总之，纯电动汽车的使用，在整个循环产业链上都应该保证“低碳”“清洁”。

本任务主要介绍纯电动汽车的定义、基本结构及其结构特点。

学习目标

1. 正确描述纯电动汽车的定义。
2. 掌握纯电动汽车的基本结构。
3. 列举纯电动汽车的结构特点。

知识准备

一、纯电动汽车的定义

纯电动汽车是指利用动力电池作为储能装置，通过电池提供电能，驱动电机运转，从而驱动汽车行驶的一种新能源汽车。它具有零排放、噪声小、提速快、结构简单、维护检修便捷等优点。

二、纯电动汽车的基本结构

传统内燃机汽车主要由发动机、底盘、车身、电气设备四大部分组成。纯电动汽车与传统内燃机汽车相比，主要增加了电驱动控制系统，而取消了内燃机，如图1-1所示。由于以上系统功能的改变，纯电动汽车主要由电驱系统、电源系统、电控系统及辅助系统组成。

（一）电驱系统

电驱系统是纯电动汽车的核心，也是区别于传统内燃机汽车的最大不同点。电驱系统的作用是将存储在动力电池中的电能高效地转化为驱动车轮的动能进而驱动汽车行驶，并在汽车减速、制动或下坡时，实现制动能量的回收。电驱系统的特性决定了车辆的主要性能指标，直接影响车辆动力性、经济性和用户驾乘感受。

纯电动汽车的电驱系统主要由电机控制单元、驱动电机及减速器总成组成，如图1-2所示。

图1-1　纯电动汽车电驱动控制系统结构

图1-2　纯电动汽车电驱系统主要组成

（二）电源系统

电源系统为纯电动汽车行驶提供能量，有储电、供电和充电三种作用，主要由动力电池组件、高压控制盒、车载充电机、DC-DC转换器、快充口、慢充口等部分组成，如图1-3所示。作为整车的动力源，电源系统的综合性能直接影响整车的续航里程。

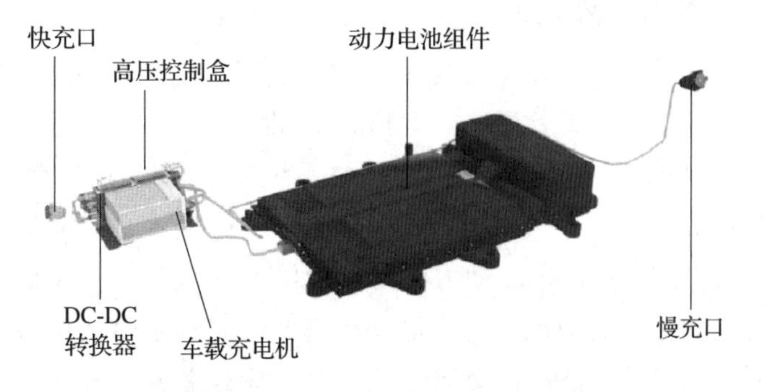

图1-3　纯电动汽车电源系统主要组成

动力电池作为纯电动汽车的动力源，是能量的存储装置。电池管理系统实时监控动力电池的使用情况，对动力电池的端电压、内阻、温度、电池剩余电量、放电时间、放电电流或放电深度等状态参数进行检测，并按动力电池对环境温度的要求进行调温控制，通过限流控制避免动力电池过充、过放电，对有关参数进行显示和报警。电池管理系统将相关信号传输给辅助系统，并在组合仪表盘上显示相关信息，以便驾驶员随时掌握车辆状况。

（三）电控系统

电控系统是纯电动汽车的大脑，相当于传统内燃机汽车的电子控制单元（ECU），是对纯电动汽车上的高压零部件进行控制的主要执行系统，主要由整车控制器（VCU）、执行元件及传感器三大部分组成，如图 1－4 所示。

（四）辅助系统

辅助系统主要用于提高汽车的操纵性和驾乘人员的舒适性，主要包括车载信息显示系统、动力转向系统、导航系统、空调器、照明及除霜装置、刮水器和收音机等，如图 1－5 所示。

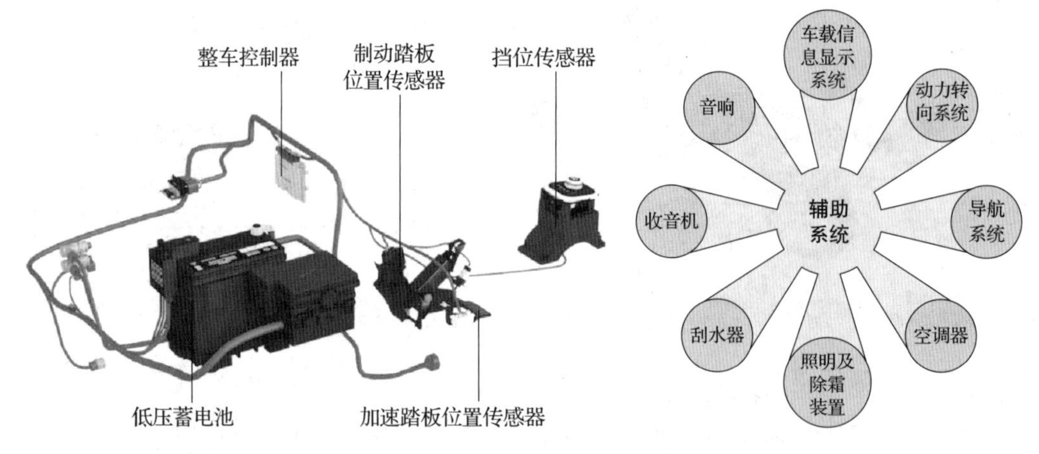

图 1-4 纯电动汽车电控系统主要组成

图 1-5 纯电动汽车辅助系统主要组成

三、纯电动汽车的结构特点

纯电动汽车一般由动力系统（三电系统：电动机、动力电池和电控系统）、汽车底盘（和传统内燃机汽车几乎无差异）、车身和电气设备等组成。

与传统内燃机汽车相比，纯电动汽车动力系统以电动机代替燃油汽车的内燃机，不使用燃料、零排放且噪声小，供油、供气、排放、调速等系统大为简化或者直接去除，显著降低成本。纯电动汽车的动力源是动力电池和电动机。在供电方式上，电动机分为直流电动机和交流电动机。直流电动机有绕线式和永磁式两种，其中绕线式又可分为串励式、并励式及复励式；交流电动机有感应式和同步式两种。替代汽油、柴油等石化燃料的动力电池，除了向纯电动汽车安全行驶装备和舒适行驶装备提供所需电力外，还向替代发动机的电动机提供电力，所以其容量要大，需要能在瞬间产生大电流，以便使电动机产生大扭矩进而驱动纯电动汽车。

关于车身，由于纯电动汽车以动力电池中的电能为能量源，动力电池本身的重量成为纯电动汽车在重量上的缺陷，所以轻量化设计是设计纯电动汽车车身时需要重点考虑的因素。在造型上，近年来，由于纯电动汽车相关法规和使用要求等原因，不同地区、不同公司有着不同的发展模式。

在底盘方面，纯电动汽车因为使用电动机替代了发动机，所以可以在原来发动机的位置安装动力电池和电动机，这样就可以利用原来传统内燃机车辆的驱动方式了。对于纯电动汽车的动力源（动力电池和电动机），它们在汽车底盘上有多种配置方式，所以纯电动汽车在驱动方式的选择上比较灵活。对于制动系统，纯电动汽车不像汽油、柴油汽车利用进气歧管产生的真空负压进行制动，而是利用电动真空泵产生负压或者使用电动油压泵产生油压进行制动。另外，纯电动汽车的制动系统还会布置“制动能量回收装置”，当车辆制动或减速时，电动机转换为发电机进行发电，电能逆向流向动力电池并为其充电。此外，纯电动汽车可以利用电动机的旋转力来直接驱动转向机构，这样能量利用效率比较高。

实训技能

实训一　北汽 EV160 认知

实训目的

（1）认识纯电动汽车的外观。

（2）认识纯电动汽车的车内配置和底盘。

实训要求

（1）上车查看时需挂 P 挡或空挡，并按下驻车制动按钮。

（2）车辆充电时不得进入车内检查。

实训器材

（1）设备准备：北汽 EV160、举升机。

（2）工具准备：常用工具。

实训器材如图 1－6 所示。

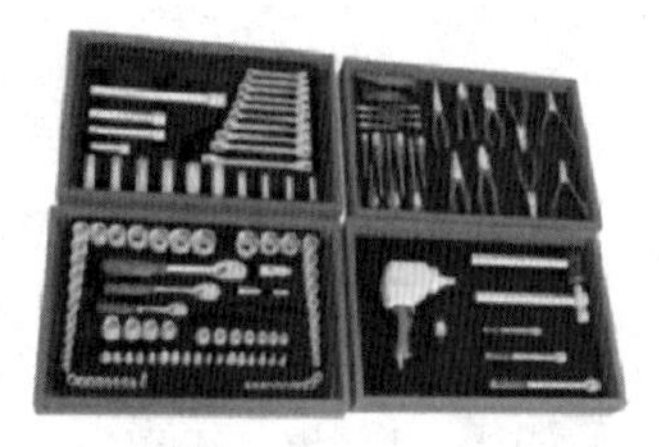

图 1－6　实训器材

操作步骤

1. 北汽 EV160 外观认知

（1）车身上标有“EV”字样的为纯电动汽车，一般标注在汽车尾部，如图 1 - 7 所示。

（2）查看车辆前端与后端是否有充电端口：慢充充电口在汽车后端，为 7 脚插孔，如图 1 - 8 所示；快充充电口在汽车前端，为 9 脚插孔，如图 1 - 9 所示。

图 1-7　纯电动汽车 EV 标识

图 1-8　慢充充电口

2. 北汽 EV160 前机舱认知

（1）打开前机舱盖。

（2）查看前机舱内各总成部件，如图 1 - 10 所示。

图 1-9　快充充电口

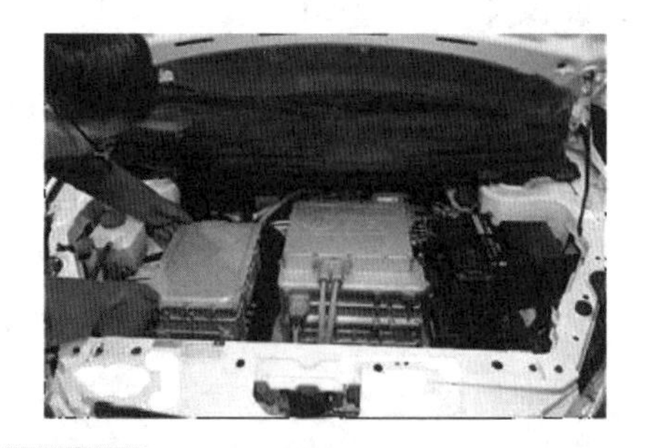

图 1-10　北汽 EV160 前机舱内各总成部件

3. 北汽 EV160 车内配置认知

1）进入车内查看挡位操作装置

北汽 EV160 采用旋钮式电子换挡器，如图 1 - 11 所示，挡位设置 R 挡（倒车挡）、N 挡（空挡）、D 挡（前进挡）、E 挡（用于能量回收），以及独有的 E 挡（E + 和 E - ）。E 挡是能量回收挡位，用户可根据需要，调节能量回收程度及制动性能，以延长续航里程。驾驶员将挡位调节至 E 挡时，通过 E + 和 E - 按钮，对能量回收的程度进行调节，北汽

图 1-11　EV160 的旋钮式电子换挡器

EV160 的能量回收有三种模式：轻度回收、中度回收和重度回收。

2）进入车内查看仪表盘显示信息

北汽 EV160 仪表盘，如图 1－12 所示。

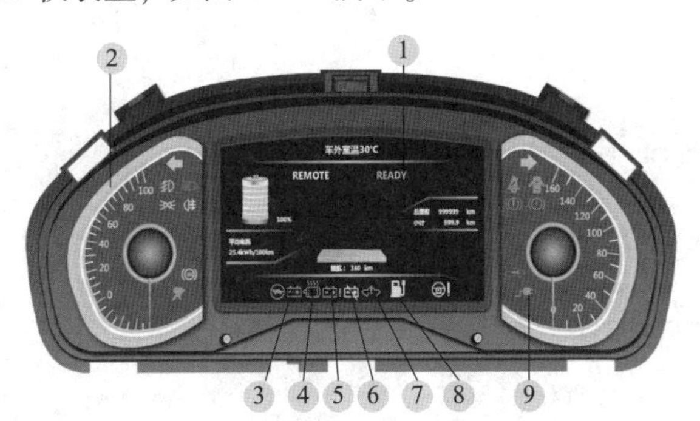

①READY指示灯　②驱动电机功率表　③蓄电池故障警告灯　④电机及控制器过热警告灯
⑤动力电池故障警告灯　⑥动力电池断开警告灯　⑦系统故障灯　⑧充电提示灯　⑨充电线连接指示灯

图 1－12　北汽 EV160 仪表盘

（1）当旋钮式电子换挡器旋至 E 挡时，仪表盘显示“ E”，左侧圆圈内的数值代表能量回收强度，如图 1－13 所示。

（2）电量表：电量表共分为 10 格，每格表示 10% 的电量。当电量剩余 3 格时电量表显示为橙色；当电量仅剩 1 格时，电量表显示为红色，如图 1－14 所示。

图 1－13　E 挡位时仪表盘的显示情况

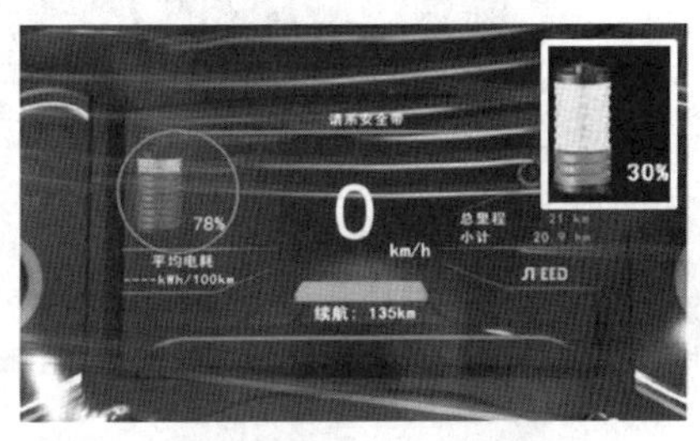

图 1－14　电量表位置

（3）跛行指示灯。当车辆被限制车速或被限制输出功率时，该指示灯亮，如图 1－15 所示。

（4）电机及控制器过热警告灯。当电机及控制器温度过高而引起冷却液温度过高时，该警告灯亮，如图 1－16 所示。

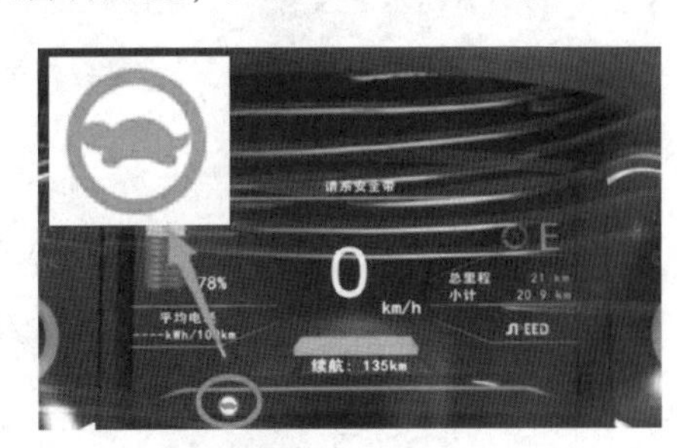

图 1－15　跛行指示灯位置

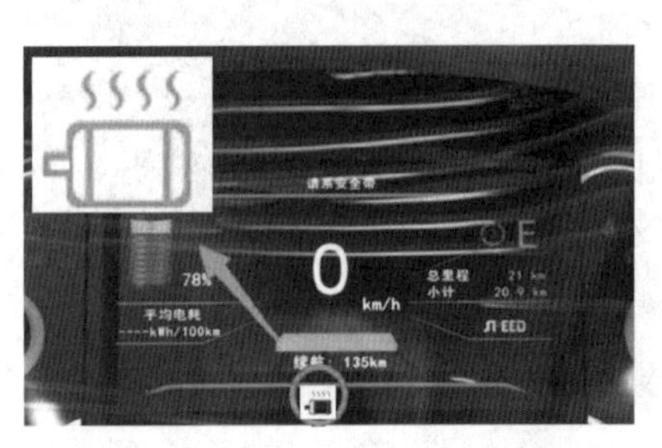

图 1－16　电机及控制器过热警告灯位置

（5）动力电池故障警告灯。当车辆动力电池发生故障时，该警告灯亮，如图 1－17 所示。

（6）动力电池断开警告灯。当车辆动力电池断开时，该警告灯亮，如图 1－18 所示。

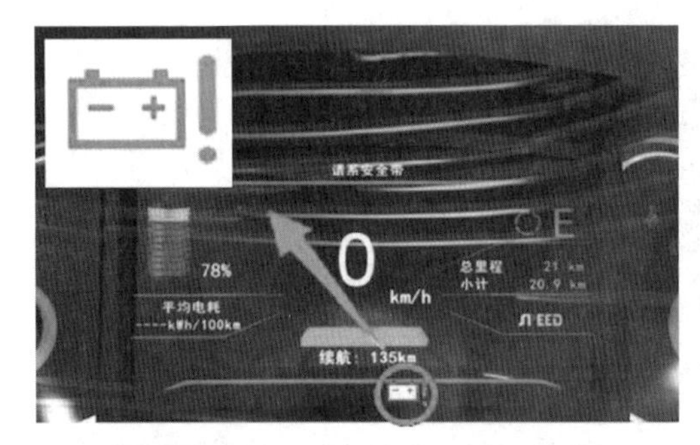

图 1－17　动力电池故障警告灯位置

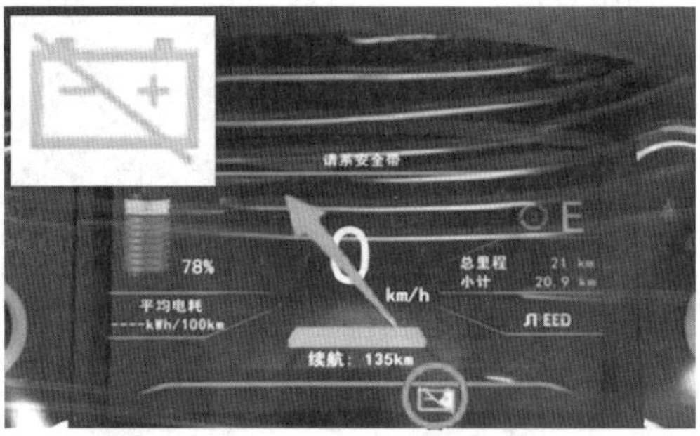

图 1－18　动力电池断开警告灯位置

（7）充电提示灯。当电量小于 30% 时，该提示灯亮；当电量低于 10% 时，提示“请尽快充电”，如图 1－19 所示。

（8）READY（系统就绪）指示灯。当车辆准备就绪时，该指示灯亮，如图 1－20 所示。

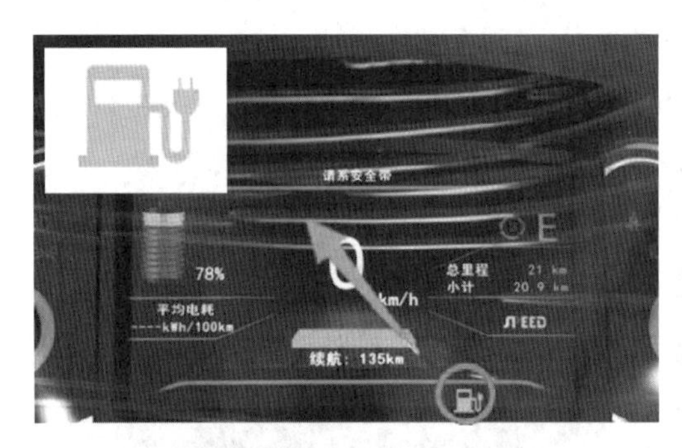

图 1－19　充电提示灯位置

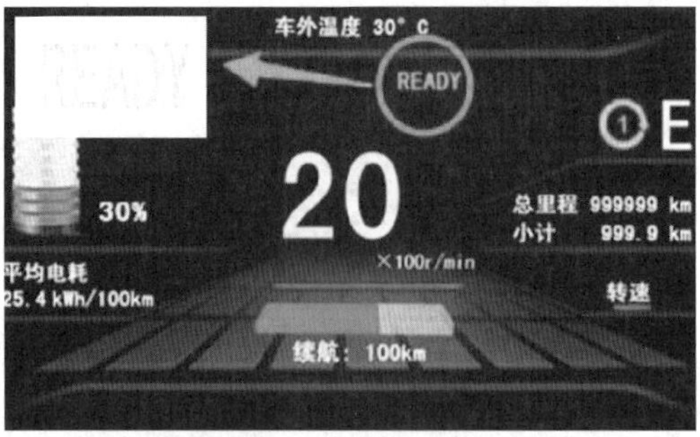

图 1－20　READY 指示灯位置

（9）车外温度提示。用于显示车外温度，如图 1－21 所示。

（10）驱动电机功率表。用于显示驱动电机的当前功率，如图 1－22 所示。

图 1－21　车外温度提示

图 1－22　驱动电机功率表

（11）充电线连接指示灯。当车辆进入充电准备状态时，提示“请连接充电枪”；在车辆连接充电枪后，该指示灯亮，如图1－23所示。

4. 北汽EV160底部认知

（1）按照举升机操作规范，举升车辆至合适高度。

（2）拆下前机舱护板。

（3）查看北汽EV160底部的主要部件，如图1－24所示。

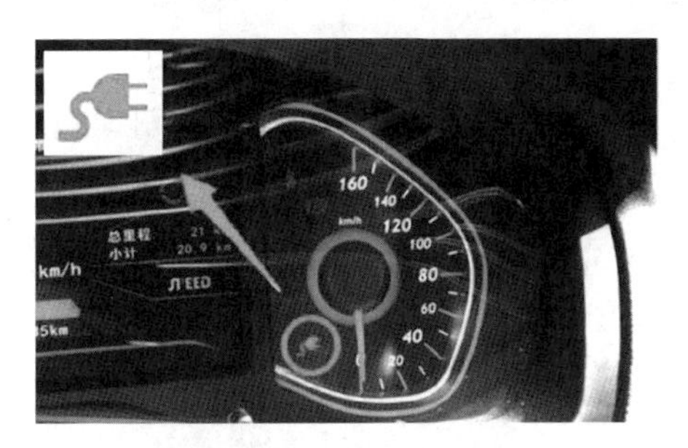

图1－23　充电线连接指示灯

图1－24　北汽EV160底部主要部件

思考与练习

一、判断题

1. 纯电动汽车是指利用动力电池作为储能装置，通过电池提供电能，驱动电机运转，从而驱动汽车行驶的一种新能源汽车。（　）

2. 纯电动汽车的辅助系统不包括动力转向系统。（　）

3. 纯电动汽车具有零排放、零污染、噪声小的优点。（　）

4. 纯电动汽车与传统内燃机汽车相比，主要增加了电驱系统，而取消了内燃机。（　）

5. 相较于传统内燃机汽车，纯电动汽车的结构更加复杂。（　）

二、选择题

1. 下列不属于纯电动汽车基本结构的是（　）。

A. 电驱系统　B. 电源系统　C. 电控系统　D. 启动系统

2.（　）是纯电动汽车的核心，也是它区别于传统内燃机汽车的最大不同点。

A. 电驱系统　B. 电源系统　C. 电控系统　D. 辅助系统

3. 下列（　）属于电控系统。【多选】

A. 整车控制器　B. 电机控制单元　C. 执行元件　D. 传感器

4. 车载信息显示系统属于（　）

A. 电驱系统　B. 电源系统　C. 电控系统　D. 辅助系统

学习小结

1. 纯电动汽车是指利用动力电池作为储能装置，通过电池提供电能，驱动电机运转，从而驱动汽车行驶的一种新能源汽车。

2. 纯电动汽车主要由电驱系统、电源系统、电控系统及辅助系统组成。

3. 电驱系统能将存储在动力电池中的电能高效地转化为驱动车轮的动能进而使汽车行驶，并在汽车减速、制动或下坡时，实现制动能量回收。

4. 电源系统为纯电动汽车行驶提供能量保证，有储电、供电和充电三种作用。

5. 电控系统是纯电动汽车的大脑，相当于传统内燃机汽车的电子控制单元（ECU），是对纯电动汽车上的高压零部件进行控制的主要执行系统。

6. 辅助系统主要用于提高汽车的操纵性和驾乘人员的舒适性。

任务二 纯电动汽车基本检测技术

任务描述

与燃油汽车产业发展相比，我国新能源汽车产业发展起步时间早、技术积累多、产业规模大。2008 年以前，新能源汽车处于研发即小规模示范阶段；2009 年，新能源汽车开始规模化进入公共领域；2013 年，新能源汽车开始规模化进入私人领域；2016 年，新能源汽车保有量达到 100 万辆；2018 年，新能源汽车产销进入百万辆时代；2019 年，部分一线城市已全面使用新能源公共交通工具；2021 年，新能源汽车产销接近 300 万辆。

由于我国坚持纯电驱动战略取向，纯电动汽车在新能源汽车保有量中占有较大比例。截至 2020 年底，全国新能源汽车保有量达 492 万辆，其中，纯电动汽车保有量达 400 万辆，占新能源汽车总量的 81.32%。预计到 2035 年，纯电动汽车将成为汽车市场消费主流。要实现这个目标，必须加大技术研发力度，提高专业水准，突破关键技术。总之，发展纯电动汽车，符合中国国情。

在新能源汽车迅速发展的时代大背景下，随着以纯电动汽车为代表的新能源汽车产业化进程的推进，纯电动汽车的维护就显得尤为重要。对纯电动汽车进行基本技术检测，排除其可能存在的故障，对保证驾驶员的人身安全起到至关重要的作用。

本任务主要介绍纯电动汽车常见故障原因分析和常见故障基本技术检测。

学习目标

1. 正确描述纯电动汽车的常见故障。
2. 分析、检测纯电动汽车的常见故障。
3. 完成对动力电池的绝缘故障检测。

知识准备

一、纯电动汽车常见故障原因分析

（一）车辆无电

（1）保险丝损坏。用万用表测量电池端电压，如有电压输出则正常，如无电压输出则保险丝损坏或电池接插头松动或电池损坏。

（2）接线插头松动。检查电源开关接插件。

（3）电源开关损坏。用万用表测量电源开关输入、输出线两端电压，如输出电压正常则电源开关良好，否则电源开关损坏，须维修或更换。

（二）充电机不充电

（1）充电机保险丝熔断。此时充电机各指示灯均不亮，须更换保险丝。

（2）充电机与动力电池连接不良。检查线束连接。

（3）充电机插头和充电插座接插不到位。此时应重新接插。

（4）充电机损坏。此时充电机保险丝正常，若用万用表测充电机输出电压，则输出电压值应为零。

（三）电动机常见故障

1. 电动机运行时局部过热

（1）电动机进水造成电动机局部温度过高，甚至烧毁电动机。

（2）电动机定子线圈绝缘体烧蚀，表现为电动机定子线圈发黑。

2. 电动机异响、抖动

（1）电动机和后桥连接的同心度达不到标准。

（2）电动机主轴变形或转子脱落，须修理。

（3）电动机转子上的轴承损坏，须更换。

注意：永磁电动机即使在下电状态，磁吸力也很大，为防止定子、转子吸合到一起，要用专门设备拆卸，或者返厂维修。

3. 电动机不转

（1）保险丝熔断，须更换。

（2）动力电池不上电，进一步检修汽车不上电故障。判断方法：将启动开关调至START 挡，查看仪表盘中 READY 指示灯是否亮起。

（3）整车控制器损坏。用故障诊断仪进入整车控制模块数据流系统，检查整车控制模块通信是否良好，如无通信则进一步检测整车控制器。

（4）控制器损坏。用万用表测量电控输出端电压，若输出电压正常则控制器良好，否则损坏。

（5）电动机烧坏，须更换电动机。

（6）电动机各连接线线头松动。把电动机各连接线线头重新检查一遍。

（四）动力电池常见故障

（1）动力电池电量不足。按照规定给动力电池充电，充电完成后再次检测，若电量仍旧不足，则进一步检测每一个单体电芯电量，并更换存在故障的单体电芯。

（2）车辆续航里程较短。充电后判断电池剩余容量，如容量不达标则更换动力电池。

(3) 动力电池温度过高。检测动力电池冷却系统是否缺少冷却液或存在故障，如缺少冷却液则添加冷却液并检查是否有渗漏点，若有故障则检修电池冷却系统。

(4) 电池管理系统故障。使用诊断仪读取电池管理系统的故障码，根据故障码提示，进入数据流系统读取电池管理系统相关数据流，判断是传感器故障还是执行器故障，然后进行更换。

(五) 电控悬架常见故障

(1) 电控悬架减振器漏油，减振功能失效。检测减振器机械部分工作情况，必要时进行更换。

(2) 电控悬架失效。使用诊断仪检测电控悬架系统，确认故障后更换故障部件。

(3) 电控悬架部分功能失效。使用诊断仪读取电控悬架系统故障码，并进入数据流系统读取数据流，若有部件故障则更换，若无部件故障则建议标定电控悬架系统。

(六) 制动效果不好

(1) 检查制动油壶里的制动液是否缺少，如缺少则添加制动液。

(2) 检查制动油壶、制动油管是否漏油，如漏油则更换。

(3) 检查制动片是否磨损严重，如磨损严重则更换。

(4) 检查制动盘是否磨损严重。

(七) 转向不灵活

(1) 如转向机固定螺栓松动使转向机位置改变，则紧固螺栓。

(2) 如转向机间隙过大，则调整转向机螺母。

(3) 检查转向机轴承是否损坏，如损坏则更换轴承。

二、纯电动汽车常见故障基本技术检测

(一) 动力电池的基本技术检测

1. 动力电池检查

动力电池检查通常采用断开负载检查的方式。目前在技术上已经开发出专门的动力电池检查单元，其检查原理是：将充电器的整流器电压缓慢降低，一直降到动力电池组正常工作的电压以下，若这时动力电池开始放电且能坚持所设定的时间，面板上显示动力电池的实际工作曲线，则说明动力电池正常；若动力电池不放电，但由于整流器仍继续向负载供电，使系统仍处于正常充电状态，则负载设备的工作就会受到影响，说明动力电池失效，应做进一步的检查或更换。

2. 动力电池测试

测试动力电池的目的是确定动力电池是否满足使用要求。动力电池测试对于更换动力电池前的故障判断和更换动力电池后的性能评价是非常必要的。动力电池须满足以下基本要求。

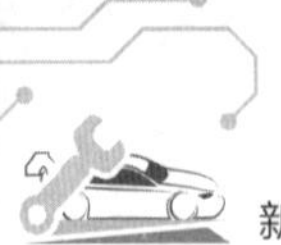

（1）动力电池必须有符合标准的端电压。

（2）动力电池应具有在启动放电瞬间输出大电流的特性。

（3）动力电池要有一定容量和内阻，以满足逆变供电的需要。

从以上对动力电池的要求可见，单凭测量动力电池的端电压是不能确定动力电池性能的。为此，应对动力电池进行以下测试。

（1）离线测量动力电池的端电压。

离线测量动力电池的端电压是指在动力电池脱离原连接线路的情况下，使用调至 DC 挡的万用表或电压表直接测量动力电池两端的电压，要求是被测动力电池端电压在额定电压左右，不能低于额定电压的 5%。电压低于额定电压 5% 的即为欠压的或可能已失效的动力电池。经过充电或激活充电后端电压仍达不到上述要求的，即为失效动力电池。

（2）在线测量动力电池的端电压。

在线测量动力电池的端电压是指在动力电池正常充放电的情况下，使用调至 DC 挡的万用表或电压表测量动力电池两端的电压。当动力电池处于充电状态时，一般端电压大于额定电压。当动力电池处于放电状态时，端电压下降约 5%（开始工作瞬间）。

（3）测量启动瞬间输出大电流特性。

测量动力电池是否具有启动瞬间输出大电流的特性。一般情况下，要求动力电池瞬间电流达到峰值的时间小于 7 ms，一般设计为 4 ~ 5 ms 达到最大放电电流。

（4）测量动力电池的内阻和容量。

动力电池的内阻根据电池单元种类的不同而有所不同，但基本在一个数量级范围内。以镍氢电池电源为例，其内阻一般为 20 ~ 30 MΩ。当内阻超过 80 MΩ 时，要对动力电池做均衡充电处理或活化处理。随着动力电池内阻的增大，实际输出能量会降低，从而表现为动力电池的容量减少。

测量动力电池的内阻时，不能用万用表的电阻挡直接测量，应采用间接测量计算的方法。实际测量时，可用简单的方法判断动力电池的内阻是否增大，即用一组正常动力电池和一组被测动力电池做串联充电，在充电过程中同时测量对比两组动力电池的端电压，内阻增大的动力电池获得的充电电压比正常动力电池的高。

动力电池的寿命是指在正常环境下经同深度（100%、50% 或 20% 等）放电后，再恢复可使用的次数。一般通过对实际充放电次数的计算，预估动力电池的寿命。

目前，动力电池一般为免维护密封式电池组，设计寿命一般为 5 年，寿命较长的可达 10 ~ 15 年。设计寿命是指在动力电池生产厂家要求的标准测试环境下的使用寿命，而影响动力电池寿命的主要因素是工作环境温度。一般动力电池生产厂家要求的工作环境温度为 15 ~ 25℃。随着工作环境温度的升高，动力电池的放电能力也会提高，提高的幅度一般在 30% 以内，但代价是动力电池的寿命大大缩短。实验证明，工作环境温度一旦超过 25℃，温度每升高 10%，动力电池的寿命缩短 50%。例如，动力电池的寿命是 5 年，若工作环境温度为 35℃，则动力电池的寿命只有 2.5 年，若温度再升高10%达到45℃，则动力电池的寿命只有1.25年，甚至更短。另外，要想延长动力电池的使用寿命，必须严格遵循充电电流不能超过动力电池允许的最大充电电流的原则。

在实际应用中，因动力电池维护不当而导致动力电池系统故障的比例达30%以上。因此对动力电池进行正确的维护、保养，是延长动力电池使用寿命的关键。

例如，对于一些铅酸动力电池电源为免维护电池电源的电池系统来说，免维护只是免除了测比、配比、定时添加蒸馏水等工作，而工作状态对动力电池的影响并没有改变，不正常的工作状态仍然会对动力电池造成不良影响，这部分的维护、检修工作仍是非常重要的。

动力电池的实际可用容量与动力电池的放电电流大小、工作环境温度、储存时间的长短及负荷特性（电阻性、电感性、电容性）密切相关。如果不能正确地使用动力电池，则会造成动力电池的实际可用容量远小于额定标称容量。为了使动力电池的实际可用容量不下降，应保持动力电池的充放电特性不随时间的推移而明显变差，从而延长动力电池的使用寿命。

（二）驱动电机的基本技术检测

1. 驱动电机基本检测

使用故障诊断仪读取车辆故障码。若故障码提示驱动电机出现了故障，则可通过数据流功能读取驱动电机的位置、温度、输入电流值、输入电压值等数据，以此来判断驱动电机是否存在故障。

2. 驱动电机静态测试

驱动电机静态测试的目的是在不解体电动机的情况下，判断电动机定子绕组是否存在故障。使用数字电桥可以检测定子绕组的电阻值与电感值，以此判断绕组内部是否存在断路或匝间短路的故障情况；使用耐压测试仪可以检测电动机的耐压情况，以此判断电动机是否存在高电压漏电故障；使用脉冲测试仪则可以准确地判断出电动机匝间是否存在三相匝数不等的故障。

3. 驱动电机拆解检测

驱动电机拆解检测主要是针对电动机机械故障进行的检测，拆解后可以对电动机主轴变形情况、转子永磁体失磁情况、电动机转子轴承变形度等进行检测。若存在故障则建议更换驱动电机。

（三）电控悬架系统的基本技术检测

1. 检查纯电动汽车高度

首先，将悬架刚度和阻尼系数控制开关（LRC）拨到“NORM（标准）”位置，使纯电动汽车上下跳振几次，便于4个悬架处于稳定状态；其次，向前向后推动纯电动汽车，使车轮处于稳定状态；最后，将高度控制开关拨到“HIGH（高）”位置，在纯电动汽车高度升高的状态下等待1 min后，再将高度控制开关拨回“NORM（标准）”位置，此时纯电动汽车高度下降。在这种状态下等待1 min后，再重复一次上述操作，其目的是使每个悬架处于稳定状态。

纯电动汽车前后部高度通常是指地面到下悬架臂安装螺栓中心的距离，如测量的高度不符合相应标准，可转动高度传感器连接杆螺栓进行调整。

2. 调整纯电动汽车高度

操作高度控制开关观察纯电动汽车高度的变化情况。

（1）检查轮胎气压是否符合标准（前轮 230 kPa，后轮 250 kPa）。

（2）测量纯电动汽车高度是否在标准范围内，如果不在标准范围内，则先调整纯电动汽车高度，再进行下面的检查。

启动车辆，将高度控制开关从“NORM”转换到“HIGH”，观察高度升高 10～30 mm所需的时间：从拨动高度控制开关到悬架压缩机启动大约 2 s，从压缩机启动到完成高度升高需要 20～40 s。

当高度控制开关转换到“HIGH”时，启动车辆，再将高度控制开关从“HIGH”转换到“NORM”，观察高度降低 10～30 mm 所需的时间：从拨动高度控制开关到排气阀开始排气大约 2 s，从开始排气到完成高度降低需要 20～40 s。

3. 电控悬架系统常见故障诊断

如果自诊断系统显示正常，但是仍然出现纯电动汽车悬架系统故障，此时就应该根据故障的现象进行人工判断排除。电控悬架系统常见故障包括悬架刚度和阻尼系数控制失灵及高度控制失灵。

1）悬架刚度和阻尼系数控制失灵

（1）悬架刚度和阻尼系数控制开关指示灯显示状态不变。

现象：不管如何操作悬架刚度和阻尼系数控制开关，其指示灯显示状态都保持不变。

原因：悬架刚度和阻尼系数控制开关电路有故障，悬架电子控制单元（ECU）有故障。

（2）悬架刚度和阻尼系数控制失效。

现象：纯电动汽车在行驶时，悬架刚度和阻尼系数不随着行驶状况、路况、纯电动汽车状态变化而变化。

原因：悬架控制执行器电路有故障，悬架控制执行器电源电路故障，Tc 与 Ts 端子电路有故障，悬架刚度和阻尼系数控制开关电路有故障，空气弹簧减振器有故障，悬架电子控制单元有故障。

（3）防侧倾控制失效。

现象：纯电动汽车在急转弯时有侧倾现象，其他均正常。

原因：转向传感器电路有故障，悬架电子控制单元有故障。

（4）防后坐控制失效。

现象：纯电动汽车在加速行驶时车身后部有下沉（后倾）现象。

原因：悬架电子控制单元有故障。

(5) 防前倾控制失效。

现象：纯电动汽车在紧急制动时车身前部有下沉（前倾）现象，其他均正常。

原因：停车灯开关电路有故障，车速传感器电路有故障，悬架电子控制单元有故障。

(6) 高速控制失效。

现象：纯电动汽车在高速行驶时明显感到悬架比较软，操纵稳定性较差。

原因：车速传感器电路有故障，悬架电子控制单元有故障。

2）高度控制失灵

(1) 高度控制指示灯的显示不随高度控制开关的转换而变化。

现象：高度控制开关无论转换到哪种模式，高度控制指示灯显示模式均不变。

原因：高度控制开关电路有故障，调节器电路有故障，高度控制电源电路有故障，高度控制传感器有故障，悬架电子控制单元有故障。

(2) 纯电动汽车高度控制功能失效。

现象：纯电动汽车在行驶、驻车、乘员和行李质量变化时，车高没有变化。

原因：调节器电路有故障，高度控制电源电路有故障，高度控制开关电路有故障，高度控制开关（ON/OFF）有故障，高度控制传感器有故障，悬架电子控制单元有故障。

(3) 高速行驶时纯电动汽车高度控制功能失效。

现象：纯电动汽车在高速行驶时，高度不降低而维持原样。

原因：车速传感器电路有故障，悬架电子控制单元有故障。

(4) 纯电动汽车高度变化不符合控制逻辑。

现象：纯电动汽车在行驶、驻车、乘员和行李质量变化时，车高变化不大或产生相反的变化。

原因：空气弹簧减振器发生空气泄漏，高度控制传感器有故障，悬架电子控制单元有故障。

(5) 纯电动汽车高度控制功能正常，但是车高不均匀。

现象：纯电动汽车在行驶、驻车、乘员和行李质量变化时，车高虽然有变化，但是前后左右的高度不均匀。

原因：高度控制阀、排气阀电路有故障，高度控制传感器连接杆调整不当。

(6) 纯电动汽车调整的高度与标准不符。

现象：纯电动汽车有高度控制功能，但是纯电动汽车升高或降低的高度不符合规定标准。

原因：高度控制传感器连接杆调整不当。

(7) 纯电动汽车高度要么特别高，要么特别低。

现象：调整车高时，纯电动汽车处于非常高或非常低的位置。

原因：高度控制传感器有故障。

(8) 关闭了高度控制开关，纯电动汽车高度控制功能仍起作用。

现象：虽然将高度控制开关拨到关闭“OFF”位置，纯电动汽车在行驶、驻车、乘员和行李质量变化时，车高依然按控制逻辑进行调节。

原因：高度控制开关有故障，悬架电子控制单元有故障。

(9) 纯电动汽车驻车时，车辆高度非常低。

现象：纯电动汽车驻车时，片刻或一两天内高度下降太多。

原因：空气弹簧减振器发生空气泄漏，空气弹簧减振器有故障。

(10) 空气压缩机的驱动电机长时间不停机。

现象：纯电动汽车在高度升高后，很长时间内空气压缩机驱动电机仍不停机。

原因：空气弹簧减振器发生空气泄漏，高度控制继电器电路有故障，空气压缩机驱动电机电路有故障，悬架电子控制单元有故障。

(11) 车辆启动开关“OFF”控制不起作用。

现象：车辆启动开关转换“OFF”位置时，纯电动汽车高度并未下降到驻车状态的高度。

原因：门控制开关电路有故障，高度控制电源电路有故障，悬架电子控制单元有故障。

(12) 车门打开后，车辆启动开关“OFF”控制不解除。

现象：只要将纯电动汽车某一扇门打开，启动开关“OFF”控制仍起作用。

原因：门控制开关电路有故障，悬架电子控制单元有故障。

实训技能

实训一　动力电池绝缘故障检测

实训目的

(1) 掌握动力电池的绝缘故障检测内容。

(2) 掌握动力电池的绝缘故障检测方法。

实训要求

(1) 将车辆挂空挡，并拉起手刹。

(2) 操作人员须穿戴安全防护装备。

(3) 注意高压安全。

实训器材

(1) 设备准备：北汽 EV160、故障诊断仪、举升机。

(2) 工具准备：绝缘电阻表（手摇式或数字式）。

(3) 安全防护用品：绝缘手套。

实训器材如图 2-1 所示。

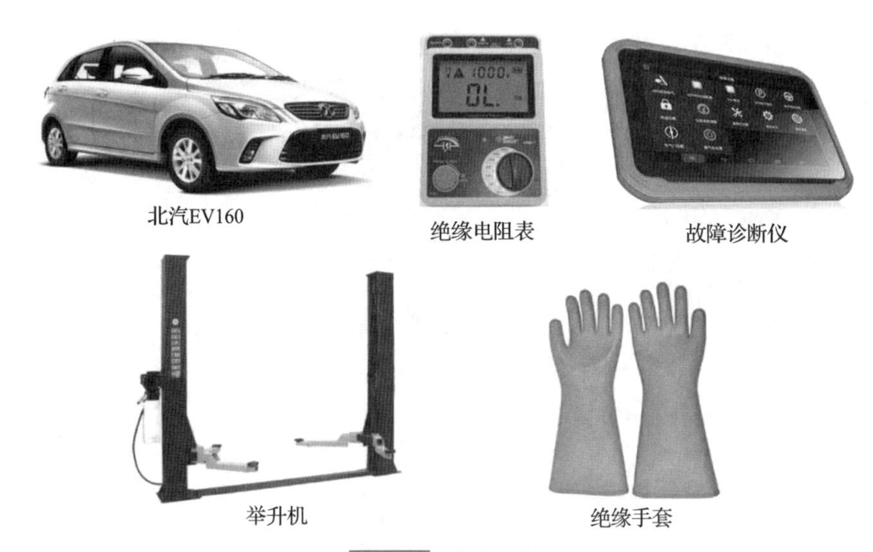

图2-1　实训器材

操作步骤

1. 查找故障

(1) 启动车辆，观察仪表盘上的故障现象，如图2-2所示。

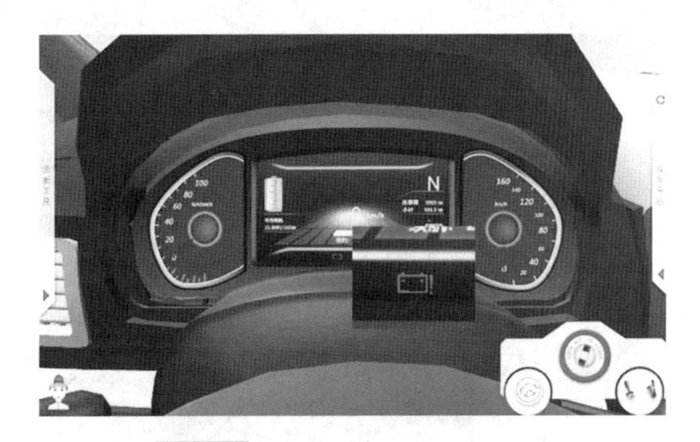

图2-2　观察仪表盘上的故障现象

(2) 关闭启动开关，连接诊断仪，如图2-3所示。

图2-3　连接诊断仪

（3）打开启动开关，读取故障码，如图2－4所示。

北汽新能源＞＞车辆选择＞＞EV160＞＞快速测试

名称	当前值
整车控制器(VCU)	OK
驱动电机系统(MCU)	OK
动力电池系统(BMS PPST)	1 DTC
组合仪表(ICM)	N/A
车载充电机(CHG)	OK
动力电池系统(BMS BESK)	N/A
远程监控系统(RMS)	N/A
电动动力转向系统(EPS)	N/A
制动系统(ABS)	OK

图2－4　读取故障码

（4）查看故障码，故障码编号为“P10001”，描述为“系统就绪测试未完成”，如图2－5所示。

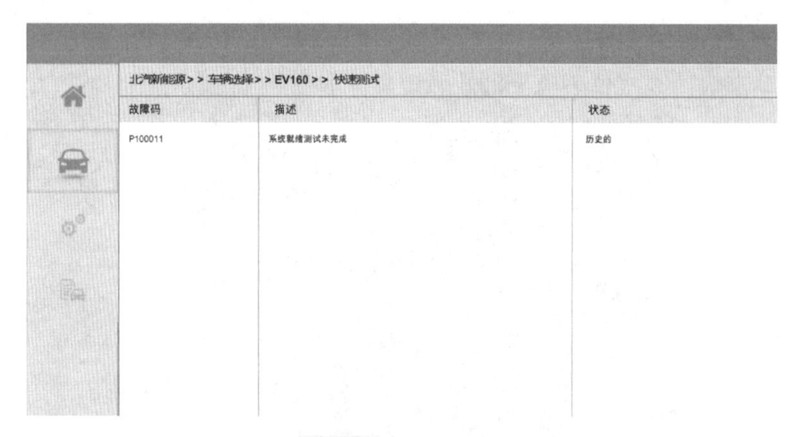
北汽新能源＞＞车辆选择＞＞EV160＞＞快速测试

故障码	描述	状态
P100011	系统就绪测试未完成	历史的

图2－5　查看故障码

（5）读取数据流，电机控制单元（MCU）初始化状态为“未完成”，如图2－6所示。

北汽新能源＞＞车辆选择＞＞EV160＞＞系统选择

数据流名称	大小／状态	单位	参考范围
车速	0	Km/h	
低压电池电压	16	V	0-28.00
踏板开度	0	%	0%-26%
电机实际扭矩	0	N.M	0-144
MCU初始化状态	未完成		
驱动电机当前状态	非电动状态		
驱动电机当前工作模式	非转矩模式		
驱动电机当前旋转方向	无		
预充电完成	未完成		
电机控制器温度	22	℃	0-85

图2－6　读取数据流

2. 检查前准备

（1）断开低压蓄电池负极，如图 2－7 所示。

图 2－7　断开低压蓄电池负极

（2）佩戴高压防护装备，如图 2－8 所示。

图 2－8　佩戴高压防护装备

（3）断开动力电池维修开关。

（4）放置垫块并举升车辆至合适高度，如图 2－9 所示。

图 2－9　举升车辆

3. 使用手摇式绝缘电阻表检查动力电池绝缘故障

（1）连接动力电池接插器适配器，如图 2－10 所示。

（2）断开动力电池接插器，如图 2－11 所示。

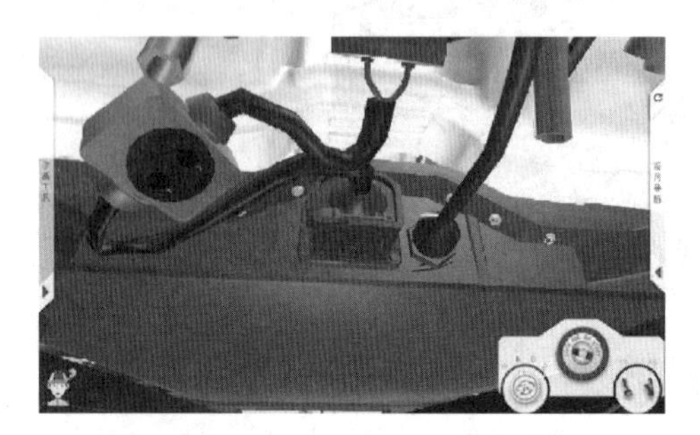

图 2－10　连接动力电池接插器适配器

图 2－11　断开动力电池接插器

（3）使用绝缘电阻表，如图 2－12 所示。

（4）将红表笔接动力电池高压输出正极，如图 2－13 所示。

图 2－12　使用绝缘电阻表

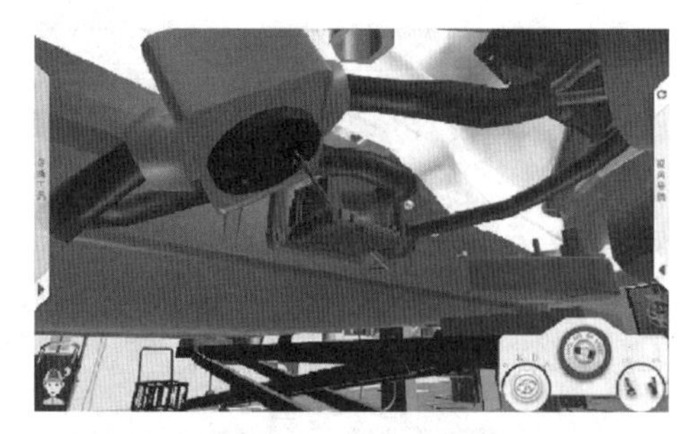

图 2－13　将红表笔接动力电池高压输出正极

（5）将黑表笔接低压蓄电池负极，如图 2－14 所示。

（6）摇动绝缘电阻表，读取数值，如图 2－15 所示。

图 2－14　将黑表笔接低压蓄电池负极

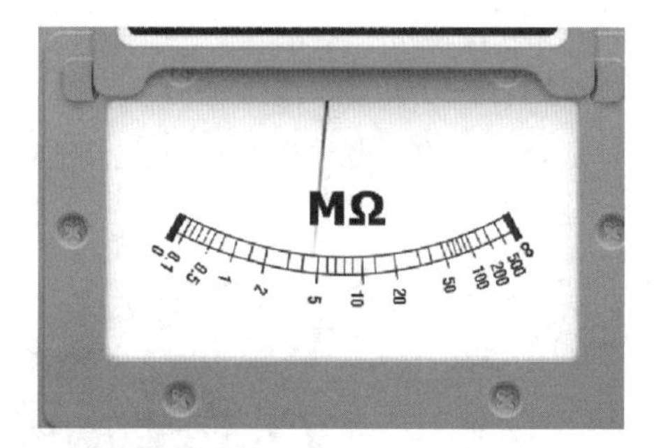

图 2－15　读取绝缘电阻表数值

注意事项： 标准电阻值应大于 20 MΩ，若测量值与标准值不符合，则说明该线路断路损坏。

4. 使用数字式绝缘电阻表检查动力电池绝缘故障

（1）连接动力电池接插器适配器。

（2）断开动力电池接插器。

（3）断开动力电池高压线束。

（4）使用绝缘电阻表。

（5）将数字绝缘电阻表黑表笔与车身连接。

（6）将数字绝缘电阻表红表笔逐个与动力电池正负极输出端子连接。

注意事项：标准电阻值应大于20 MΩ，若测量值与标准值不符合，则说明该线路断路损坏。

思考与练习

一、判断题

1. 动力电池检查通常采用断开负载检查的方式。（　　）

2. 通过测量动力电池的端电压可以确定动力电池性能。（　　）

3. 动力电池须满足有符合标准的端电压、有在启动放电瞬间输出大电流的特性，以及有一定容量和内阻，以满足逆变供电的需要。（　　）

4. 测量动力电池的内阻可用万用表的电阻挡直接测量。（　　）

5. 工作环境温度一旦超过25 ℃，温度每升高10%，动力电池的寿命缩短50%。（　　）

二、单选题

1. 整车没电可能的原因有（　　）。【多选】

A. 电动机进水　　B. 保险丝损坏

C. 接线插头松动　　D. 电源开关损坏

2. 刹车油壶里制动液缺少会造成（　　）。

A. 制动效果不好　　B. 转向不灵活

C. 电动机不转　　D. 电动机异响

3. 一般情况下，要求动力电池瞬间电流达到峰值的时间（　　）。

A. 大于7 m/s　　B. 小于7 m/s

C. 大于6 m/s　　D. 小于6 m/s

4. 车辆启动开关转换到“OFF”位置时，纯电动汽车高度并未下降到驻车状态的高度，可能存在的原因有（　　）。【多选】

A. 门控制开关电路有故障　　B. 空气压缩机驱动电机电路有故障

C. 高度控制电源电路有故障　　D. 悬架电子控制单元有故障

学习小结

1. 纯电动汽车常见故障有车辆无电；充电机不充电；电动机运行时局部过热，电动机异响、抖动，电动机不转；刹车效果不好；转向不灵活；动力电池故障；电控悬架故障。

2. 驱动电机基本检测：使用故障诊断仪读取车辆故障码。若故障码提示驱动电机出现了故障，则可通过数据流功能读取驱动电机的位置、温度、输入电流值、输入电压值等数据，以此来判断驱动电机是否存在故障。

3. 驱动电机静态测试：使用数字电桥可以检测定子绕组的电阻值与电感值，以此判断绕组内部是否存在故障；使用耐压测试仪检测电动机的耐压情况，以此判断电动机是否存在高电压漏电故障；使用脉冲测试仪则可以准确地判断出电动机匝间是否存在三相匝数不等的故障。

4. 驱动电机拆解检测：拆解后可以对电动机主轴变形情况、转子永磁体失磁情况、电动机转子轴承变形度等进行检测。

5. 动力电池检查通常采用断开负载检查的方式。

6. 评价动力电池的性能需要离线测量动力电池的端电压、在线测量动力电池的端电压、测量启动瞬间输出大电流特性、测量动力电池的内阻和容量。

7. 纯电动汽车前后部高度通常是指地面到下悬架臂安装螺栓中心的距离，如测量的高度不符合相应标准，可转动高度传感器连接杆螺栓进行调整。

8. 电控悬架系统常见故障包括悬架刚度和阻尼系数控制失灵及高度控制失灵。

9. 悬架刚度和阻尼系数控制失灵故障现象有：①悬架刚度和阻尼系数控制开关指示灯显示状态不变；②悬架刚度和阻尼系数控制失效；③防侧倾控制失效；④防后坐控制失效；⑤防前倾控制失效；⑥高速控制失效。

10. 高度控制失灵的故障现象包括：

①高度控制指示灯的显示不随高度控制开关的转换而变化；

②纯电动汽车高度控制功能失效；

③高速行驶时纯电动汽车高度控制功能失效；

④纯电动汽车高度变化不符合控制逻辑；

⑤纯电动汽车高度控制功能正常，但是车高不均匀；

⑥纯电动汽车调整的高度与标准不符；

⑦纯电动汽车高度要么特别高，要么特别低；

⑧关闭了高度控制开关，纯电动汽车高度控制功能仍起作用；

⑨纯电动汽车驻车时，车辆高度非常低；

⑩空气压缩机的驱动电机长时间不停机；

⑪车辆启动开关“OFF”控制不起作用；

⑫车门打开后，车辆启动开关“OFF”控制不解除。

任务三 纯电动汽车驱动电机系统

任务描述

驱动电机系统是纯电动汽车三大核心部件之一，是纯电动汽车的动力来源。驱动电机系统直接将电能转换为机械能，决定了纯电动汽车的性能指标。驱动电机系统由驱动电机和驱动电机控制单元等部分构成，通过高低压线束、冷却管路，与整车其他系统进行电气和散热连接。纯电动汽车驱动电机系统如图 3 –0 所示。

学习目标

1. 掌握纯电动汽车驱动电机系统的组成。
2. 了解驱动电机的种类及特点。
3. 准确描述驱动电机系统各组成部分的功能。
4. 正确描述纯电动汽车驱动电机系统的布置方式。

图 3 –0 纯电动汽车驱动电机系统

知识准备

一、驱动电机系统概述

驱动电机系统主要由整车控制器、驱动电机、电机控制单元、机械传动装置和冷却系统等组成，如图 3 –1 所示。

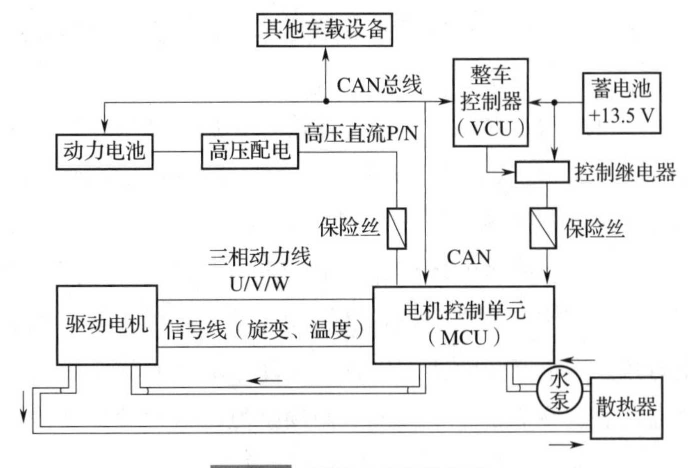

图 3 –1 驱动电机系统组成

（一）整车控制器（VCU）

整车控制器相当于纯电动汽车的“大脑”，控制纯电动汽车的所有部件，其主要功能为识别驾驶员意图、判断控制模式、判别和处理整车故障、管理外围驱动模块、控制纯电动汽车辅助系统等。北汽 EV200 整车控制器架构如图 3－2 所示。

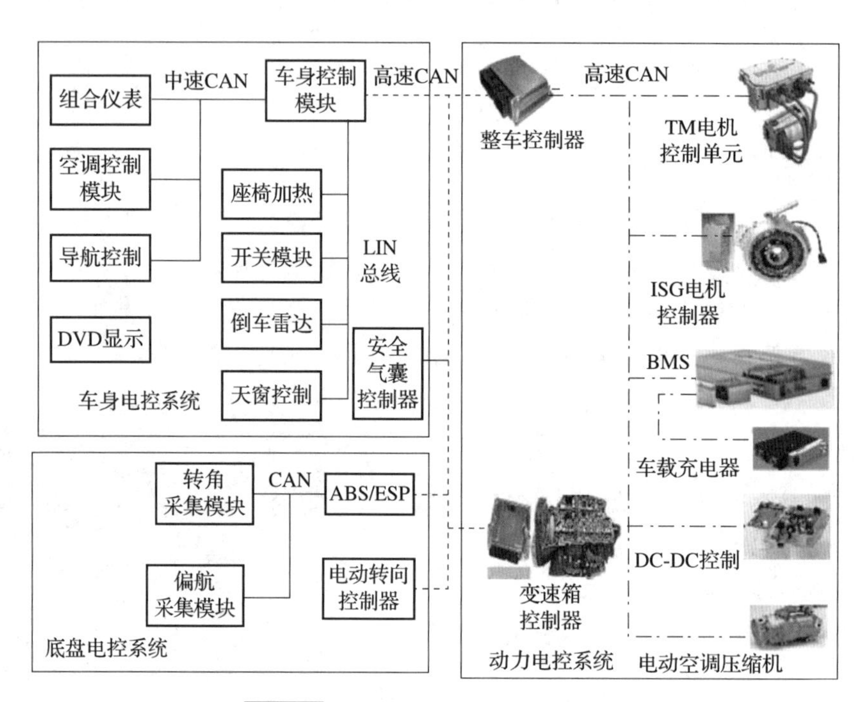

图3－2　北汽 EV200 整车控制器架构

（1）识别驾驶员意图。对驾驶员操作信息及控制命令进行分析处理，将加速踏板、制动踏板的机械位移量转换为相应的电信号，并输入整车控制器。整车控制器根据某种规则将相应电信号转化成驱动电机的需求转矩命令。驱动电机对驾驶员操作的响应性能取决于整车控制器对加速踏板电信号的解释结果，直接影响驾驶员的控制效果和操控感觉。

（2）驱动控制。根据驾驶员对车辆的操纵输入（加速踏板、制动踏板以及选挡开关）、车辆状态、道路及环境状况进行分析和处理，并向电机控制单元发出相应指令，从而通过控制驱动电机的转矩来驱动车辆，以满足驾驶员对车辆驱动的动力性要求；同时根据车辆状态，向电机控制单元发出相应指令，保证驾驶员的安全性、舒适性。

（3）制动能量回收控制。在滑行制动和刹车制动过程中，整车控制器根据加速踏板和制动踏板的开度、车辆行驶的状态信息以及动力电池的状态信息来判断某一时刻能否进行制动能量回收，在满足安全性能、制动性能以及驾驶员舒适性的前提下，回收部分能量。制动能量回收控制包括滑行制动和刹车制动过程中的电机制动转矩控制。

制动能量回收示意如图 3－3 所示。

图3－3　制动能量回收示意

根据加速踏板和制动踏板信号，制动能量回收可以分为两个阶段。第一阶段：在车辆行驶过程中，从驾驶员松开加速踏板但没有踩下制动踏板开始；第二阶段：从驾驶员踩下制动踏板开始。

（4）整车能量优化管理。通过对纯电动汽车的驱动电机系统、电池管理系统（BMS）、传动系统以及其他车载能源动力系统（如空调、电动泵等）的协调和管理，提高整车能量利用效率，延长续驶里程。

（5）高压上下电控制。根据驾驶员对启动开关的控制，进行动力电池的高压接触器开关控制，以完成高压设备的电源通断和预充电控制；协调相关部件的上电与下电流程，包括电机控制单元、电池管理系统等部件的供电，预充电继电器、主继电器的吸合和断开时间等。

（6）车辆状态的实时监测和显示。整车控制器对车辆的状态进行实时检测，并将各个子系统的信息发送给车载信息显示系统。其过程是通过传感器和控制器局域网（Controller Area Network，CAN）总线，检测车辆状态及与动力系统和相关电气附件相关的各子系统状态，并将状态信息和故障诊断信息通过数字仪表显示。

（7）故障诊断与处理。连续监视整车电控系统，进行故障诊断，并及时进行相应安全保护处理。其过程是根据传感器的输入及其他通过 CAN 总线通信得到电动机、电池、充电机等信息，对各种故障进行判断、等级分类、报警显示，以及存储故障码，以供维修时查看。故障指示灯可指示故障类型和部分故障码。在行车过程中，驾驶员可根据故障内容进行相应的处理。故障分级及处理方式见表 3－1。

表3－1　故障分级及处理方式

等级	名称	故障后处理	故障列表
一级	致命故障	紧急断开高压	电机控制单元直流母线过压故障、电池管理系统一级故障
二级	严重故障	零扭矩	电机控制单元相电流过流、JGBT、旋变等故障；电动机节点丢失故障；挡位信号故障
三级	一般故障	跛行	加速踏板信号故障
		降功率	电机控制单元显示电机超速保护
		限功率 <7 kW	跛行故障，电池荷电状态（SOC）<1%，电池管理系统显示单体欠压，内部通信、硬件等二级故障
		限速 <7 km/h	低压欠压故障、制动故障
四级	轻微故障	仪表显示，能量回收故障，仅停止能量回放	电机控制单元显示电动机系统温度传感器、直流欠压故障；整车控制器硬件、DC/DC 转换器异常等故障

（8）其他功能。整车控制器除了上述功能外，还具有充电过程控制、防溜车功能控制、电动化辅助系统管理、整车 CAN 总线网关及网络化管理、基于 CCP 协议的在线匹配标定、换挡控制、远程控制等功能，其中远程控制包括远程查询、远程空调控制及远程充电控制。

（二）电机控制单元（MCU）

电机控制单元的功能是接收整车控制器的指令，将动力电池组件的高压直流电压逆变成电压、频率、相序可调的三相交流电，实现对驱动电机的转速、转矩和旋转方向的控制。电机控制单元如图 3－4 所示。电机控制单元与驱动电机须配套使用，对于三相交流电动机、永磁同步电动机需通过电机控制单元进行调频、调压矢量控制；对于磁阻电动机则通过控制顺序脉冲频率来进行调速。当汽车倒车行驶时，通过电机控制单元来改变三相交流电压的相序，以使电动机反转进而驱动车轮反向行驶。

图3－4 电机控制单元

纯电动汽车处于滑行制动和刹车制动过程中，电机控制单元变为整流滤波器，其功能是将发电机输出的三相交流电压经过整流、滤波和升压后转变为高压直流电，将电能回馈给动力电池组件，实现能量回收。

电机控制单元的另一个功能是实时监测驱动电机的运行状态，如温度、母线电流、三相交流电流、动力电池电压、高压线束的绝缘情况等。电机控制单元内含故障诊断电路，当诊断出异常时，它会激活一个错误代码，并通过 CAN 总线发送给整车控制器，同时存储该故障码和数据。

（三）驱动电机

驱动电机在纯电动汽车中具有驱动车辆和发电的双重功能，即在正常行驶时发挥电动机功能，将电能转化为机械能；而在降速行驶和下坡滑行时发挥发电机功能，将车轮的惯性动能转换为电能。驱动电机如图 3－5 所示。

（四）机械传动装置

机械传动装置的主要功能是将驱动电机的转速降低、扭矩升高，以满足车辆对驱动电机的扭矩、转速的需求。对于纯电动汽车而言，由于其电动机本身具有较好的调速特性，机械传动装置被大大简化，

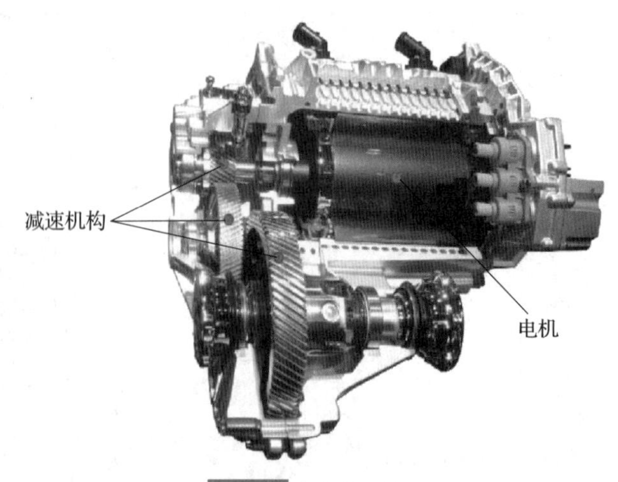

图3－5 驱动电机

大多仅采用一种固定速比的减速机构，省去了变速器、离合器等部件。当纯电动汽车采用轮毂式电动机分散驱动方式时，还可以省去驱动桥、机械差速器、半轴等传动部件。

（五）冷却系统

冷却系统的作用是将驱动电机系统中的驱动电机和电机控制单元在运行过程中产生的热量，通过风冷或水冷的方式带走，使其在适宜的温度下工作。如果不将驱动电机在运行过程中产生的热量带走，一方面，当温度上升到一定程度时，驱动电机的绝缘材料会发生质的变化，甚至失去绝缘功能；另一方面，随着驱动电机温度的升高，其中的金属构件的强度和硬度也会逐渐下降。同样，电机控制单元在工作过程中也会产生大量的热，如果温度过高会导致电机控制单元中的半导体结点、电路损坏，电阻增大，甚至烧坏元器件。

二、纯电动汽车驱动电机系统的布置方式

按照纯电动汽车上驱动电机的数目，纯电动汽车驱动电机系统的布置方式可分为单电机驱动电机系统和多电机驱动电机系统。

（一）单电机驱动电机系统

单电机驱动电机系统一般分为机械驱动布置方式和电机－驱动桥组合式两种。

1. 机械驱动布置方式

机械驱动布置方式是在保持内燃机汽车传动系统基本结构不变的基础上，用驱动电机替换传统汽车的内燃机。纯电动汽车驱动电机系统的整体结构与传统内燃机汽车的区别很小，主要由驱动电机、离合器、变速箱、传动轴和驱动桥等部件构成。

机械驱动布置方式的结构特点是：结构复杂，效率低，不能有效发挥驱动电机的优势，不利于降低车身质量。这种布置方式在纯电动汽车上很少应用，但由于混合动力汽车本身带有发动机，仍然需要通过变速器对发动机的输出转矩进行调整，所以混合动力汽车多采用机械驱动布置方式。机械驱动布置方式如图 3－6 所示。

图 3－6　机械驱动布置方式

2. 电机－驱动桥组合式

电机－驱动桥组合式在纯电动汽车中有着较为广泛的应用，其总体构成是在驱动电机端盖的输出轴处加装主减速器和差速器等，使驱动电机、固定速比减速器、差速器组合成一个驱动整体，通过固定速比减速器的减速功能来放大驱动电机的输出转矩。由于省掉了离合器和变速器，这种布置方式使机械传动机构更加紧凑，提高了传动效率和整车机械系统的质量，同时缩小了整车机械系统的体积，有利于整车布置，便于

安装，能够有效地扩大汽车动力电池的布置空间和汽车的乘坐空间。但这种布置方式对驱动电机的调速要求比较高，与机械驱动布置方式相比，要求驱动电机在较小的速度范围内能够提供较大转矩。按照传统内燃机汽车的驱动方式，电机-驱动桥组合式可以有驱动电机前置前驱（FF）和驱动电机后置后驱（RR）两种形式。电机-驱动桥组合式如图3-7所示。

图3-7 电机-驱动桥组合式

（二）多电机驱动电机系统

多电机驱动电机系统一般分为电机-驱动桥整体式和轮毂电机分散式两种驱动方式。

1. 电机-驱动桥整体式

同电机-驱动桥组合式相比，电机-驱动桥整体式驱动电机系统进一步减少了动力传动系统的机械传动元件数量，使整个动力传动系统的传动效率进一步提高，同时节省了很多的空间，形成了纯电动汽车所独有的驱动电机系统布置形式。它一般将两个轮边电机分别与两个相同固定速比减速器集成在一起，使固定速比减速器的输出直接与两个驱动轮连接，省去了机械差速器，由两个驱动电机独立控制转速；在两台驱动电机中间安装电子差速器，既可以提高汽车的灵活性，也方便引入牵引力控制系统，从而通过控制车轮的驱动转矩或驱动轮主动制动等措施，提高汽车的通过性和在复杂路况上的动力性。这种驱动方式的主要特点是：整体布局简单、结构紧凑、传动效率高、质量轻、体积小，具有良好的通用性和互换性，可实现多种功能，如驱动防滑、制动力分配、防侧滑等。电机-驱动桥整体式驱动电机系统在汽车上的布局有电动机前置前驱（FF）和电动机后置后驱（RR）两种形式。电机-驱动桥整体式如图3-8所示。

图3-8 电机-驱动桥整体式

2. 轮毂电机分散式

轮毂电机分散式就是把驱动电机安装在纯电动汽车的车轮轮毂中，使驱动电机输出转矩直接带动驱动轮旋转，从而驱动汽车。同传统内燃机汽车相比，轮毂电机分散式纯电动汽车把传统内燃机汽车的机械动力传动系统所占空间完全释放出来，扩大了动力电池、行李箱等的空间。同时，它既可以对每台驱动电机进行独立控制，有利于提高车辆的转向灵活性和主动安全性，也可以充分利用路面的附着力，便于引进电子控制技术。采用轮毂电机分散式的驱动电机系统必须保证车辆行驶时方向的稳定性，同时驱动电机及其减速装置必须能够布置在有限的轮毂空间内，即要求驱动电机的体积较小。轮毂电机分散式如图3-9所示。

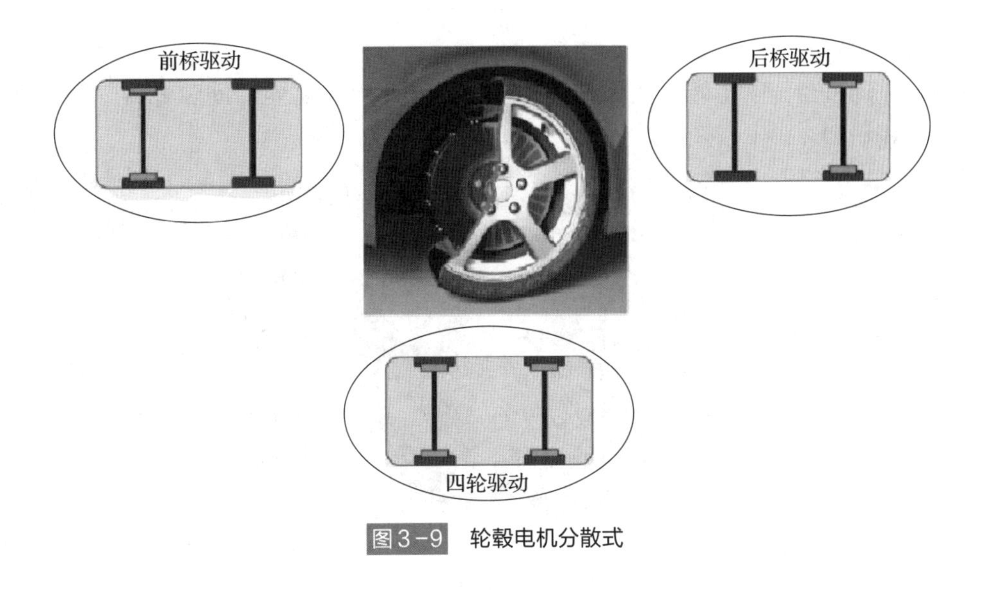

图3-9　轮毂电机分散式

三、驱动电机结构与原理

（一）直流电动机

早期开发的纯电动汽车都采用直流电机，即使到现在，还有一些纯电动汽车仍使用直流电动机来驱动。直流电动机就是将直流电能转换成机械能的电动机，是电动机的主要类型之一。它具有结构简单、技术成熟、控制容易等特点，在早期的纯电动汽车或希望获得简单结构的纯电动汽车中应用较广泛，如场地用纯电动汽车和专用纯电动汽车。

1. 直流电动机的分类

直流电动机分为绕组励磁式直流电动机和永磁式直流电动机两种。在纯电动汽车所采用的直流电动机中，小功率电动机采用的是永磁式直流电动机，大功率电动机采用的是绕组励磁式直流电动机。

绕组励磁式直流电动机根据励磁方式的不同，可分为他励、并励、串励和复励4种类型。他励、并励、串励、复励直流电动机电路如图3-10所示。

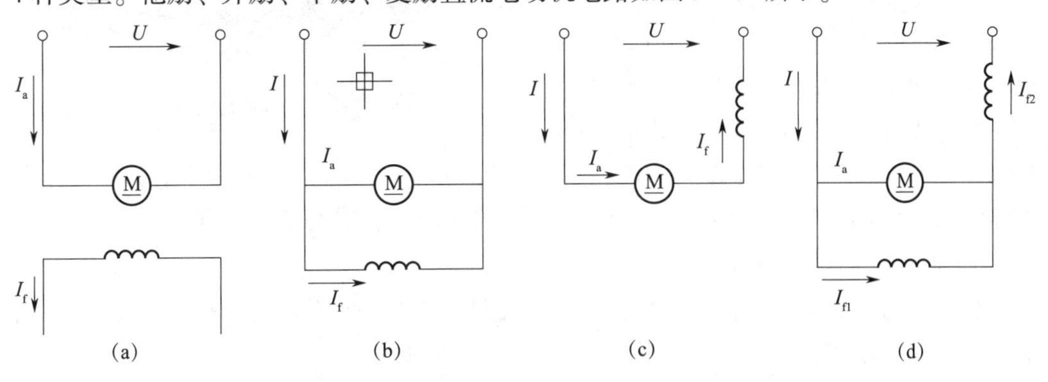

图3-10　他励、并励、串励、复励直流电动机电路

（a）他励　（b）并励　（c）串励　（d）复励

2. 直流电动机的结构

直流电动机由定子与转子两大部分构成，定子和转子之间的间隙称为气隙。直流电动机结构如图 3 - 11 所示。

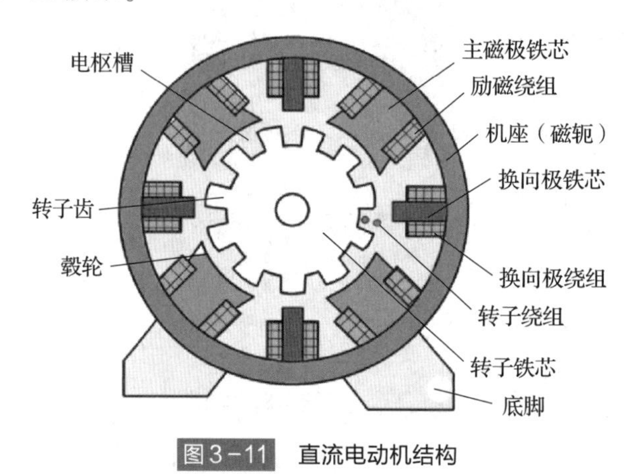

图 3 - 11 直流电动机结构

（1）定子。直流电动机的定子主要由主磁极、机座、换向极和电刷装置等组成。

主磁极的作用是建立主磁场，它由主磁极铁芯和套装在铁芯上的励磁绕组构成。主极铁芯一般由 1 ~ 1.5 mm 厚的低碳钢板冲压成一定形状叠装固定而成，是主磁路的一部分。励磁绕组用扁铜线或圆铜线绕制而成，产生励磁磁动势。

机座用铸钢或厚钢板焊接而成，它既是主磁路的一部分，又是电动机的结构框架。

换向极的作用是改善直流电动机的换向情况，使直流电动机运行时不产生有害的火花。它由换向极铁芯和套装在铁芯上的换向极绕组构成。

电刷装置由电刷、刷握、刷杆、汇流排等组成，用于电枢电路的引入或引出。

（2）转子。转子包括转子铁芯、转子绕组、换向器等，如图 3 - 12 所示。

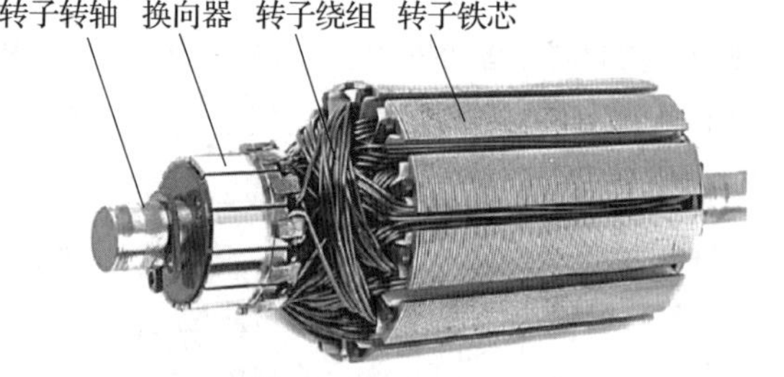

图 3 - 12 直流电动机转子

转子铁芯既是主磁路的组成部分，又是转子绕组的支撑部分，一般用0.55 mm 厚的硅钢冲片叠压而成。转子绕组嵌放在转子铁芯槽内，由扁铜线或圆铜线按一定规律绕制而成，它是直流电动机的电路部分，也是产生电动势和电磁转矩进行机电能量转换的部分。换向器由冷拉梯形铜排和绝缘材料等构成，用于转子中电流的换向。

3. 直流电动机的特点

（1）调速性能好。直流电动机可以在重负载条件下，实现均匀、平滑的无级调速，而且调速范围较宽。

（2）启动力矩大。直流电动机可以均匀而经济地实现转速调节，因此，凡是在重负载下启动或要求均匀调节转速的机械，如大型可逆轧钢机、卷扬机、电力机车、电车等，都可用直流电动机驱动。

(3) 控制比较简单。直流电动机一般用斩波器控制，具有效率高、控制灵活、质量轻、体积小、响应快等优点。

(4) 有易磨损件。由于直流电动机有电刷、换向器等易磨损器件，所以必须对其进行定期维护或更换。

纯电动汽车专用的直流电动机和其他通用的电动机相比，应在耐高温性、抗振动性，低损耗性、抗负载波动性及小型轻量化、免维护性等方面给予特殊考虑。除此之外，纯电动汽车专用的直流电动机大多在较低的电压下驱动，同时电路为大电流电路，因此需要注意连接线的接触电阻。

4. 直流电动机的工作原理

直流电动机的工作原理如图 3-13 所示。定子有一对 N、S 极，转子绕组的末端分别接到两个换向片上，正、负电刷 A 和 B 分别与两个换向片接触。

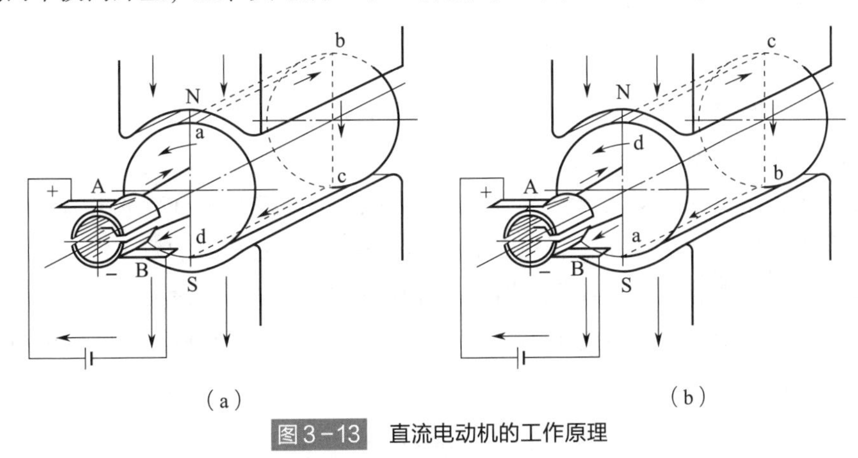

图 3-13　直流电动机的工作原理

(a) 线圈电流方向 abcd　(b) 线圈电流方向 dcba

如果给两个电刷加上直流电源，如图 3-13 (a) 所示，则有直流电流从电刷 A 流入，经过线圈 abcd，从电刷 B 流出。根据电磁力定律，载流导体 ab 和 cd 受到电磁力的作用，其方向可用左手定则判定，两段导体受到的力形成了一个转矩，使得转子逆时针转动。如果转子转到如图 3-13 (b) 所示的位置，电刷 A、电刷 B 分别和换向片接触，直流电流从电刷 A 流入，在线圈中的流动方向是 dcba，从电刷 B 流出。此时载流导体 ab 和 cd 受到电磁力的作用，其方向同样可用左手定则判定，它们产生的转矩仍然使转子逆时针转动。这就是直流电动机的工作原理。

虽然外加的电源是直流的，但由于电刷和换向片的作用，在线圈中流过的电流是交流的，而其产生的转矩的方向却是不变的。

(二) 交流感应（异步）电动机

1. 交流感应（异步）电动机的结构

交流感应（异步）电动机是由静止的定子和可以旋转的转子组成，定子和转子之间

为气隙。交流感应（异步）电动机的气隙一般为 0.5 ~ 2.0 mm，气隙的大小对交流感应（异步）电动机的性能有很大影响。交流感应（异步）电动机的基本结构如图 3 – 14 所示。

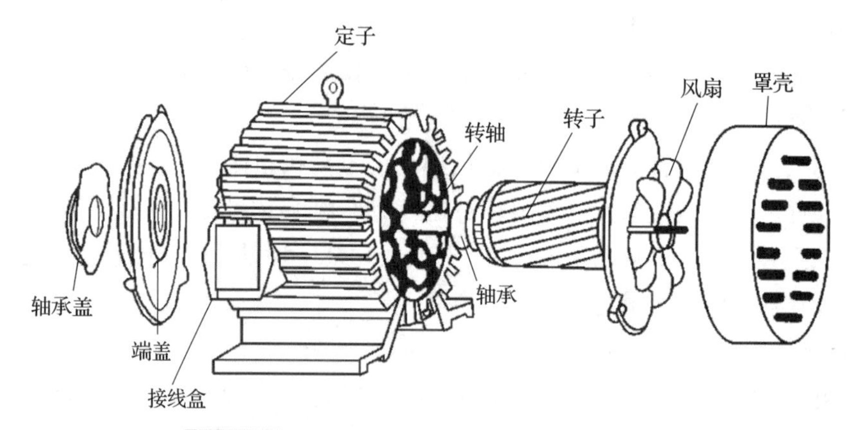

图3－14　交流感应（异步）电动机的基本结构

1）定子

交流感应（异步）电动机的定子主要由定子铁芯、定子绕组和机座三部分组成。

（1）定子铁芯：作为电动机主磁路的一部分，用来嵌放定子绕组。为了降低定子铁芯的铁损耗，定子铁芯一般由厚度为 0.35 ~ 0.50 mm、表面涂有绝缘漆的硅钢片叠压而成。定子铁芯如图 3 – 15 所示，在铁芯的内圆冲有均匀分布的槽，用以嵌放定子绕组。定子铁芯的槽型分为三种：开口槽、半开口槽和半闭口槽。其中，开口槽用于大、中型高压感应电动机；半开口槽用于 500 V 以下的中型感应电动机；半闭口槽用于小型低压感应电动机。

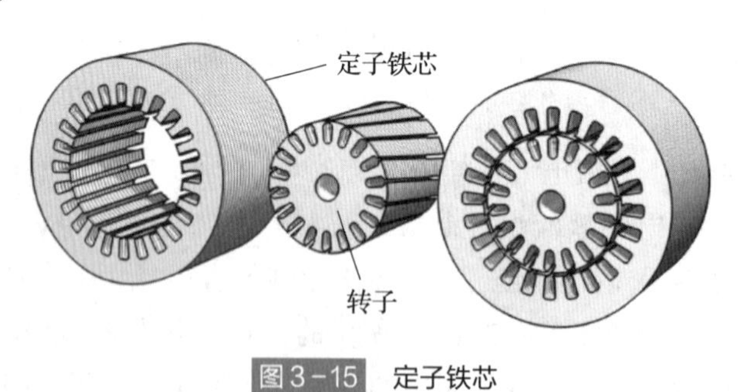

图3－15　定子铁芯

（2）定子绕组：电动机的电路部分，通入三相交流电。其作用是吸收电功率和产生旋转磁场。定子绕组由 3 个在空间上互成 120°对称排列、结构完全相同的绕组（每个绕组为一相）组成。根据需要可将它们连接成 Y 形或三角形。定子绕组接法如图 3 – 16所示。

大、中型容量的高压交流感应（异步）电动机定子绕组常采用 Y 形接法，此种接法只有 3 根引出线。中、小型容量的低压交流感应（异步）电动机，通常把定子三相绕组的6根出线头都引出来，根据需要可接成Y形或三角形。三角形接法的定子绕组用绝缘的铜（或铝）导线绕成，嵌放在定子槽内。

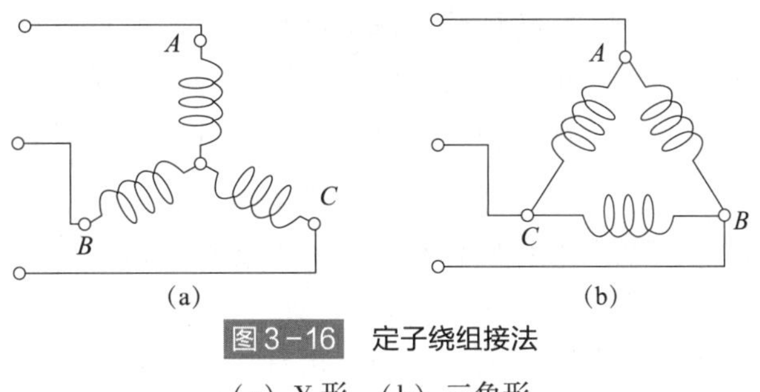

图3－16　定子绕组接法

（a）Y形　（b）三角形

（3）机座：主要用于固定定子铁芯和前、后端盖，支撑转子并起到防护和散热等作用，一般不作为主磁路的组成部分。大多数感应电动机机座采用铸铁铸造而成，大型感应电动机机座采用钢板焊接而成，微型感应电动机机座多由铸铝或塑料制成。由于电动机的防护方式、冷却方式和安装方式的不同，机座的样式也不尽相同。

2）转子

交流感应（异步）电动机的转子包括转子铁芯和转子绕组。

（1）转子铁芯：电动机主磁路的一部分，由厚度为0.5 mm的硅钢片叠压而成。铁芯固定在转轴或转子支架上，整个转子的外表呈圆柱形。

（2）转子绕组：转子绕组分为笼型和绕线型两类。

①笼形绕组：一个自行闭合的短路绕组，即在转子铁芯的每个槽里都嵌放一根导条，将铁芯的两端用端环连接起来，形成一个短路的绕组。如果把采用笼形绕组转子的铁芯拿掉，则剩下的绕组形状像个鼠笼子，如图3－17所示，因此又叫鼠笼转子。导条的材料为铜或铝。

②绕线型绕组：槽内嵌放用绝缘导线组成的三相绕组，一般连接成Y形。转子绕组的3条引线分别接到3个集电环上，用一套电刷装置引出来，如图3－18所示。这样就可以把外接电阻串联到转子绕组回路，以改善电动机的启动性能或调节电动机的转速。

图3－17　笼形绕组　　　图3－18　绕线型绕组

与笼形转子相比，绕线型转子结构复杂、价格较高，主要应用于启动电流小、启动转矩大，或须平滑调速的场合。

2. 交流感应（异步）电动机的特点

交流感应（异步）电动机的基本特点是，转子绕组无须与其他电源相连，其定子

电流直接取自交流电力系统。与其他电动机相比，交流感应（异步）电动机的结构简单，制造、使用、维护方便，运行可靠性高，质量轻，成本低。以三相交流感应（异步）电动机为例，与同功率、同转速的直流电动机相比，前者质量仅为后者的二分之一，而成本仅为后者的三分之一。交流感应（异步）电动机还容易按不同环境条件的要求，派生出各种系列产品。它还具有接近恒速的负载特性，能满足大多数工农业生产机械拖动的要求。

交流感应（异步）电动机的局限性包括：它的转速与其旋转磁场的同步转速有固定的转差率，因而调速性能较差，在要求有较宽广的平滑调速范围的场合，不如直流电动机经济、方便。此外，交流感应（异步）电动机运行时，从电力系统吸取无功功率以励磁，这会导致电力系统的功率因数降低。因此，在大功率、低转速场合多使用直流同步电动机。

3. 交流感应（异步）电动机的工作原理

交流感应（异步）电动机工作时，由定子、转子共同建立气隙基波磁场，并与转子绕组的感应电流相互作用产生电磁力，从而形成电磁转矩。由于电磁转矩克服负载转矩输出机械能，因此交流感应（异步）电动机实现了电能到机械能的能量转换。

交流感应（异步）电动机能够正常工作必须满足两个基本条件：电动机的定子、转子基波磁动势必须能合成并在气隙内建立旋转磁场；转子转速必须小于气隙旋转磁场的转速，并且两者保持一定的差值，以保证转子与旋转磁场之间存在相对运行。

给交流感应（异步）电动机通入对称的三相交流电时，会产生一个旋转的气隙磁场，其中通过气隙到达转子的基波磁场称为主磁场，只铰链定子绕组就形成闭合回路，未能到达转子的磁场称为定子漏磁场，该旋转磁场会同时切割定子、转子绕组，这样在两个绕组内会产生相应的感应电动势。

由此可见，在这种情况下，整个气隙磁场全部由定子绕组内的三相对称电流产生。因此，定子磁动势又称为励磁磁动势，定子电流也称为励磁电流。由于定子绕组的三相交流电是完全对称的，在此仅以 A 相为例来进行分析，当 A 相电流达到最大值时，它所对应的磁动势也达到最大值，转子不转的感应电动机，相当于一台副边开路的三相变压器，其中定子绕组是原边绕组，转子绕组是副边绕组，只是在磁路中，交流感应（异步）电动机定子、转子铁芯中多了一个气隙磁路。三相交流电与旋转磁场的对应关系如图 3－19 所示。

交流感应（异步）电动机定子绕组接通三相交流电后，电机内便形成圆形旋转磁动势以及圆形旋转磁密，设其方向为顺时针，交流感应（异步）电动机工作原理分析如图 3－20 所示。若转子不转，鼠笼转子导条与旋转磁密有相对运动，则导条中有感应电动势 E_e，方向由右手定则确定。由于转子导条彼此在端部短路，因此导条中有电流，若不考虑感应电动势与电流的相位差，则电流方向与电动势方向相同。这样，导条在磁场中受力 f_{em}，用左手定则确定受力方向，由图 3－20 可知为顺时针旋转方向。

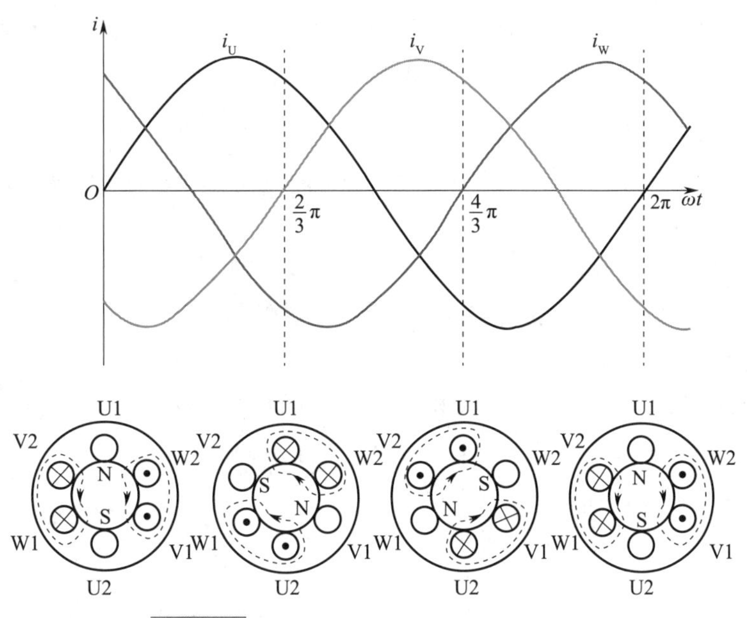

图3-19　三相交流电与旋转磁场的对应关系

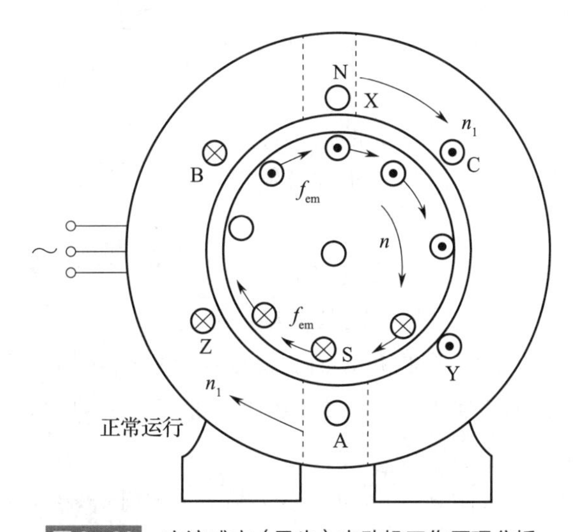

图3-20　交流感应（异步）电动机工作原理分析

转子受力后产生转矩 T_{em}。此转矩为电磁转矩，方向与旋转磁动势相同，转子便在该方向上旋转起来。转子旋转后，转速为 n，只要 $n < n_1$（n_1为旋转磁动势同步转速），转子导条与磁场仍有相对运动，就会产生与转子不转时相同方向的电动势、电流及受力，电磁转矩 T_{em}仍为顺时针方向，转子继续旋转，并在 $T_{em} = T_L$ 的情况下稳定运行（其中 T_L 为负载转矩）。

由交流感应（异步）电动机的工作原理可知，交流感应（异步）电动机稳定运行时，转子转速 n 不能等于旋转磁场的同步转速 n_1，其转差转速 $\Delta n = n_1 - n$，转差转速 Δn 与同步转速之比为感应电动机的转差率，用 s 表示。转差率是交流感应（异步）电

动机的一个重要参数。正常运行时，交流感应（异步）电动机的转子转速 n 接近旋转磁场的同步转速 n_1，转差率 s 一般为 0.01 ~ 0.05。

（三）永磁同步电动机

永磁同步电动机（Permanent Magnet Synchronous Motor，PMSM）具有高效、高控制精度、高转矩密度、良好的转矩平稳性及低振动噪声的特点，通过合理设计永磁磁路结构能获得较高的弱磁性能。它在纯电动汽车驱动方面具有很高的应用价值，受到国内外纯电动汽车界的高度重视，是最具竞争力的纯电动汽车驱动电机系统之一。

1. 永磁同步电动机的结构

永磁同步电动机分为正弦波驱动电流的永磁同步电动机和方波驱动电流的永磁同步电动机两种，下面主要介绍三相正弦波驱动的永磁同步电动机。

永磁同步电动机结构如图 3 – 21 所示。和传统电动机一样，永磁同步电动机主要由定子和转子两大部分构成。

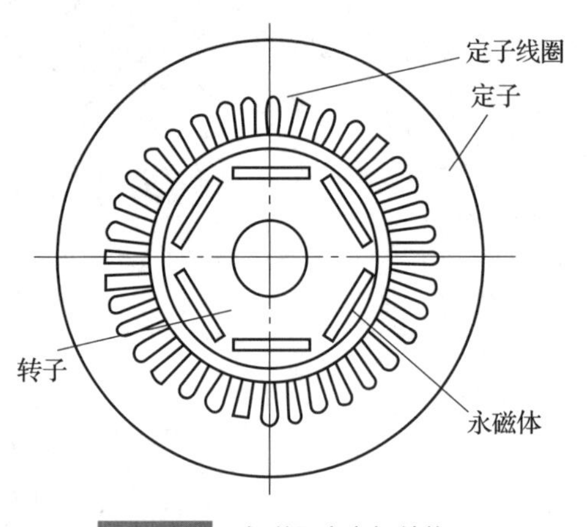

图 3 – 21　永磁同步电机结构

永磁同步电动机的定子与普通感应电动机基本相同，由电枢铁芯和电枢绕组构成。电枢铁心一般使用 0.5 mm 厚的硅钢叠压而成，对于具有高效率指标或频率较高的电动机，为了降低铁耗，可以考虑使用 0.35 mm 厚的低损耗冷轧无取向硅钢片叠压而成。电枢绕组则普遍采用分布短距绕组；对于极数较多的电动机，则普遍采用分数槽绕组；需要进一步改善电动势波形时，也可以考虑采用正弦绕组或其他特殊绕组。

转子主要由永磁体、转子铁芯和转轴等构成。其中永磁体主要采用铁氧体永磁和稀土永磁材料（如钕铁硼永磁材料）；转子铁芯可根据磁极结构的不同，选用实心钢，或采用钢板或硅钢片冲制后叠压而成。

与普通电动机相比，永磁同步电动机还必须装有转子永磁体位置检测器，用来检测磁极位置，并以此对电枢电流进行控制，达到对永磁同步电动机驱动控制的目的。

按照永磁体在转子上位置的不同，永磁同步电动机的磁路结构可分为表面式和内置式两种。

（1）表面式转子磁路结构。在表面式转子磁路结构中，永磁体通常呈瓦片形，并位于转子铁芯的外表面，永磁体提供磁通的方向为径向。表面式转子磁路结构又分为凸出式和嵌入式两种，如图 3 – 22 所示。对采用稀土永磁材料的电动机来说，由于永磁材料的相对回复磁导率接近 1，所以凸出式转子磁路结构在电磁性能上属于隐极转子结构；而嵌入式转子磁路结构的相邻永磁磁极间有磁导率很大的铁磁材料，故在电磁性能上属于凸极转子结构。

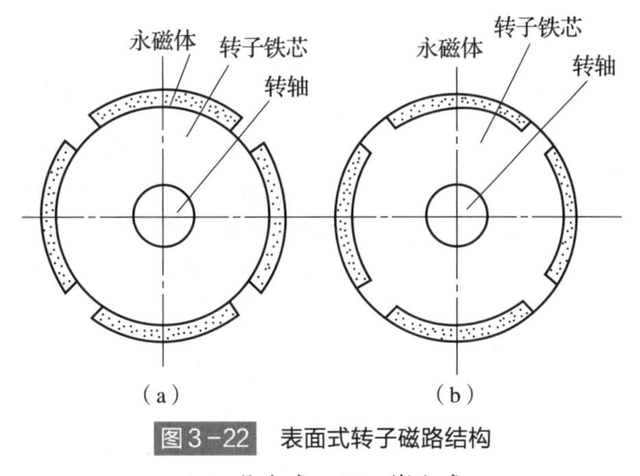

图3-22　表面式转子磁路结构

(a) 凸出式　(b) 嵌入式

凸出式转子磁路结构具有结构简单、制造成本较低、转动惯量小等优点，在矩形波永磁同步电动机和恒功率运行范围不宽的正弦波永磁同步电动机中得到了广泛应用。此外，凸出式转子磁路结构中的永磁体磁极易于实现最优设计，它能使电动机气隙磁密的波形趋近正弦波的磁极形状，可显著提高电动机乃至整个传动系统的性能。

嵌入式转子磁路结构可充分利用转子磁路不对称性所产生的磁阻转矩，提高电动机的功率密度，其动态性能与凸出式转子磁路结构相比有所改进，制造工艺也较简单，常被某些调速永磁同步电动机所采用，但其漏磁系数和制造成本与凸出式转子磁路结构相比都较大。

(2) 内置式转子磁路结构。内置式转子磁路结构的永磁体位于转子内部，永磁体外面与定子铁芯内圆之间有铁磁物质制成的极靴，极靴中可以放置铸笼或制条笼，起阻尼或启动作用，动态、稳态性能好，广泛用于要求有异步启动能力或动态性能高的永磁同步电动机。内置式转子内的永磁体受到极靴的保护，其转子磁路结构的不对称性所产生的磁阻转矩也有助于提高电动机的过载能力或功率密度，而且易于“弱磁”扩速。

按永磁体磁化方向与转子旋转方向的相互关系，内置式转子磁路结构可分为径向式、切向式和混合式3种，如图3-23所示。

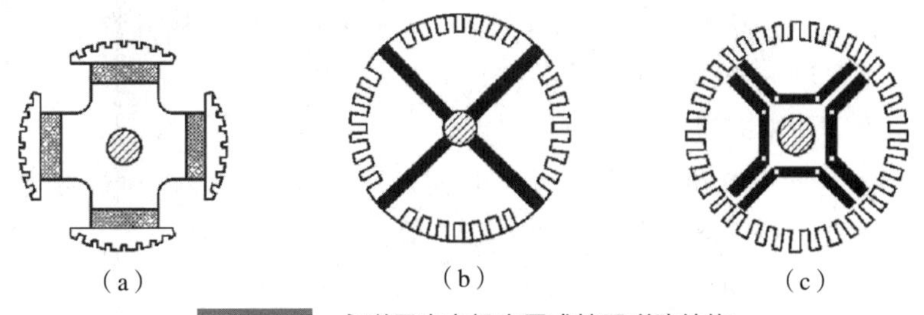

图3-23　永磁同步电机内置式转子磁路结构

(a) 径向式　(b) 切向式　(c) 混合式

采用径向式转子磁路结构的永磁同步电动机的磁钢或放在磁通轴的非对称位置上或同时利用径向和切向充磁的磁钢以产生高磁通密度。这种结构的优点包括漏磁系数小、转轴上不需要采取隔磁措施、极弧系数易于控制、转子冲片力学强度高、安装永磁体后转子不易变形等。

采用切向式转子磁路结构的转子有较大的惯性，漏磁系数较大，制造工艺和成本较径向式转子磁路结构有所增加。其优点是一个极距下的磁通由相邻两个磁极并联提供，这样可得到更大的每极磁通。尤其当电动机极数较多、径向式转子磁路结构不能提供足够的每极磁通时，这种结构的优势就更加明显。此外，采用这种结构的永磁同步电动机的磁阻转矩可占到总电磁转矩的40%，对提高电动机的功率密度和扩展恒功率运行范围都是很有利的。

混合式转子磁路结构集中了径向式转子磁路结构和切向式转子磁路结构的优点，但其结构和制造工艺都比较复杂，制造成本也较高。

2. 永磁同步电动机的特点

永磁同步电动机的优点如下。

（1）用永磁体取代绕线式同步电动机转子中的励磁绕组，从而省去了励磁线圈、集电环，以电子换相实现无刷运行，结构简单、运行可靠。

（2）转速与电源频率间始终保持准确的同步关系，因此控制电源频率就能控制电动机的转速。

（3）具有较强的机械特性，对于因负载的变化而引起的电动机转矩的扰动具有较强的承受能力，瞬间最大转矩可以达到额定转矩的3倍以上，适合在负载转矩变化较大的工况下运行。

（4）永磁同步电动机的转子为永磁体，无须励磁，因此电动机可以在很低的转速下保持同步运行，调速范围宽。

（5）与交流感应（异步）电动机相比，永磁同步电动机不需要无功励磁电流，因而功率因数高，定子电流和定子铜耗小，效率高。

（6）体积小、质量轻。近些年来随着高性能永磁材料的不断应用，永磁同步电动机的功率密度得到很大提高，与同容量的交流感应（异步）电动机相比，其体积小、质量轻，这些使其适合应用在许多特殊场合。

（7）结构多样化，应用范围广。永磁同步电动机由于转子结构的多样化，产生了特点和性能各异的许多品种，从工业到农业，从民用到国防，从日常生活到航空航天，从简单的电动工具到复杂的高科技产品，几乎无处不在。

但是，永磁同步电动机还存在以下缺点。

（1）由于永磁同步电动机的转子为永磁体，无法调节，必须通过加定子直轴去磁电流分量来削弱磁场，这会增大定子的电流，增大电动机的铜耗。

（2）永磁同步电动机的磁钢价格较高。

由此可见，永磁同步电动机体积小、质量轻、转动惯量小、功率密度高（可达1 kW/kg），符合纯电动汽车空间有限的特点；另外，其转矩惯量比大、过载能力强，尤其低转速时输出转矩大，满足纯电动汽车的启动、加速需求。因此，永磁同步电动机受到国内外纯电动汽车界的广泛重视，并已得到了普遍应用。很多新研制的纯电动汽车都采用了永磁同步电动机，如丰田普锐斯混联式混合动力汽车。

3. 永磁同步电动机的工作原理

永磁同步电动机的基本工作原理是磁通总是沿磁阻最小的路径闭合，利用磁引力拉动转子旋转，使永磁转子跟随定子产生的旋转磁场同步旋转，故称之为同步电动机。为便于介绍，以方波驱动的 12 槽 8 极分数槽集中绕组永磁同步电机为例，介绍其工作原理。永磁同步电动机的定子与转子结构如图 3－24 所示，图中 A、B、C 为霍尔传感器，安装在定子两个磁极间的空隙处，用来检测转子位置。当转子的两个磁极经过霍尔元件时，霍尔元件就能检测到极性变化并发出信号，控制驱动电路进行三相电流的切换。

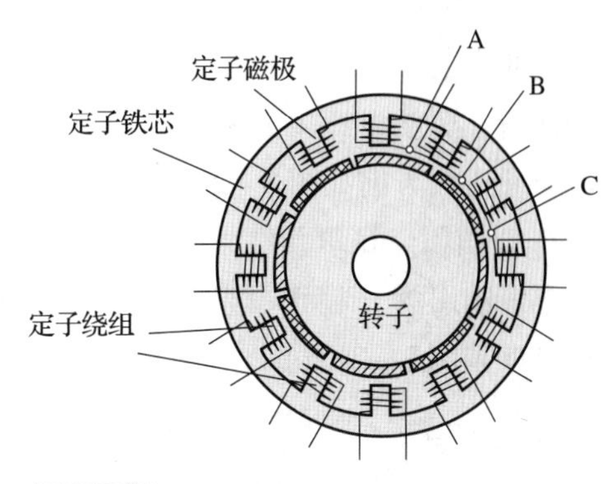

图 3－24　永磁同步电动机的定子与转子结构

线圈 1、4、7、10 串联组成 U 相绕组，线圈 2、5、8、11 串联组成 V 相绕组；线圈 3、6、9、12 串联组成 W 相绕组。U、V、W 三相绕组的线圈连接如图 3－25 所示。12 个线圈组成三相绕组，三相的末端连接起来构成三角形接法。根据每相绕组的连接方式可知：空间旋转磁场的极对数 $p=4$，定子绕组的电流每交变一次，旋转磁场在空间中旋转四分之一个圆周，即 90°。

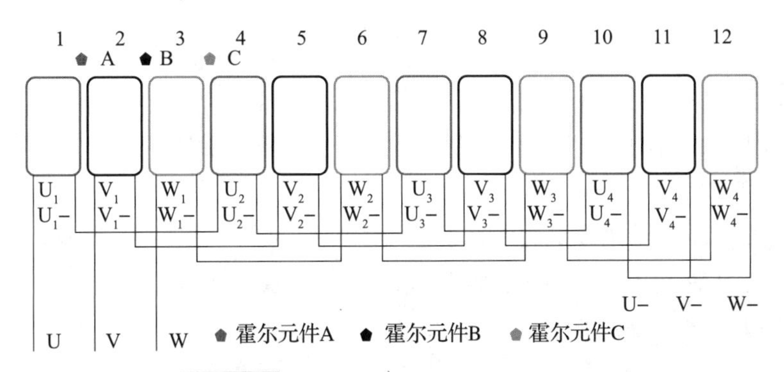

图 3－25　U、V、W 三相绕组的线圈连接

定子绕组有 6 个状态，6 个状态为 1 个周期，一个周期转子旋转 90°，转子旋转 1 周需 4 个周期。6 个状态的时间段分别为 T_1、T_2、T_3、T_4、T_5、T_6。三相绕组驱动电路如图 3－26所示。功率开关管 BG1 至 BG6 轮流导通分时段为三相绕组提供方波驱动信号。

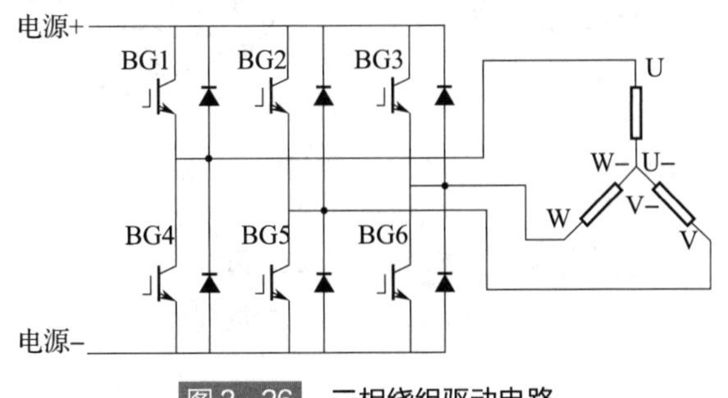

图 3－26　三相绕组驱动电路

T_1 时间段。霍尔元件 C 检测到转子磁极由 S 变为 N，功率开关管 BG2、BG6 导通，其他闭合，驱动电源输出为 V 相正，W 相负，两相线圈产生的磁场吸引转子旋转 15°，电流与磁力线方向如图 3－27（a）所示。

T_2 时间段。霍尔元件 A 检测到转子磁极由 N 变为 S，功率开关管 BG1、BG6 导通，驱动电源输出为 U 相正、W 相负，两相线圈产生的磁场吸引转子旋转 15°，电流与磁力线方向如图 3－27（b）所示。

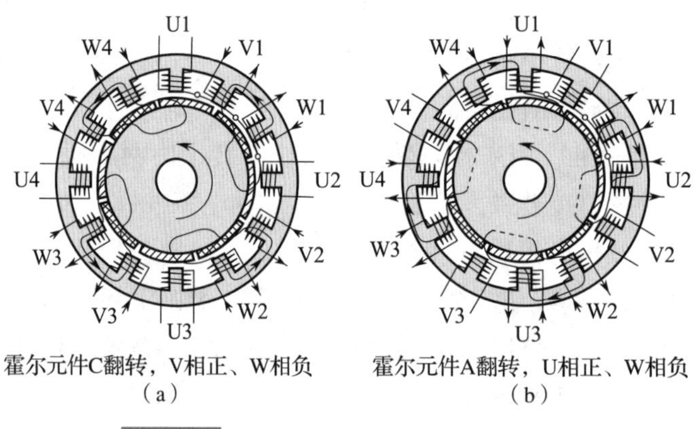

图 3－27 永磁同步电机工作原理（T_1、T_2）

（a）T_1 时间段 （b）T_2 时间段

T_3 时间段。霍尔元件 B 检测到转子磁极由 S 变为 N，功率开关管 BG1、BG5 导通，驱动电源输出为 U 相正、V 相负，两相线圈产生的磁场吸引转子旋转 15°，电流与磁力线方向如图 3－28（a）所示。

T_4 时间段。霍尔元件 C 检测到转子磁极由 N 变为 S，功率开关管 BG3、BG5 导通，驱动电源输出为 W 相正、V 相负，两相线圈产生的磁场吸引转子旋转 15°，电流与磁力线方向如图 3－28（b）所示。

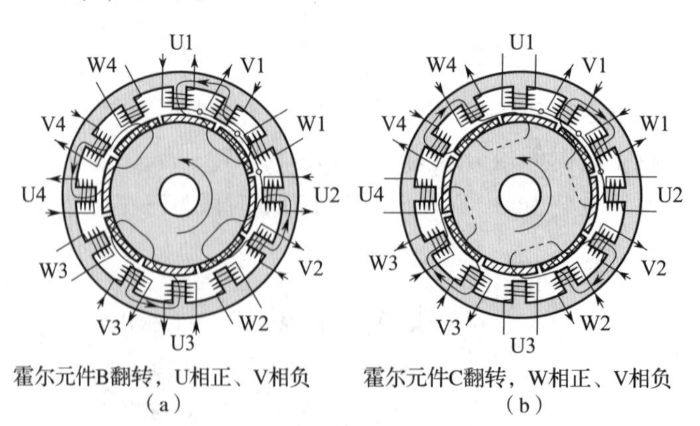

图 3－28 永磁同步电机工作原理（T_3、T_4）

（a）T_3 时间段 （b）T_4 时间段

T_5 时间段。霍尔元件 A 检测到转子磁极由 S 变为 N，驱动电源输出为 W 相正、U 相负，功率开关管 BG3、BG4 导通，两相线圈产生的磁场吸引转子旋转 15°，电流与磁力线方向如图 3-29（a）所示。

T_6 时间段。霍尔元件 B 检测到转子磁极由 N 变为 S，功率开关管 BG2、BG4 导通，驱动电源输出为 V 相正、U 相负，两相线圈产生的磁场吸引转子旋转 15°，电流与磁力线方向如图 3-29（b）所示。

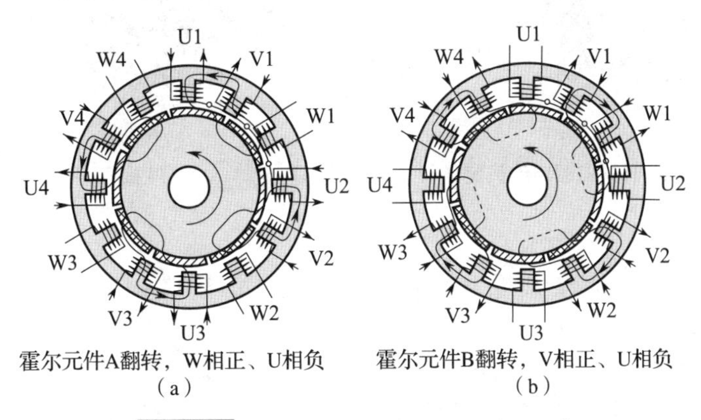

图 3-29　永磁同步电机工作原理（T_5、T_6）

（a）T_5 时间段　（b）T_6 时间段

T_6 结束再次进入 T_1，重新循环。转子就这样不停地旋转下去，永磁同步电机的转速等于旋转磁场的转速。

（四）开关磁阻电动机

对开关磁阻电动机的研究最早可以追溯到 19 世纪 40 年代，英国研究者将其应用于机车牵引系统。然而，直到 20 世纪 60 年代，随着电力电子技术、计算机技术和自动控制理论的发展，开关磁阻电动机的设计开发才得以全面开展，磁阻电动机的优点才被广泛了解。其具有结构简单、运行可靠、成本低、效率高等突出优点，目前已成为直流电动机、交流电动机和永磁电动机的强有力的竞争者。

1. 开关磁阻电动机的结构

开关磁阻电动机（Switched Reluctance Motor，SRM）作为一种新型驱动电机，相对于其他类型的驱动电机而言，开关磁阻电动机的结构简单，主要由定子绕组、转子凸极等组成。开关磁阻电动机结构如图 3-30 所示。

图 3-30　开关磁阻电动机结构

1）定子

开关磁阻电动机的定子是由硅钢片叠压而成的，其内部有凸出的定子凸极。定子凸极也是由硅钢片叠压而成的。开关磁阻电动机定子如图 3-31 所示。

定子凸极采用集中绕组励磁，把沿径向相对的两个绕组串联成一个两级磁极，称为“一相”，如图3－32所示的6/4极（表示6个定子凸极、4个转子凸极）结构共有三相绕组。

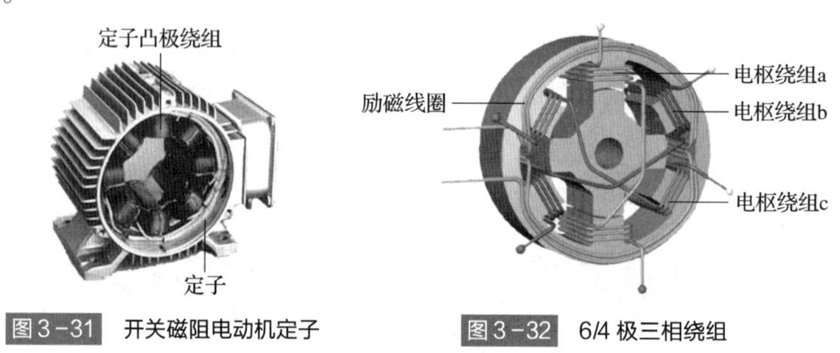

图3－31 开关磁阻电动机定子

图3－32 6/4极三相绕组

2）转子

开关磁阻电动机的转子凸极上既无绕组也无永磁体，仅由硅钢片叠成。开关磁阻电动机转子如图3－33所示。

2. 开关磁阻电动机的工作原理

开关磁阻电动机由于线圈电流通断、磁通状态直接受开关控制，故开关磁阻电动机由此得名。它的运行遵循磁阻最小原理，即磁通总沿最小路径闭合，转子凸极轴线总向电子产生的磁通轴线对齐。当定子某相绕组通电励磁时，磁场磁力线由于扭曲而引起切向磁拉力，以使最近转子凸极旋转到轴线与定子的电励磁轴线相对齐位置。而其“对齐”趋势使开关磁阻电动机产生特有的有效电磁磁阻转矩。

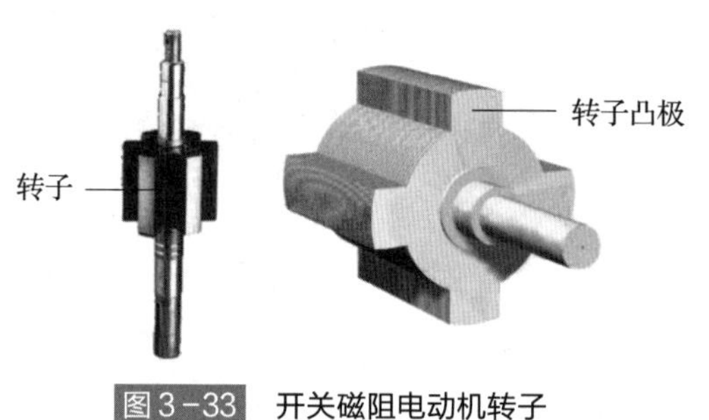

图3－33 开关磁阻电动机转子

以三相6/4极开关磁阻电动机为例，U、V、W相线圈由功率开关管BG1、BG2、BG3控制电流通断，并约定转子转动前的转角为0°。三相6/4极开关磁阻电动机及功率变换器如图3－34所示。

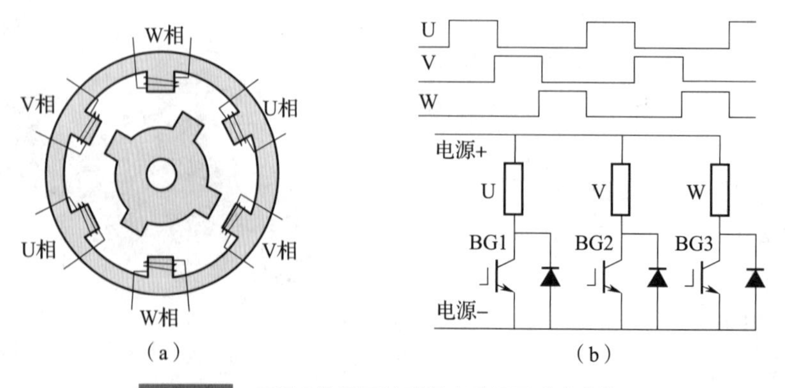

图3－34 三相6/4极开关磁阻电动机及功率变换器

（a）三相6/4极开关磁阻电动机 （b）三相6/4极开关磁阻电动机功率变换器

U 相线圈接通电源产生磁通，磁力线从最近的转子凸极通过转子铁芯，磁力线可看成极有弹力的线，在磁力的牵引下转子开始逆时针转动。三相 6/4 极开关磁阻电动机 U 相通电如图 3－35 所示。图 3－35（b）为转子转了 10°，图 3－35（c）为转子转了 20°，磁力一直牵引转子转到 30°为止，之后转子不再转动，此时磁路最短。

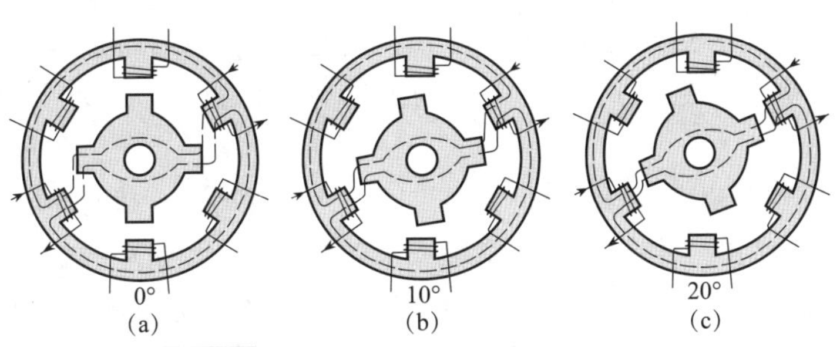

图 3－35　三相 6/4 极开关磁阻电动机 U 相通电

（a）转子未转动　（b）转子转了 10°　（c）转子转了 20°

为了使转子继续转动，在转子转到 30°前切断 U 相电源，并在 30°时接通 V 相电源，磁通从最近的转子凸极通过转子铁芯。三相 6/4 极开关磁阻电动机 V 相通电如图 3－36所示。图 3－36（b）为转子转到 40°，图 3－36（c）为转子转到 50°，磁力一直牵引转子转到 60°为止。

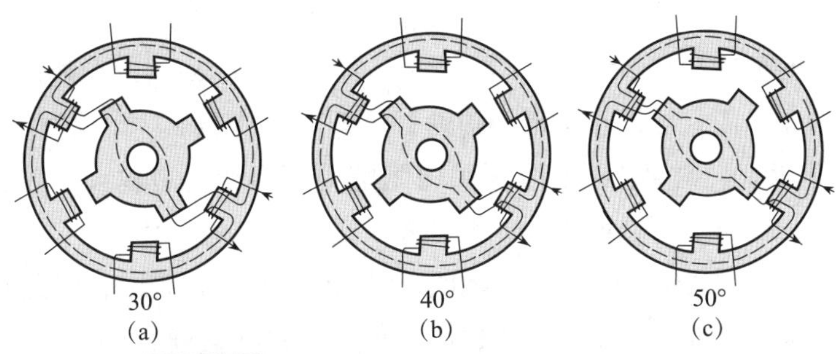

图 3－36　三相 6/4 极开关磁阻电动机 V 相通电

（a）转子转到 30°　（b）转子转到 40°　（c）转子转到 50°

在转子转到 60°前切断 V 相电源，并在 60°时接通 W 相电源，磁通从最近的转子凸极通过转子铁芯，三相 6/4 极开关磁阻电动机 W 相通电如图 3－37 所示。图 3－37（b）为转子转到 70°，图 3－37（c）为转子转到 80°，磁力一直牵引转子转到 90°为止。

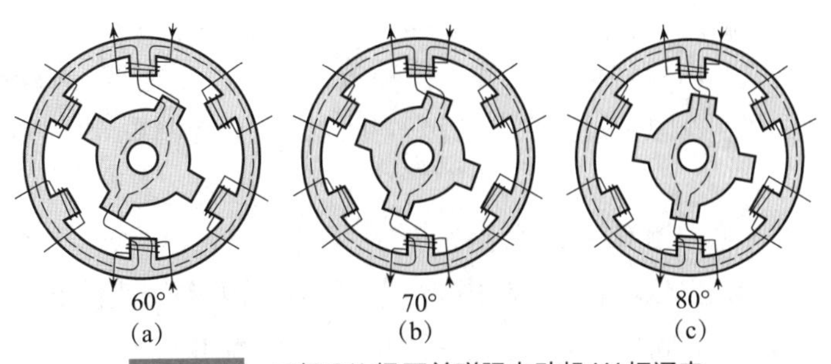

图 3－37　三相 6/4 极开关磁阻电动机 W 相通电

（a）转子转到 60°　（b）转子转到 70°　（c）转子转到 80°

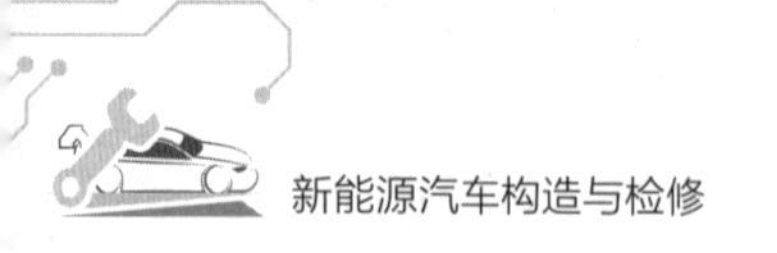

在转子转到90°前切断W相电源，转子在90°时的状态与开始时的状态一样。这样不停地重复前面的过程，转子就会不停地旋转。开关磁阻电动机的旋转速度与线圈通断电的改变频率有关，频率越高，电动机转速越高。

3. 开关磁阻电动机的特点

与当前广泛应用的交流电动机相比，开关磁阻电动机在设计成本、运行效率、调速性能、可靠性和散热性等方面具有一定的优势。开关磁阻电动机主要有以下几方面特点。

（1）开关磁阻电动机结构简单、紧凑牢固，适合在高速、高温环境下运行。开关磁阻电动机为凸极结构，转子上没有绕组或永磁体，转动惯量小，易于加、减速，特别适用于高速旋转的工作环境。开关磁阻电动机的定子绕组为集中绕组，制造简单，且端部短而紧凑，易于冷却。因此，开关磁阻电动机适用于工作条件恶劣（高温），甚至强振动的环境，且维护简单，具有良好的环境适应能力。

（2）功率转换器结构简单，容错能力强。由于转矩与励磁绕组电流方向无关，因此可以减少功率转换器的开关器件个数，系统可以短相工作，容错能力强。同时系统中的每个功率开关器件均直接与绕组串联，避免了直通短路的危险。因此，功率电路的保护电路可以简化，提高了系统的可靠性。

（3）可控参数多，调速性能好。开关磁阻电动机的可控参数多（主要有开通角、关断角、相电流幅值和相绕组电压），控制较为灵活，可以采用多种控制方式使电动机处于最佳运行状态，而且可以在不增加辅助开关器件的情况下，实现电机四象限运行。

（4）启动转矩大，调速范围宽。开关磁阻电动机启动转矩较大，并且可以在较宽速度范围内实现恒功率运行，适用于频繁起停及正反方向的交替运行。

（5）效率高、功耗小。由于开关磁阻电动机转子不存在绕组，因此降低了电动机的铜损耗，并且能在很宽的功率和转速范围内保持高效率运行。

开关磁阻电动机的应用领域广泛，目前已成功应用于纯电动汽车、家用电器、工业以及航空航天等领域，其中纯电动汽车领域是开关磁阻电动机较为成功的应用领域之一。

四、电机控制单元结构与原理

1. 电机控制单元结构

电机控制单元主要由模块面板组件、控制板组件、高压电容、电流感应器、电压传感器、三相接插件、电源正极、电源负极等组成。电机控制单元结构组成如图3－38所示。

1）IGBT模块（绝缘栅双极型晶体管）

IGBT模块是驱动电机系统的控制中心，又称智能功率模块。它的主要作用是将动力电池的直流电逆变成电压、频率可调的三相交流电，供配套的电动机使用。IGBT如图3－39所示。

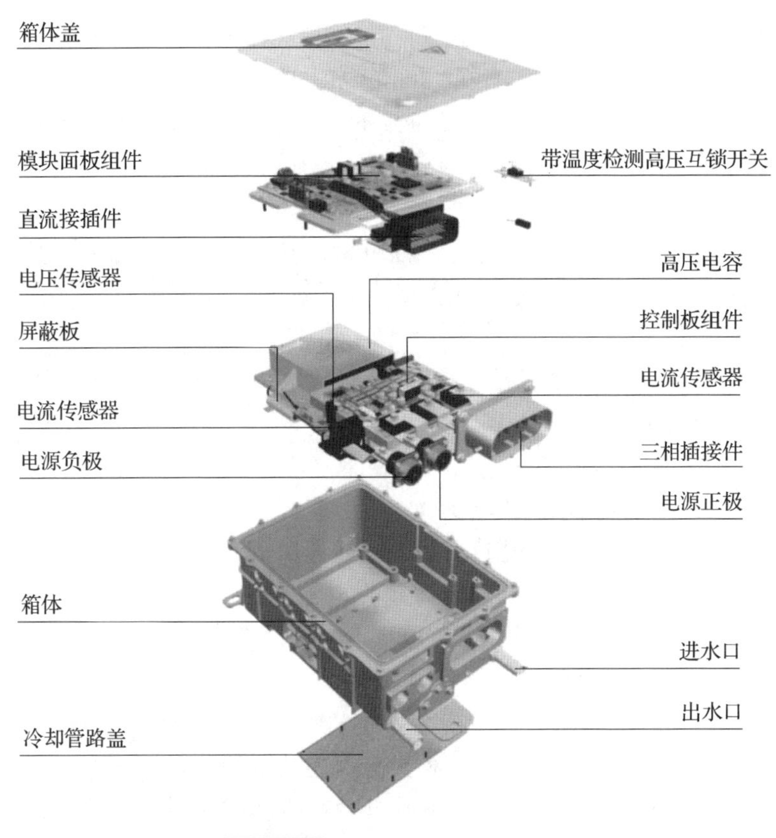

图3-38　电机控制单元结构组成

IGBT为三端器件，包括栅极G、集电极C和发射极E。IGBT结构、简化等效电路及电气图形符号如图3-40所示。IGBT比VDMOSFET（垂直型双扩散金属氧化物半导体场效应晶体管）多一层P^+注入区，形成了一个大面积的PN结J_1，使IGBT导通时由P^+注入区向N基区发射少子（电子），从而对漂移区电导率进行调制，使得IGBT具有很强的通流能力。简化等效电路表明，IGBT是GTR（电力晶体管）与MOSFET（金属氧化物半导体场效应晶体管）组成的达林顿结构，一个由MOSFET驱动的厚基区PNP型晶体管。

图3-39　IGBT

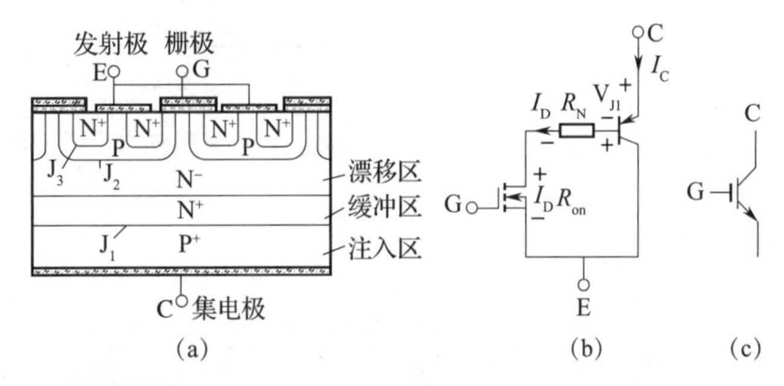

图3-40　IGBT结构、简化等效电路及电气图形符号

（a）IGBT结构　（b）IGBT简化等效电路　（c）IGBT电气图形符号

IGBT 的驱动原理与 MOSFET 基本相同，是一种场控器件，其通断由栅极与发射极电压 U_{GE}决定。当 U_{GE}大于开启电压 $U_{GE(th)}$时，MOSFET 内形成沟道，为晶体管提供基极电流，IGBT 导通。当栅射极间施加反压或不加信号时，MOSFET 内的沟道消失，晶体管的基极电流被切断，IGBT 关断。

2）高压电容

高压电容在纯电动汽车上电时充电，在电机启动时保持电压稳定，防止因驱动电机启动时电流过大造成对动力电池的冲击。

3）电流传感器

电机控制器通过其内部的电流传感器，对驱动电机工作的实际电流进行监测（包括母线电流、三相交流电流）。

2. 电机控制单元工作原理

1）驱动过程电机控制单元工作原理

当电动机驱动车辆前行或倒退时，动力电池通过电源分配单元（PDU）将高压直流电输向电机控制单元。电机控制单元将动力电池的高压直流电逆变为三相交流电，供给驱动电机，驱动车辆。

2）能量回收过程电机控制单元工作原理

车辆减速或制动时，驱动电机转变为发电机，向电机控制单元输送三相交流电，电机控制单元将驱动电机输送过来的三相交流电整流成稳定的直流电，再通过高压控制盒，输送到动力电池，为动力电池充电。车辆在能量回收过程中，电机控制单元主要起整流作用。电机控制单元主要利用其二极管的单向导通特性，将电动机的三相交流电整流为直流电。电机控制单元整流电路原理如图 3－41 所示。

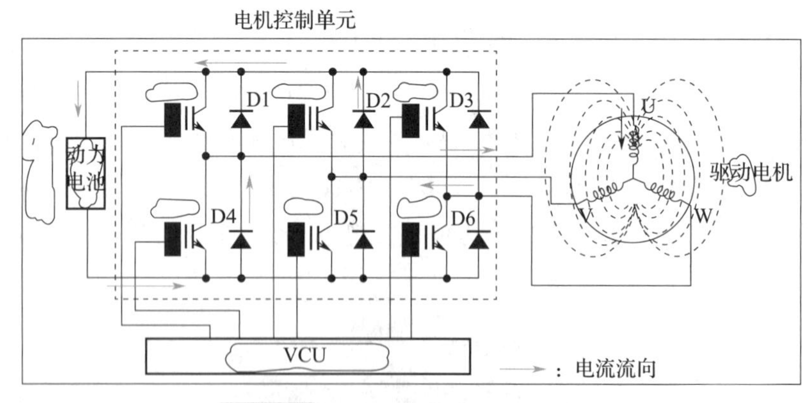

图 3－41　电机控制单元整流电路原理

思考与练习

一、判断题

1. 驱动电机系统是纯电动汽车三大核心部分之一，相当于纯电动汽车行驶的“躯干”。（　　）

2. 动力电池是纯电动汽车的唯一能源。（　）

3. 安装电池组之前，要对各个动力电池进行认真的检测并记录。（　）

4. 能源管理系统与充电控制器一起控制发电回馈，使纯电动汽车在降速制动和下坡滑行时进行能量回收。（　）

5. 驱动控制器的作用是将电动机的驱动转矩传输给汽车的驱动轴，从而驱动汽车行驶。（　）

二、选择题

1. 纯电动汽车电力驱动控制系统按工作原理可划分为（　）。【多选】

A. 车载电源模块　　B. 电力驱动主模块

C. 辅助模块　　D. 电气控制模块

2. 驱动电机系统主要由（　）组成。【多选】

A. 中央控制单元　　B. 驱动电机

C. 电机控制单元　　D. 机械传动装置

3.（　）对整辆纯电动汽车的控制起到协调作用。

A. 驱动控制器　　B. 中央控制单元

C. 辅助模块　　D. 机械传动装置

4. 动力转向单元属于（　）。

A. 电气控制模块　　B. 电力驱动主模块

C. 辅助模块　　D. 车载电源模块

学习小结

1. 纯电动汽车电力驱动控制系统按工作原理可划分为车载电源模块、电力驱动主模块和辅助模块三大部分。

2. 车载电源模块主要由动力电池电源、能源管理系统和充电控制器三部分组成。

3. 电力驱动主模块主要由中央控制单元、驱动控制器、电动机、机械传动装置等组成。

4. 辅助模块包括辅助动力源、动力转向单元、驾驶室显示操纵台和各种辅助装置等。

5. 纯电动汽车驱动电机系统能够将动力电池输出的电能转换为车轮上的机械能，驱动纯电动汽车行驶，并能够在汽车减速制动时，将车轮的动能转化为电能充入动力电池。

任务四
纯电动汽车驱动系统拆装与检测

任务描述

纯电动汽车驱动系统（图4-0），具有污染少、噪声小、易于实现自动控制等优点，是未来汽车的发展方向。电机驱动控制系统包含大功率交流异步电机控制单元和功率逆变器以及驱动电机本身，完成电动车正常行驶工况下的驱动控制任务，是电动汽车运行的核心所在。

本任务主要介绍纯电动汽车驱动系统的常见故障及布置形式。

学习目标

1. 了解驱动系统的常见故障。
2. 检测驱动系统。
3. 实车拆装驱动电机和电机控制单元。

知识准备

图4-0　纯电动汽车驱动系统

一、纯电动汽车驱动系统常见故障

纯电动汽车驱动系统与整车运行性能有很大关系。驱动系统的故障有可能进一步扩大，并导致上层系统状态发生变化。准确、可靠、快速地对纯电动汽车驱动系统常见故障进行故障排除是提高纯电动汽车运行效能的有效途径。纯电动汽车驱动系统常见故障包括以下几方面：

（1）接插件损坏、松动；

（2）电机控制单元短路损坏；

（2）电机线圈断路损坏。

当驱动系统出现这些常见故障后，纯电动汽车会出现动力不足、启动困难、不能启动、故障灯常亮等现象。

二、纯电动汽车驱动系统维护

纯电动汽车驱动系统的维护内容包括驱动电机外观的基本检查，驱动电机连接线束的检查，驱动电机高压线束绝缘检查，电机控制单元的基本检查，减速器的基本检查，更换减速器润滑油以及检查、更换防冻液等。

实训技能

实训一　纯电动汽车驱动系统检测

实训目的

（1）了解纯电动汽车驱动系统的结构。

（2）掌握纯电动汽车驱动系统检测方法。

实训要求

（1）上车查看时须挂 P 挡或空挡，并按下驻车制动按钮。

（2）车辆正在充电时，不得进入车内检查。

实训器材

设备准备：北汽 EV160、举升机。

工具准备：数字绝缘电阻表。

安全防护用品：绝缘手套。

实训一器材如图 4 – 1 所示。

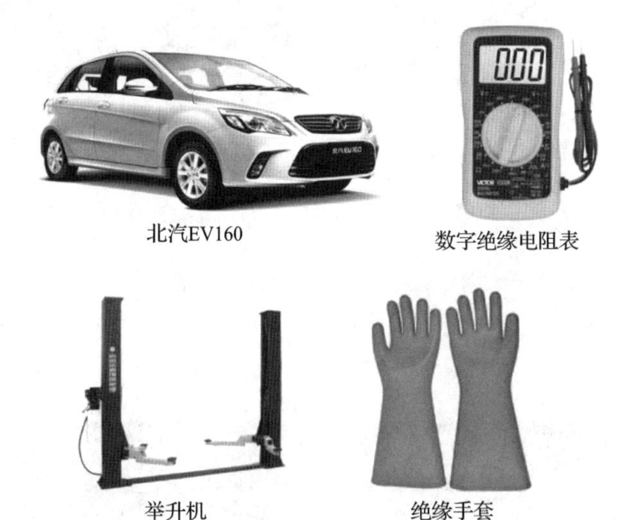

图 4 – 1　实训一器材

操作步骤

1. 电机控制单元

1）电机控制单元基本检查

（1）检查控制单元外观，如图 4 – 2 所示。

（2）检查各连接线束是否牢靠或有破损，如图 4 – 3 所示，若发现有破损或者异常状况应立即停止使用车辆，并将车辆移至厂家指定维修站点。

图4-2　检查电机控制单元外观

图4-3　检查各连接线束是否牢靠或有破损

2）电机控制单元绝缘检查

（1）断开蓄电池负极，如图4-4所示。

（2）断开PDU（电源分配单元）低压插头，如图4-5所示，等待5 min。

图4-4　断开蓄电池负极

图4-5　断开PDC低压插头

（3）断开电机控制单元的高压输入接插器，如图4-6所示，将兆欧表旋至500 V挡位。

（4）将数字绝缘电阻表的黑表笔连接搭铁，电机控制单元的高压输入接插器A端子，如图4-7、图4-8所示。

图4-6　断开电机控制单元的高压输入接插器

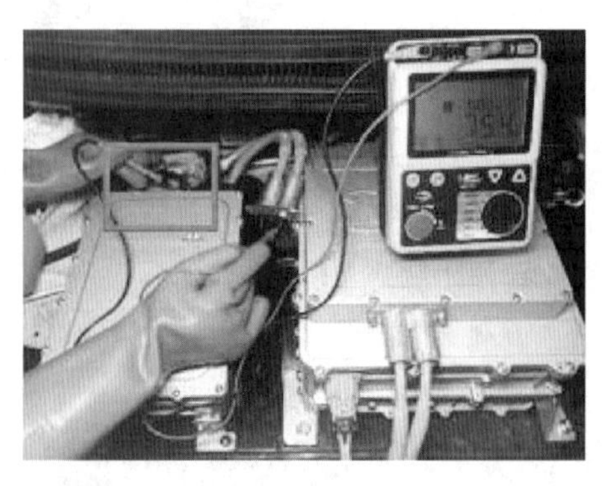

图4-7　将数字绝缘电阻表黑表笔连接搭铁

（5）测量电机控制单元的高压输入接插器 A 端子与搭铁之间的电阻值。标准电阻值应大于 20 MΩ；若测量值小于标准值，则说明电机控制单元短路损坏。

（6）以同样的方法测量电机控制单元的高压输入接插器 B 端子与搭铁之间的电阻值，如图 4－9 所示。标准电阻值应大于 20 MΩ；若测量值小于标准值，则说明电机控制单元短路损坏。

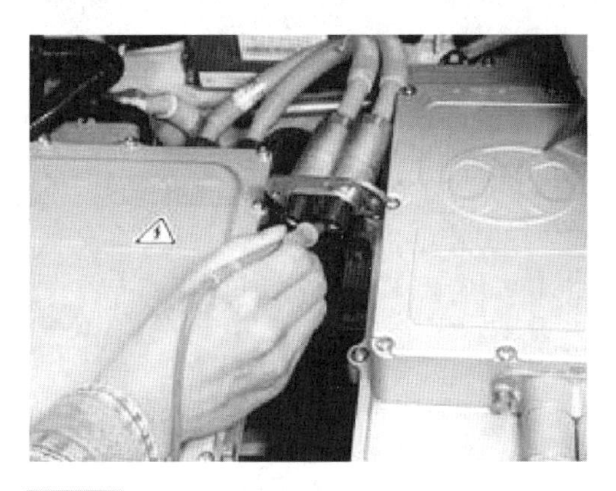

图 4－8 电机控制单元的高压输入接插器 A 端子

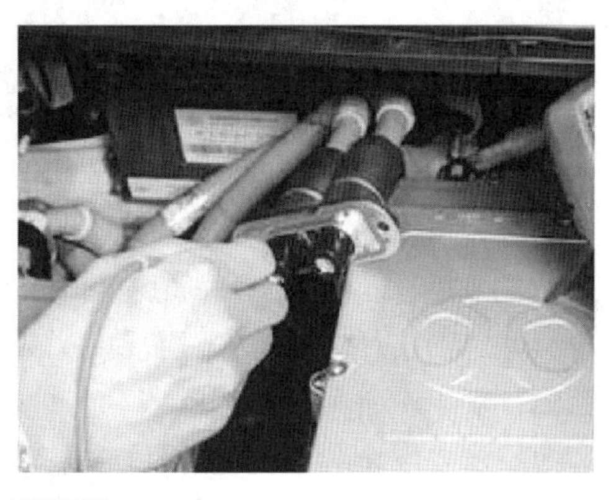

图 4－9 电机控制单元的高压输入接插器 B 端子

2. 驱动电机

1）驱动电机基本检查

检查驱动电机外观，看其是否有破损，各接插器连接是否可靠，线束是否有破损，若发现有破损或者异常状况应立即停止使用车辆，并将车辆移至厂家指定维修站点，如图 4－10、图 4－11 所示。

2）检查三相电机线圈

（1）按压锁舌断开三相接插器，如图 4－12 所示，将万用表旋至 200 Ω 测试挡位。

图 4－10 检查驱动电机外观

图 4－11 检查连接线束

（2）用万用表测量 2 组绕组（W 和 U）电路是否断路损坏。标准电阻值应小于 1 Ω，若测量值大于标准值，则说明 W 和 U 相线圈断路损坏，如图 4－13 所示。

图4－12　按压锁舌断开三相接插器

图4－13　测量2组绕组

（3）交换绕组，以同样的方法测量其他绕组（W和V、U和V），如图4－14所示。

（4）测量完成后将接插器复位。

3. 驱动电机冷却系统维护

1）检查冷却系统管路及接口处有无泄漏情况

目测冷却系统及各部件接口处有无泄漏情况，卡箍有无损坏。

2）检查和清洁散热器

（1）检查散热器散热片是否变形。

（2）检查散热器内是否有碎屑堆积。

（3）在驱动电机冷却后，使用压缩空气从散热器后部（电机侧）吹走散热器内的碎屑。

3）检查电动水泵工作是否正常

（1）目测电动水泵外观是否破损，如图4－15所示。

（2）检查各连接管是否破损或者有油液泄漏，如图4－16所示，如发现异常状况应及时维修。

图4－14　测量其他绕组

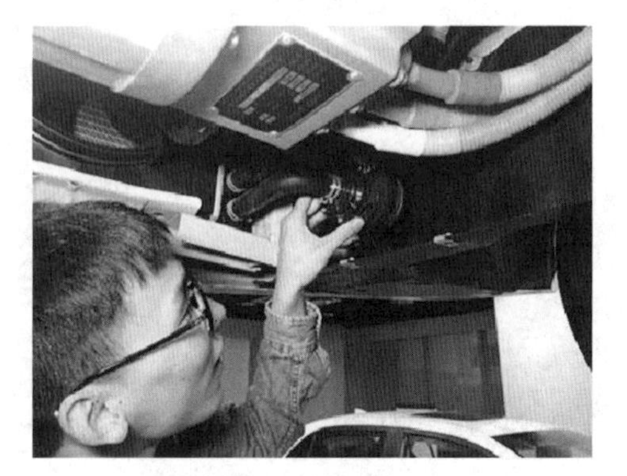

图4－15　检查电动水泵外观

4）检查部件温度否正常

启动车辆，使用红外测温仪检查散热器、驱动电机组件、电机控制单元等的温度是否正常。如不正常，及时进行相应的维修。

5）检查冷却液液位

必须定期检查纯电动汽车的冷却液液位，如图 4 – 17 所示。

检查冷却液液位前，需要将车辆停在水平路面上，且应在驱动电机降温后检查，若驱动电机未完全冷却便打开散热器盖，则可能导致冷却液喷出，造成严重烫伤。

图 4 – 16　检查各连接管

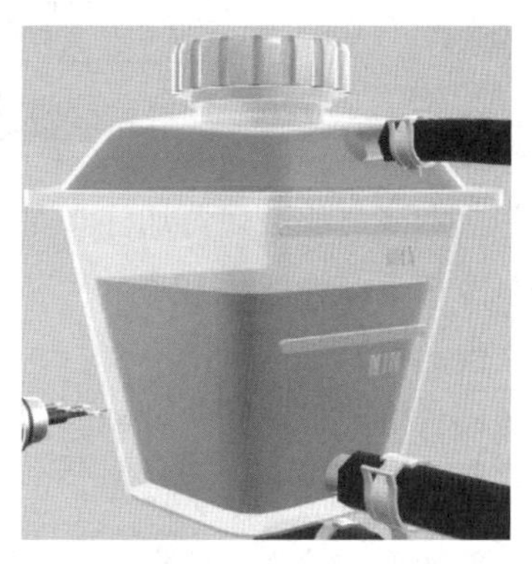

图 4 – 17　检查冷却液液位

6）排放与添加冷却液

汽车每两年或者行驶 4×10^4 km 要更换一次冷却液。

（1）排放冷却液。

①图 4 – 18 所示为冷却液储液罐罐盖。用抹布盖住罐盖，并小心打开。

②将收集盘置于散热器冷却液排放阀下方，逆时针方向旋转散热器冷却液排放阀，如图 2 – 19 所示。

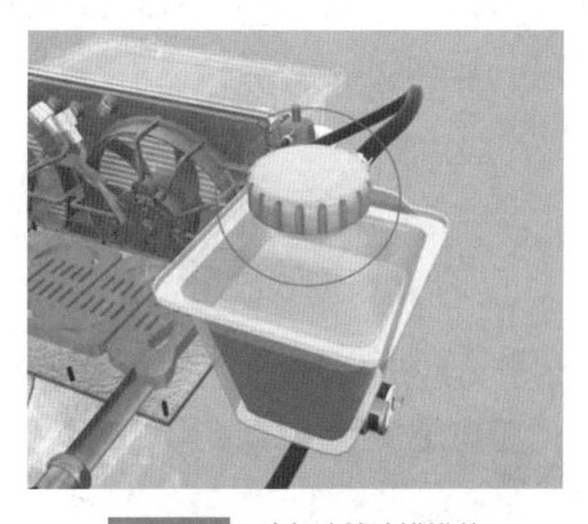

图 4 – 18　冷却液储液罐罐盖

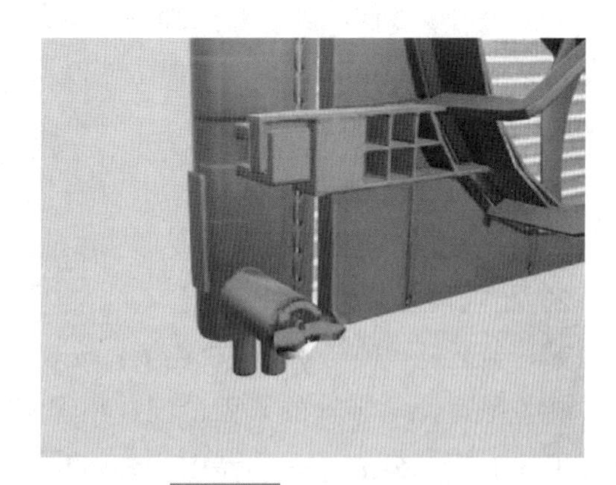

图 4 – 19　冷却液排放阀

③排出散热器中的冷却液。

（2）添加冷却液。

冷却液添加流程如图 4 – 20 所示。

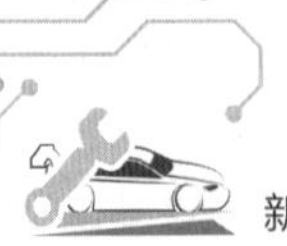

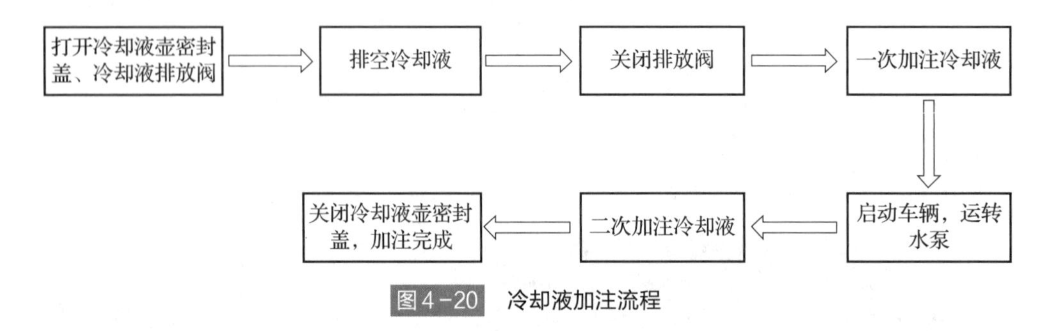

图4-20 冷却液加注流程

①一次加注。从散热器加注口加注符合纯电动汽车使用标准的冷却液，目测冷却液加注至冷却液标准液位。

②二次加注。开启电动水泵，待水泵循环运行2~3 min后，从加注口向散热器补充冷却液，重复以上操作，直到冷却液达到加注量要求为止。

(3) 注意事项。

选择冷却液和检查其冰点时，须注意以下几点。

①加注的冷却液须符合纯电动汽车使用标准。

②不允许与先前剩余的冷却液添加剂混合使用。

③符合标准的冷却液添加剂可防止霜冻、腐蚀和结垢，此外还能提高沸点。因此冷却系统务必全年加注冷却液。

④冷却液的防冻温度应低于-25 ℃，即使在温度较高的季节或国家（地区）也不允许添加水造成冷却液稀释。冷却液添加剂的比例至少为40%。

⑤如果由于气候原因需要更强的防冻效果时，则可以增加冷却液添加剂的比例，但最高只能增加到60%，否则不但防冻效果会减弱，还会降低冷却效果。

4. 减速器总成维护

1) 检查减速器外观

目测减速器外部有无磕碰、变形、渗油、漏油等情况。

2) 检查减速器螺栓紧固情况

减速器通过螺栓与驱动电机连接，按规定的拧紧力矩进行紧固。

检查减速器与半轴的紧固情况，须保证半轴中心平行于减速器、差速器中心，防止半轴碰伤，同时半轴上的卡圈应与减速器差速器半轴齿轮上的卡圈连接。

3) 检查减速器半轴防尘套密封情况

主要检查防尘套有无破损、漏油，防尘套紧固卡环有无松动，如图4-21所示。

图4-21 检查减速器半轴防尘套密封情况

4）检查和更换减速器润滑油

对于初期维护保养，减速器磨合后，建议行驶3 000 km或每3个月更换润滑油，以后进行定期维护。定期维护时间为行驶1×10^4km或每6个月检查一次，行驶2×10^4km或每12个月更换一次。检查与维护减速器周期，应以里程表数据或月数判断，以先达到者为准。

（1）检查减速器润滑油。

①确认车辆处于水平状态，以检查油位。

②拆下油位螺塞，检查油位。若润滑油与油位螺塞孔齐平，则说明油位正常，否则，应补加规定的润滑油，直至油位螺塞孔口出油为止，如图4－22所示。

图4－22　减速器油位螺塞、进油螺塞、放油螺塞

（2）更换减速器润滑油

①在换油前，必须停车断电，水平升高车辆。

②在车辆升高的状态下，检查油位以及是否漏油，如漏油，应立即处理。

③拆下放油螺塞，排空废油。用一个容器（带有刻度的桶）来收集润滑油。

④在放油螺塞上涂少量密封胶，并按规定力矩拧紧。

⑤拆下油位螺塞、进油螺塞。

⑥按规定型号、油量加注新的润滑油。

⑦使用专用工具按规定加注减速器润滑油。

⑧在油位螺塞、进油螺塞上涂少量密封胶，并按规定力矩拧紧。

5）检查减速器有无异响

启动车辆，检查减速器有无异常噪声。

实训二　驱动电机实车拆装

实训目的

（1）掌握纯电动汽车驱动电机相关知识。

（2）掌握纯电动汽车驱动电机的拆装方法。

实训要求

（1）上车查看时，须挂P挡或空挡，并按下驻车制动按钮。

（2）车辆正在充电时，不得进入车内检查。

实训器材

（1）设备准备：北汽 EV160、举升机。

（2）工具准备：一字螺丝刀、指针式扭力扳手、鲤鱼钳、球头取出器。

实训二器材如图 4－23 所示。

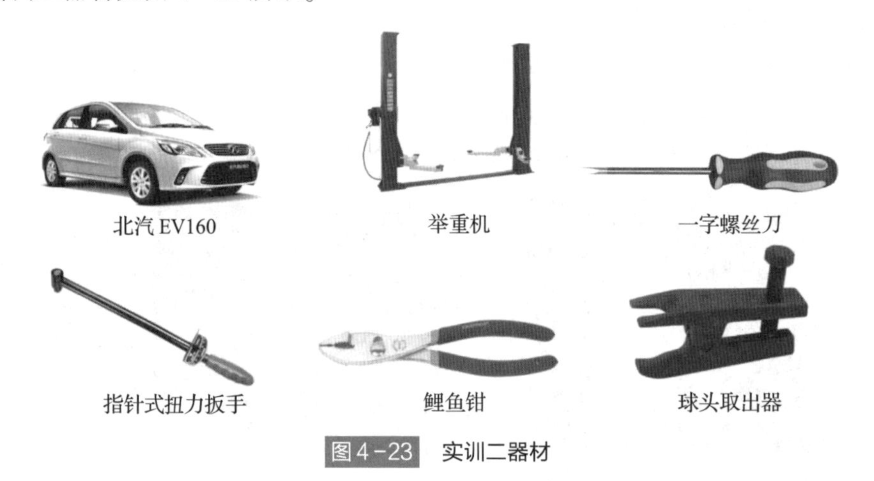

图 4－23　实训二器材

操作步骤

1. 前期准备

（1）按规定穿戴高压防护装备，断开蓄电池负极。

（2）断开 PDU 低压插头，如图 4－24 所示。

（3）松开驱动电机和电机控制单元接插器卡扣并断开接插器线束。电机控制单元接插器卡扣如图 4－25 所示。

图 4－24　断开 PDU 低压插头

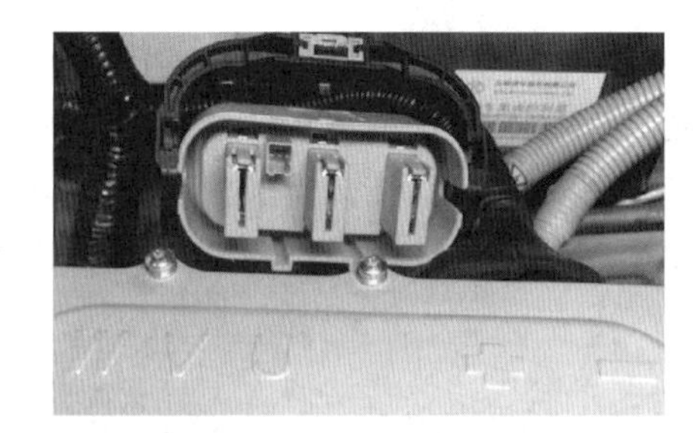

图 4－25　电机控制单元接插器卡扣

（4）旋开冷却液储液罐罐盖，如图 4－26 所示。

图 4－26　旋开冷却液储液罐罐盖

2. 拆卸驱动电机

1）拆卸车轮

（1）用小号一字螺丝刀取下前车轮的轮毂装饰盖，如图 4－27 所示。

（2）用指针式扭力扳手配合大号接杆和大号 21 mm 套筒工具预松前车轮的紧固螺栓，如图 4－28 所示。

图 4－27　取下前车轮的轮毂装饰盖

图 4－28　预松前车轮的紧固螺栓

（3）将举升机上升至合适高度使 4 个车轮稍微离开地面并安全装置举升机。

（4）使用大号棘轮扳手配合大号接杆和大号 21 mm 套筒工具拆卸 2 个前车轮的紧固螺栓。

（5）用手取出 2 个前车轮的紧固螺栓。

（6）取下两个前车轮轮胎并分别放到轮胎托架上。

（7）使用指针式扭力扳手配合大号接杆和大号 18 mm 套筒工具预松 2 个前车轮的中心轮毂螺母，如图 4－29 所示。

（8）使用大号棘轮扳手配合大号接杆和大号 18 mm 套筒工具拆卸 2 个前车轮的中心轮毂螺母，如图 4－30 所示。

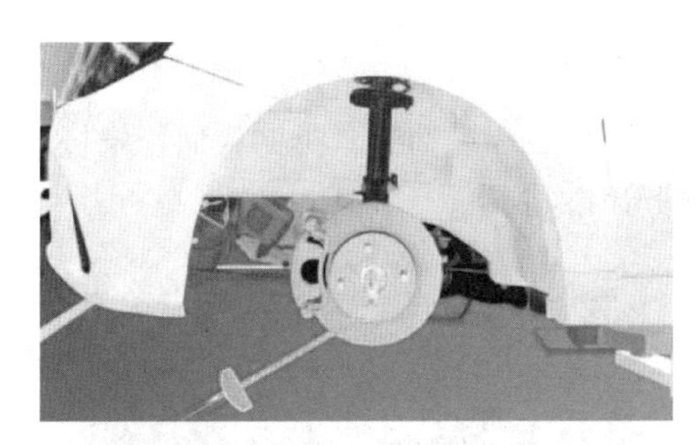
图 4－29　预松前车轮的中心轮毂螺母

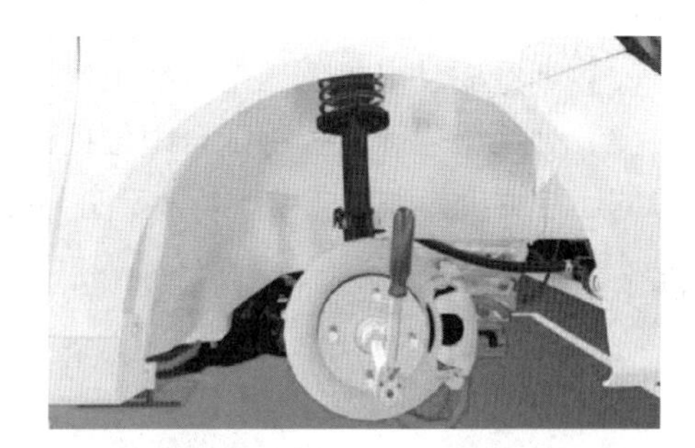
图 4－30　拆卸前车轮的中心轮毂螺母

（9）用手取下 2 个前车轮的中心轮毂螺母。

2）排放冷却液

（1）将举升机上升至操作人员可进入车底的合适高度并安全装置举升机。

（2）将冷却液收集装置放置在散热器总成下方。

（3）拧开散热器总成下方的冷却液排放阀排放冷却液，待冷却液排放结束，将冷却液排放塞装回原位置并拧紧。冷却液排放阀如图 4－31 所示。

（4）将冷却液收集装置放置回原位。冷却液回收装置的放置位置如图 4－32 所示。

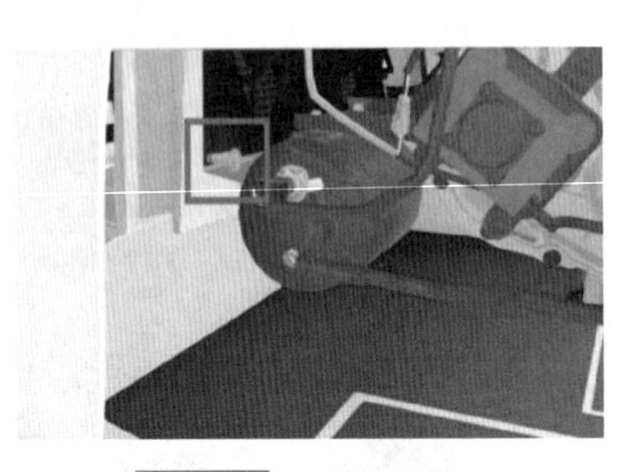
图 4-31 冷却液排放阀

图 4-32 冷却液回收装置的放置位置

3）排放减速器润滑油

（1）将油液回收装置放置在减速器总成正下方。

（2）使用大号棘轮扳手配合大号接杆和 HW10 mm 旋具套筒工具取下减速器放油螺塞。减速器放油螺塞如图 4-33 所示。

（3）待油液放尽后，使用定扭扳手配合大号接杆和 HW10 mm 旋具套筒工具紧固放油螺塞，扭矩设置为 50 N·M。

（4）将油液回收装置放置回原位。

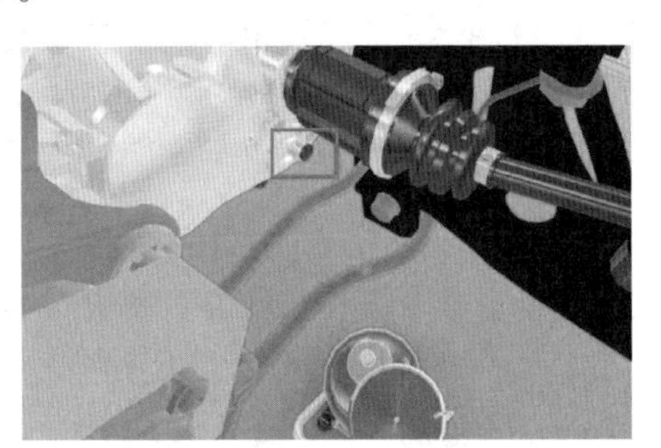
图 4-33 减速器放油螺塞

4）拆卸驱动电机进出水管

（1）使用卡箍钳工具松开驱动电机进、出水管固定卡箍，断开驱动电机进、出水管路。

（2）断开驱动电机低压信号线束接插件，如图 4-34 所示。

（3）使用中号棘轮扳手配合中号接杆和中号 12 mm 套筒工具拆卸横向稳定杆与下摆臂的连接螺母，如图 4-35 所示，并取下螺母和橡胶垫。

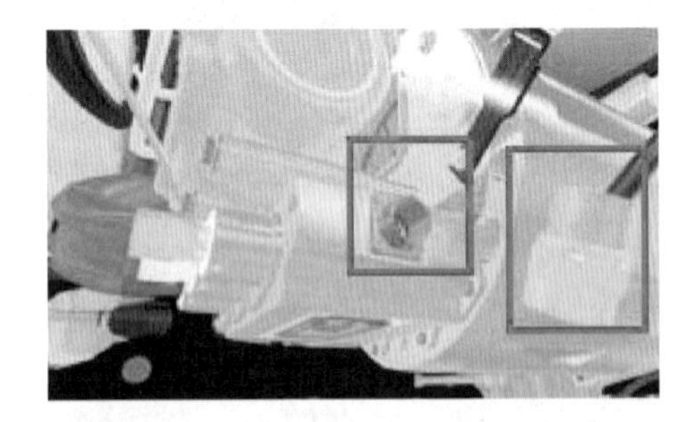
图 4-34 断开驱动电机低压信号线束接插件

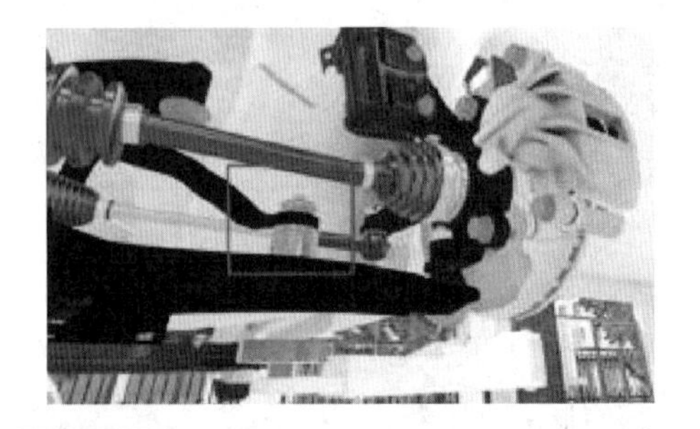
图 4-35 拆卸横向稳定杆与下摆臂的连接螺母

5）拆卸摆臂

（1）使用 18 mm 梅花扳手拆卸左前下摆臂锁紧螺母，如图 4-36 所示。

（2）用手取下左前下摆臂锁紧螺母。

（3）使用球头取出器将左前下摆臂球头压出锥形孔。下摆臂球头如图 4-37 所示。

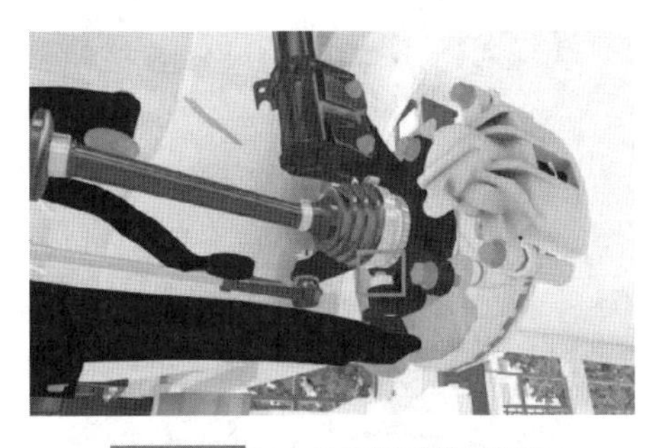

图 4-36　左前下摆臂锁紧螺母

图 4-37　下摆臂球头

（4）使用 18 mm 梅花扳手拆卸右前下摆臂锁紧螺母。

（5）用手取下右前下摆臂锁紧螺母。

（6）使用球头取出器将右前下摆臂球头压出锥形孔。

6）拆卸转向横拉杆和传动轴

（1）使用鲤鱼钳取下左前、右前转向横拉杆球头上的开口销，如图 4-38 所示。

（2）使用指针式扭力扳手配合大号接杆和大号 16 mm 套筒工具预松左前转向横拉杆的六角开槽螺母，如图 4-39 所示。

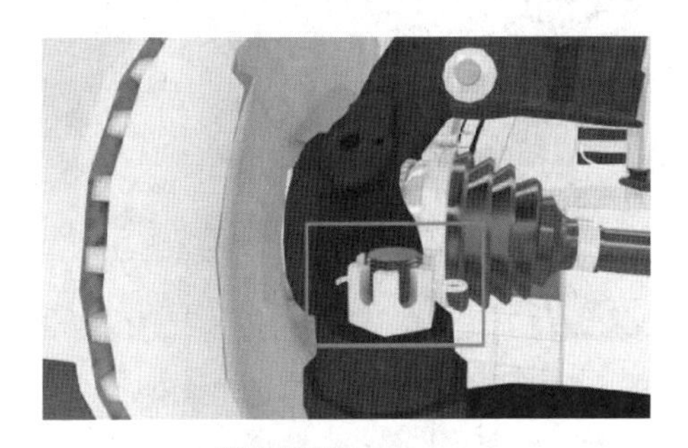

图 4-38　开口销

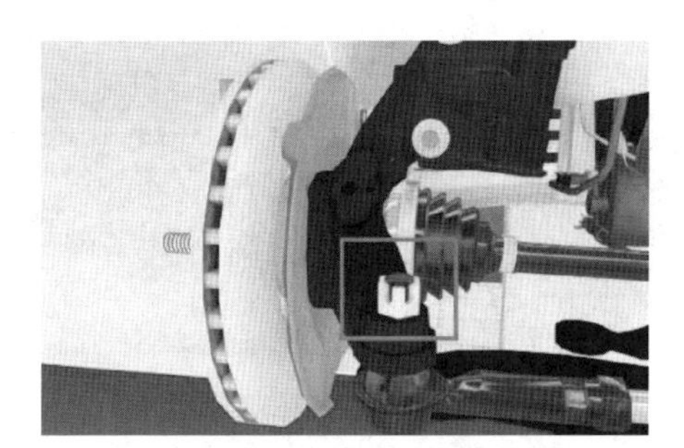

图 4-39　六角开槽螺母

（3）使用大号棘轮扳手配合大号接杆和大号 16 mm 套筒工具拆卸左前转向横拉杆的六角开槽螺母。

（4）使用球头取出器将左前转向拉杆球头压出锥形孔。转向拉杆球头如图 4-40 所示。

（5）使用指针式扭力扳手配合大号接杆和大号 16 mm 套筒工具预松右前转向横拉杆的六角开槽螺母。

（6）使用球头取出器将右前转向拉杆球头压出锥形孔。

（7）扳动左前转向节使传动轴的外球笼传动花键轴从轮毂的花键孔中脱离。

（8）扳动右前转向节使传动轴的外球笼传动花键轴从轮毂的花键孔中脱离。外球笼传动花键轴如图 4-41 所示。

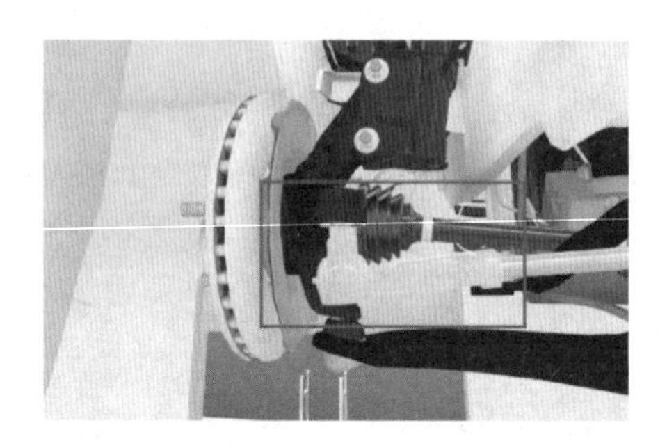
图 4-40　转向拉杆球头

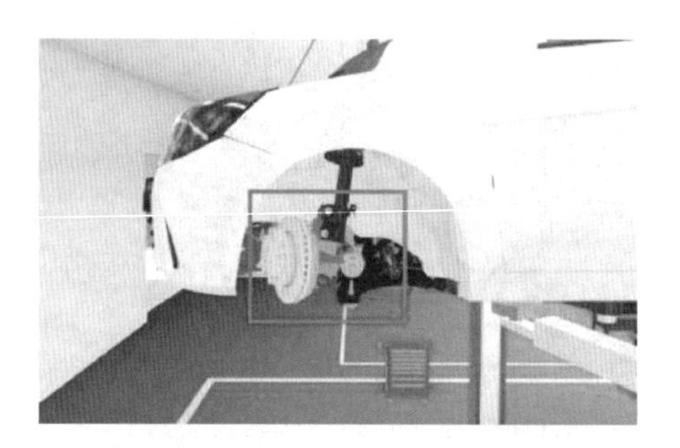
图 4-41　外球笼传动花键轴

(9) 使用扁平撬棍将左右传动轴内球笼传动花键轴从减速器总成中撬出。内球笼传动花键轴如图 4-42 所示。

(10) 取下左前、右前传动轴。

7) 分离真空泵

(1) 使用中号棘轮扳手配合中号接杆和中号 13 mm 套筒工具拆卸真空泵的 3 颗固定螺栓。真空泵固定螺栓如图 4-43 所示。

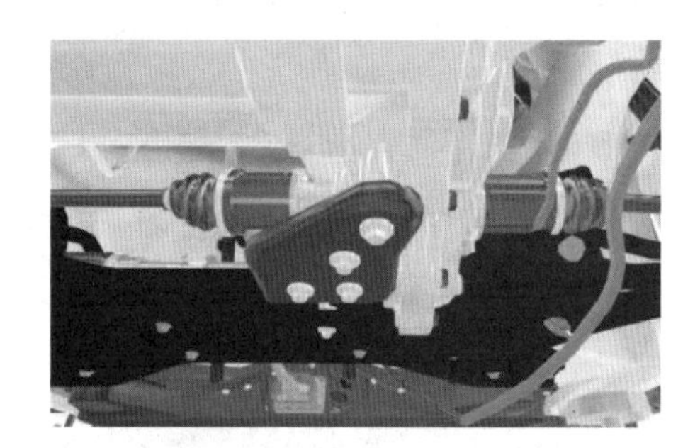
图 4-42　内球笼传动花键轴

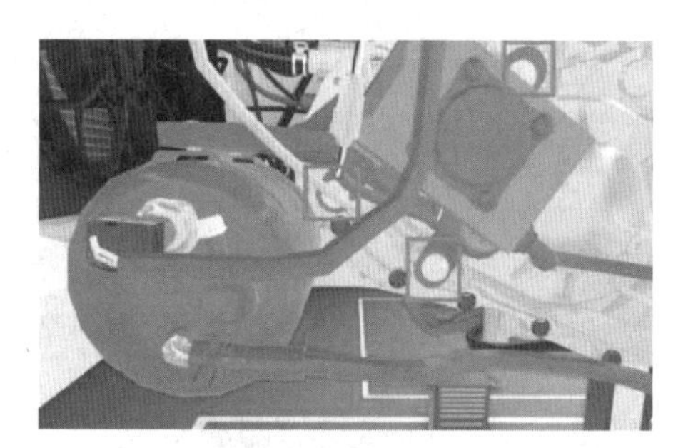
图 4-43　真空泵固定螺栓

(2) 使用绳索将真空泵和真空罐装置挂在车身上，使其和驱动电机分开。真空泵和真空罐如图 4-44 所示。

8) 分离空调压缩机

(1) 使用小号棘轮扳手配合小号接杆和 HW6 六角旋具套筒工具拆卸空调压缩机的 2 颗固定螺栓。空调压缩机固定螺栓如图 4-45 所示。

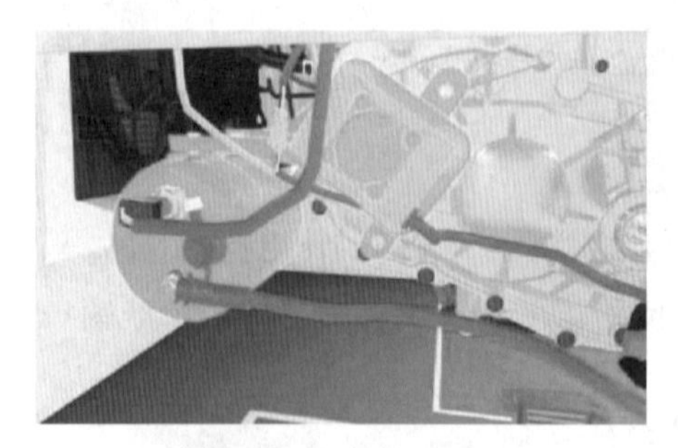
图 4-44　真空泵和真空罐

图 4-45　空调压缩机固定螺栓

(2) 使用绳索将空调压缩机装置挂在车身上，使其和驱动电机分开。

9) 分离减速器

(1) 使用中号棘轮扳手配合中号接杆和中号 13 mm 套筒工具拆卸减速器下底板的 2 颗固定螺栓，如图 4－46 所示。

(2) 使用中号棘轮扳手配合中号接杆和中号 15 mm 套筒工具拆卸后悬置软垫总成与减速器连接板的 2 颗固定螺栓，如图 4－47 所示，取下减速器下底板。

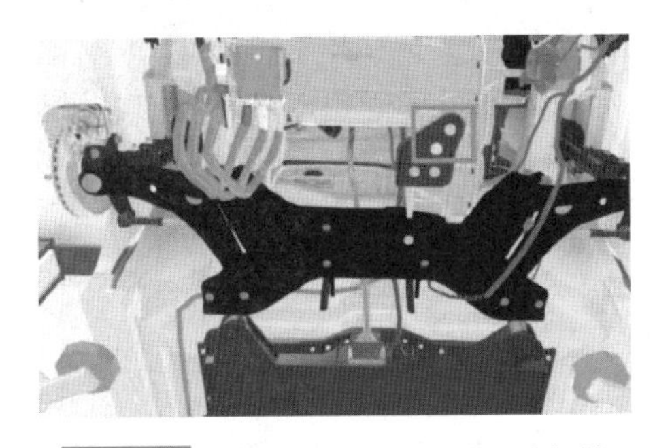

图 4－46　减速器下底板的 2 颗固定螺栓

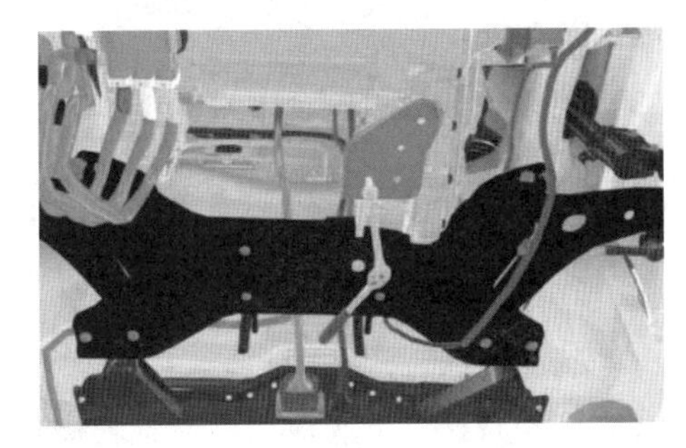

图 4－47　后悬置软垫总成与减速器连接板的 2 颗固定螺栓

10) 拆卸驱动电机

(1) 沿左右方向移开后悬置软垫总成，如图 4－48 所示，使其不在减速器总成的正下方。

(2) 将电动机举升装置移至驱动电机下方，如图 4－49 所示。

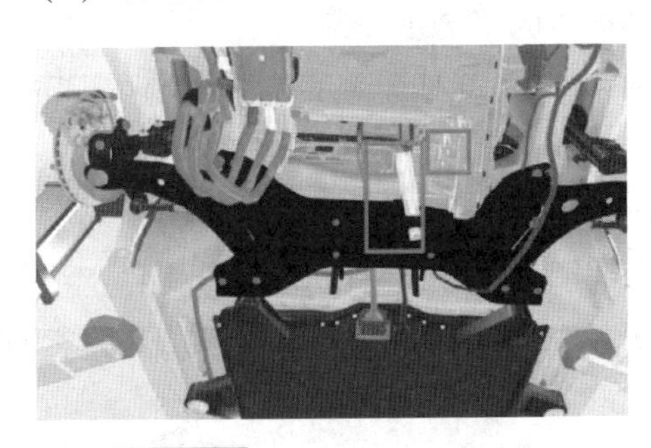

图 4－48　移开后悬置软垫总成

4－49　将电动机举升装置移至驱动电机下方

(3) 将举升机下降至驱动电机平面支撑板上方，使其与支撑板上方有一定的距离，并安全锁止举升机。

(4) 将电动机举升装置上升，使平面支撑板和驱动电机接触，并安全锁止电动机举升装置。

(5) 使用棘轮扳手配合中号接杆和中号 13 mm 套筒工具拆卸位于车身左、右纵梁侧的 6 颗固定螺栓。车身左纵梁侧固定螺栓如图 4－50 所示。

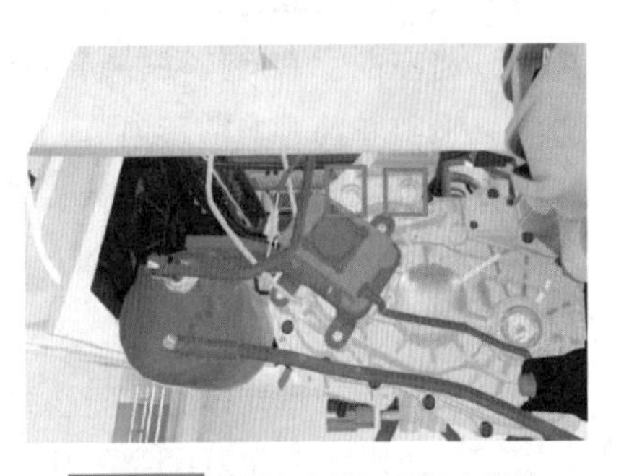

图 4－50　车身左纵梁侧固定螺栓

（6）将举升机上升至合适高度，并安全锁止举升机。

（7）将电动机举升装置缓慢移至零件桌处。

3. 安装驱动电机

1）安装电机

（1）将电动机举升装置缓慢移至驱动电机安装位置下方。

（2）将举升机下降至驱动电机与车身左、右纵梁侧的悬置安装支架螺栓对齐，并安全锁止举升机。

（3）使用棘轮扳手配合中号接杆和中号 13 mm 套筒工具紧固位于车身左、右纵梁侧的 6 颗固定螺栓。

（4）将举升机上升至合适高度，并安全锁止举升机。

（5）将电动机举升装置移至车辆工具摆放区域。

2）安装减速器

（1）安装减速器下底板和后悬置软垫总成。

（2）使用中号棘轮扳手配合中号接杆和中号 13 mm 套筒工具安装减速器下底板的 2 颗固定螺栓。

（3）使用中号棘轮扳手配合中号接杆和中号 15 mm 套筒工具紧固后悬置软垫总成与减速器连接板的 2 颗固定螺栓，扭矩设置为 100 N・M。

3）安装空调压缩机

（1）松开绳索，将空调压缩机装置和驱动电机的螺栓孔对齐。

（2）使用小号棘轮扳手配合小号接杆和 HW6 六角旋具套筒工具紧固空调压缩机的 2 颗固定螺栓。

4）安装真空泵

（1）松开绳索，使真空泵和真空罐装置与驱动电机的螺栓孔对齐。

（2）使用中号棘轮扳手配合中号接杆和中号 13 mm 套筒工具紧固真空泵的 3 颗固定螺栓。

5）安装转向横拉杆和传动轴

（1）安装新的减速器总成，左、右内球笼传动花键轴的油封。

（2）将左前、右前传动轴安装在轮毂的花键孔和减速器总成之间。

（3）调整左前、右前转向节，使左前、右前传动轴安装到位。

（4）移动左前转向横拉杆球头件，使其与左前轮转向节连接。

（5）使用大号棘轮扳手配合大号接杆和大号 16 mm 套筒工具预紧左前转向横拉杆的六角开槽螺母。

（6）使用扭力扳手配合大号接杆和大号 16 mm 套筒工具紧固左前转向横拉杆的六角开槽螺母，扭矩设置为 65 N・M。

（7）移动右前转向横拉杆球头件，使其与右前轮转向节连接。

（8）使用大号棘轮扳手配合大号接杆和大号 16 mm 套筒工具预紧右前转向横拉杆的六角开槽螺母。

（9）使用扭力扳手配合大号接杆和大号 16 mm 套筒工具紧固右前转向横拉杆的六角开槽螺母，扭矩设置为 65 N · M。

（10）使用鲤鱼钳安装左前、右前转向横拉杆球头上的开口销。

6）安装下摆臂

（1）移动左下摆臂球头件，使其与左前轮转向节连接。

（2）安装左前下摆臂锁紧螺母。

（3）使用 18 mm 梅花扳手紧固左前下摆臂锁紧螺母。

（4）移动右下摆臂球头件，使其与右前轮转向节连接。

（5）安装右前下摆臂锁紧螺母。

（6）使用 18 mm 梅花扳手紧固右前下摆臂锁紧螺母。

（7）安装横向稳定杆，使其与下摆臂的连接螺母。

（8）使用中号棘轮扳手配合中号接杆和中号 12 mm 套筒工具紧固横向稳定杆与下摆臂的连接螺母。

7）安装驱动电机进出水管

（1）安装驱动电机进、出水管路。

（2）使用卡箍钳安装驱动电机进、出水管固定卡箍。

（3）连接驱动电机低压信号线束接插器。

8）安装车轮

（1）安装 2 个前车轮的中心轮毂螺母。

（2）使用大号棘轮扳手配合大号接杆和大号 18 mm 套筒工具预紧 2 个前车轮的中心轮毂螺母。

（3）使用扭力扳手配合大号接杆和大号 18 mm 套筒工具紧固 2 个前车轮的中心轮毂螺母。

（4）从轮胎托架上取出左前轮和右前轮轮胎并分别安装到左前轮和右前轮轮毂轴承总成上。

（5）用手取出 2 个前车轮的紧固螺栓。

（6）使用大号棘轮扳手配合大号接杆和大号 21 mm 套筒工具预紧 2 个前车轮的紧固螺栓。

（7）将举升机下降至合适高度，使 4 个车轮稍微接触地面并安全装置举升机。

（8）使用扭力扳手配合大号接杆和大号 21 mm 套筒工具紧固 2 个前车轮的紧固螺栓。

（9）安装 2 个前车轮的轮毂装饰盖。

（10）安装驱动电机和电机控制单元接插器卡扣并断开接插器线束。

实训三　电机控制单元实车拆装

实训目的

（1）掌握纯电动汽车电机控制单元相关知识。

（2）掌握纯电动汽车电机控制单元的拆装方法。

实训要求

（1）上车查看时，须挂 P 挡或空挡，并按下驻车制动按钮。

（2）车辆正在充电时，不得进入车内检查。

实训器材

（1）设备准备：北汽 EV160、举升机。

（2）工具准备：常用工具一套、冷却液回收装置。

实训三器材如图 4－51 所示。

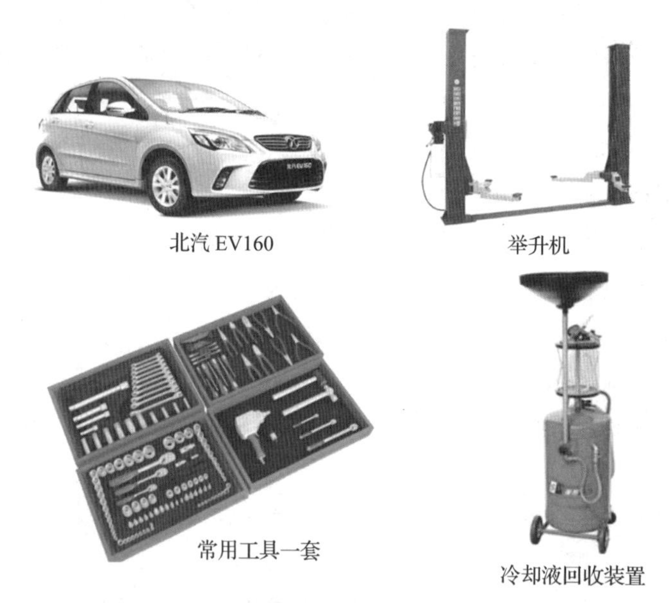

图 4－51　实训三器材

操作步骤

1．前期准备

（1）按规定穿戴高压防护装备，断开蓄电池负极。

（2）断开 PDU 低压插头，如图 4－52 所示。

图 4－52　断开 PDU 低压插头

2．拆卸电机控制单元

1）断开电机控制单元的插接器

（1）松开驱动电机和电机控制单元接插器卡

扣，如图 4 – 53 所示，并断开接插器线束。

（2）断开电机控制单元的低压插接器，如图 5 – 54 所示。

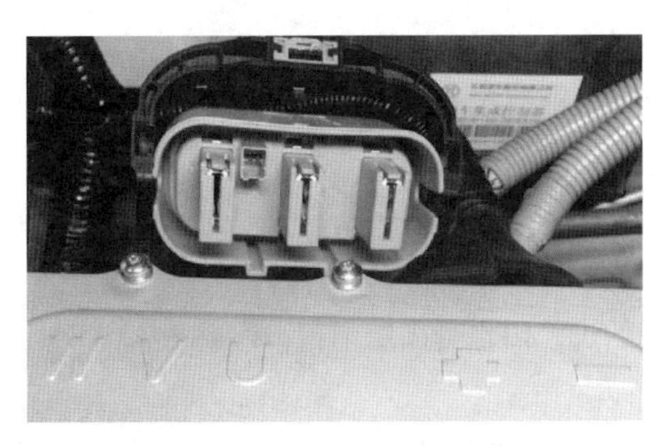

图 4 – 53 松开驱动电机和电机控制单元接插器卡扣

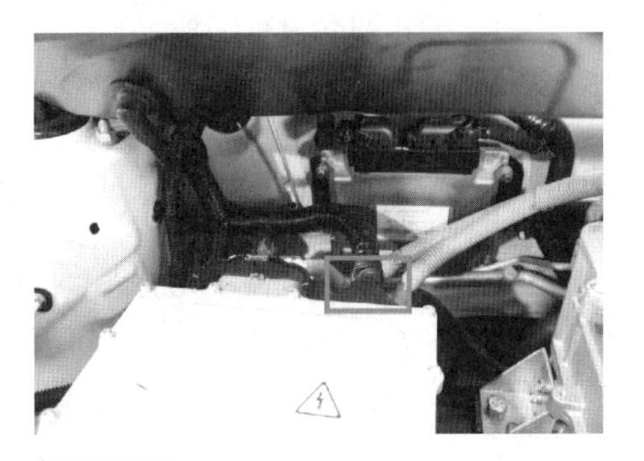

图 4 – 54 断开电机控制单元的低压插接器

（3）断开电机控制单元与 PDU 连接的高压接插器，如图 4 – 55 所示。

2）排放冷却液、拆卸进出水管

（1）旋开冷却液储液罐罐盖，如图 4 – 56 所示。

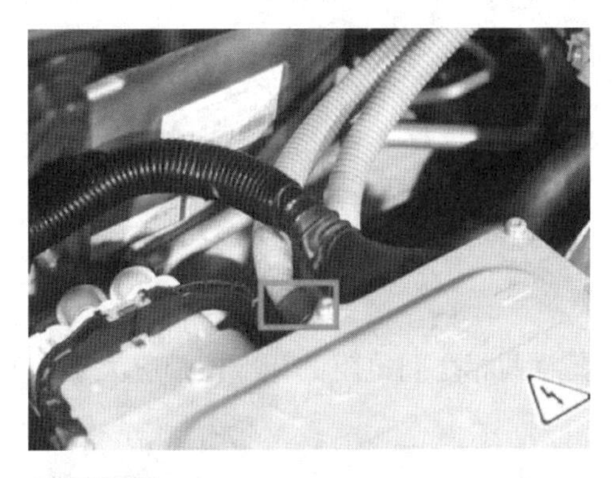

图 4 – 55 断开电机控制单元与 PDU 连接的高压接插器

图 4 – 56 旋开冷却液储液罐罐盖

（2）举升车辆至合适位置，将冷却液回收装置放置于冷却液散热器排放阀的正下方，旋出冷却液排放塞，放尽冷却液。

（3）使用卡箍钳松开电机控制单元的进水水管卡箍，并取下。

3）拆卸电机控制单元

（1）使用小号棘轮扳手、小号套筒、HW6 内六角套筒工具拆卸电机控制单元的 3 颗固定螺栓。

（2）将电机控制单元取下并放置到零件桌上。

3. 安装电机控制单元

1）放置电机控制单元

（1）将电机控制单元放置到前机舱集成支架总成上。

（2）使用小号棘轮扳手、小号套筒、HW6 内六角套筒工具紧固电机控制单元的 3 颗固定螺栓。

2）安装进、出水管

（1）安装电机控制单元的进、出水管。

（2）使用卡箍钳安装驱动电机控制单元的进、出水管固定卡箍。

3）安装电机控制单元的插接器

（1）安装驱动电机和电机控制单元接插件卡扣并断开接插器线束。

（2）连接电机控制单元与 PDU 连接的高压接插器。

（3）连接电机控制单元的低压插接器。

4）添加冷却液

（1）安装冷却液排放塞。

（2）添加冷却液，安装冷却液储液罐罐盖并旋紧。

思考与练习

一、判断题

1. 若发现纯电动汽车驱动系统高压线束有破损或者异常状况，应立即停止使用车辆，并将车辆移至厂家指定维修站点。（　　）

2. 对于驱动电机的三相绕组 U、V、W，任意两相之间电阻的标准值都应大于 1Ω。（　　）

二、选择题

1. 纯电动汽车驱动系统常见的故障有（　　）【多选】

A. 接插器损坏　　B. 电机控制单元短路损坏

C. 电机线圈断路损坏　　D. 高压接触器损坏

2. 纯电动汽车驱动电机系统的维护内容有（　　）【多选】

A. 驱动电机外观的基本检查　　B. 驱动电机连接线束的检查

C. 驱动电机高压线束绝缘检查　　D. 电机控制单元的基本检查

学习小结

1. 纯电动汽车常见故障有接插器损坏、松动；电机控制单元短路损坏；驱动电机线圈断路损坏。

2. 电机控制单元的检查包括电机控制单元基本检查和电机控制单元绝缘检查。

3. 驱动电机冷却系统维护包括检查冷却系统管路及接口有无泄漏情况、检查和清洁散热器、检查水泵工作是否正常、检查部件温度否正常、检查冷却液液位以及排放与添加冷却液。

4. 减速器总成维护包括检查减速器外观、检查减速器螺栓紧固情况、检查减速器半轴防尘套密封情况、检查和更换减速器润滑油。

任务五 纯电动汽车动力电池系统结构与控制原理

任务描述

2019年度的诺贝尔化学奖被授予约翰·B. 古迪纳夫（John B. Goodenough）、斯坦利·威廷汉（M. Stanley Whittingham）和吉野彰（Akira Yoshino），以表彰他们对锂离子电池开发的贡献。

动力电池是纯电动汽车的核心部件之一，也是影响纯电动汽车续航里程和使用体验的主要因素。目前，我国动力电池单体的能量密度已经达到300 W·h/kg，在国际上处于领先水平。力争经过15年持续努力，我国新能源汽车核心技术达到国际先进水平，在动力电池的新体系、新材料、新工艺、新结构方面取得突破，进一步推动动力电池向高能量密度、高安全性方向发展。动力电池的选择要综合考虑纯电动汽车的动力性、经济性、环保性和安全性。目前，安全性是纯电动汽车的短板。2020年，全球动力电池装机量约136.30 GW·h，同比增长18%。2020年，在全球动力电池装机量前十企业中，中国电池企业占据6席，宁德时代稳居第一。2020年，国内纯电动汽车动力电池装机量达61.8 GW·h，排名前十的企业依次为宁德时代、比亚迪、LG化学、中航锂电、国轩高科、松下、亿纬锂能、力神、瑞浦能源、孚能科技。从电池技术路线来看，2020年国内三元锂电池装机量为38.6 GW·h，占比62.5%；磷酸铁锂电池装机量为21.7 GW·h，占比35.1%；锰酸锂及其他电池装机量为1.5 GW·h，占比2.4%。

动力电池系统主要由动力电池和电池管理系统组成。动力电池是纯电动汽车的“动力源”，而电池管理系统主要对电池的运行状态进行动态监控，精确测量电池的剩余容量，同时对电池进行充放电保护，使电池始终工作在最佳状态，以便为整车提供持续、稳定的能量。

纯电动汽车对动力电池的要求主要体现在以下几个方面。

（1）动力电池能量密度要高。目前，纯电动汽车上使用的动力电池的质量能量密度和体积能量密度都很低，其中铅酸电池的质量能量密度为35~40 W·h/kg，镍氢电池的质量能量密度为60~80 W·h/kg，锂离子电池的质量能量密度为150~180 W·h/kg，而汽油的质量能量密度为10 000~12 000 W·h/kg。一辆轿车加50 kg汽油可行驶600 km，而同样的轿车若加400 kg的动力电池只能行驶100~300 km。

（2）动力电池快速充电接受能力要强。以目前动电池的充电接受能力及智能充电设备的技术水平，很难做到在3~5 min内快速地为动力电池充足电。目前，锂离子电池为了安全及保障电池的使用寿命，最多以0.15~0.2 C的充电速率进行充电，需要5~8 h方可将全放电的锂离子动力电池充满电。快速充电时，若动力电池能接受数百安甚至上千安的脉冲充电电流，则可在10~30 min内使充电量达到80%。

(3) 动力电池在颠簸振动、深度放电时不应影响使用寿命。纯电动汽车的使用环境复杂，在使用中受到颠簸振动、温度变化、深度放电的影响是不可避免的，不能因此而缩短电池的使用寿命。

(4) 动力电池的价格要便宜。目前，在纯电动汽车上使用的动力电池中最便宜的是铅酸动力电池，但该电池的能量密度低，导致纯电动汽车的续驶里程短。而锂离子电池、燃料电池、锌铝电池等的价格均较高，再加上电池管理系统，价格就更高了，几乎占整车成本的三分之一到一半。纯电动汽车要普及，除国家进行补贴外，动力电池及电池管理系统价格的降低是关键。动力电池组件如图5-0所示。

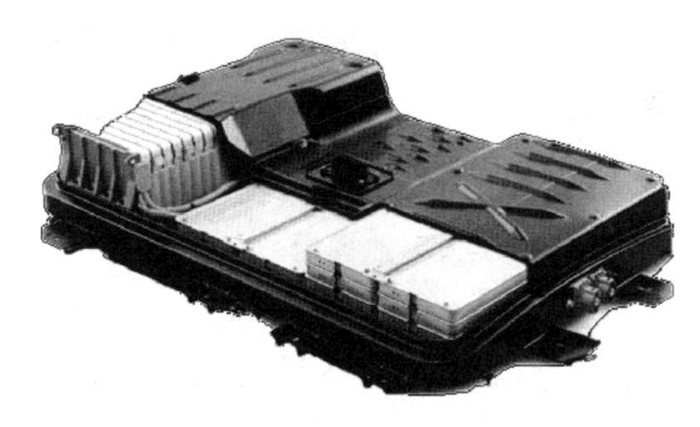

图5-0　动力电池组件

本任务主要介绍纯电动汽车动力电池系统的功能、基本结构以及控制原理。

学习目标

1. 了解动力电池系统的整体结构组成。
2. 掌握电池管理系统的功能。

知识准备

一、纯电动汽车动力电池系统功能

当外接充电设备充电时，动力电池系统用于储存电能；当汽车行驶时，动力电池系统为电动机提供能量，通过电动机将电能转化为机械能，驱动汽车行驶；当汽车减速制动或滑行时，电动机输出的动能转化为电能，储存在动力电池系统中，从而延长纯电动汽车的续驶里程，提高经济性。

二、纯电动汽车动力电池系统结构组成

纯电动汽车电池系统主要包含以下部件。

动力电池箱：为动力电池系统提供防水、防尘、抗振动等保护，为动力电池系统安装提供机械接口。

动力电池系统：为外部负载提供能源。

电池管理系统：对动力电池系统进行充放电管理、过冲/放和温度等保护，以及与外部进行通信。

正负高压继电器：控制主回路的闭合与断开。

高压熔断器：对主回路进行短路保护。

加热系统：保证动力电池系统在低温时能充电。

高低压输出接插器：作为动力电池系统对外输出能源的电气接口。

纯电动汽车动力电池系统如图 5－1 所示。

图 5－1　纯电动汽车动力电池系统

一个完整的动力电池系统主要由动力电池模组、电池管理系统、动力电池辅助元器件及动力电池箱等四部分组成。

（一）动力电池模组

动力电池模组是由数个电芯经由并联及串联所组成的组合体，如图 5－2 所示。例如：北汽 EV160 纯电动汽车的电芯组成方式是 1P100S，即由 100 个磷酸铁锂电池单体串联在一起组成车辆的动力电池模组；北汽 EV200 纯电动汽车的电芯组成方式是 3P91S，即由 3 个三元锂电池单体并联组成一个模块，再用 91 个这样的模块串联成一个整体，构成动力电池模组。（字母 P 表示并联，字母 S 表示串联）

（二）电池管理系统

电池管理系统是纯电动汽车必备的系统，如图 5－3 所示，它对动力电池组进行全面管理，与电机控制系统、整车控制系统共同构成纯电动汽车的三大核心系统。电池管理系统一方面保证动力电池模组正常工作，显示动力电池模组的状态并及时报警，以使驾驶员随时掌握动力电池模组的情况；另一方面对乘员和车辆进行安全保护，避免因动力电池引起的各种事故。电池管理系统的基本信息见表 5－1。

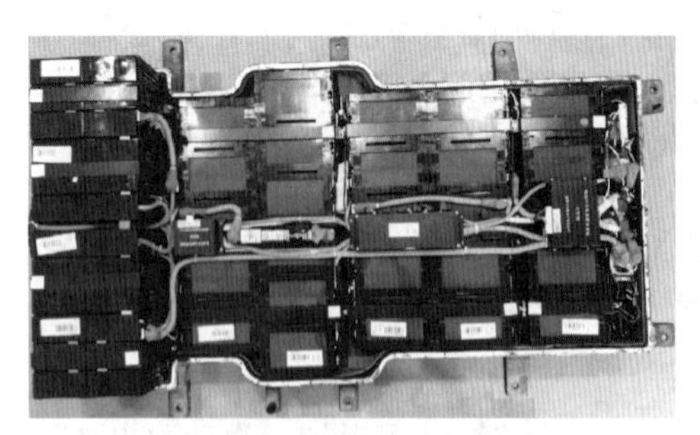

图 5－2　动力电池模组

图 5－3　电池管理系统

表5-1　电池管理系统的基本信息

项目	内容
作用	保护和管理动力电池的核心部件。在动力电池系统中，它既要保证电池安全可靠的使用，又要充分发挥电池的能力和延长电池的使用寿命；作为电池和整车控制器以及驾驶者沟通的桥梁，它通过控制接触器控制动力电池模组的充放电，并向整车控制器上报动力电池系统的基本参数及故障信息
功能	通过电压、电流及温度检测等功能实现对动力电池系统的过压、欠压、过流、过高温和过低温保护，并具有继电器控制、SOC 估算、充放电管理、均衡控制、故障报警及处理、与其他控制器通信等功能；此外还具有高压回路绝缘检测功能和动力电池系统加热控制功能
组成	按性质可分为硬件系统和软件系统，按功能分为数据采集单元和控制单元
硬件	主板、从板、高压盒，以及采集电压、电流、温度等数据的电子器件
软件	监测电池的电压、电流、SOC 值、绝缘电阻值、温度值，通过与整车控制器、充电机通信来控制动力电池系统的充放电电流

1. 主控盒

主控盒是一个连接外部通信和内部通信的平台，如图5-4所示。其主要功能如下。

（1）接收电池管理系统反馈的实时温度和单体电压，并计算电压的最大值和最小值。

（2）接收高压盒反馈的总电压和电流情况。

（3）与整车控制器通信。

（4）与充电机或快充桩通信。

（5）控制正主继电器。

（6）控制电池加热。

（7）唤醒应答。

（8）控制充放电电流。

2. 高压盒

高压盒负责监控动力电池模组的总电压和绝缘性能，如图5-5所示。其主要功能如下。

图5-4　主控盒

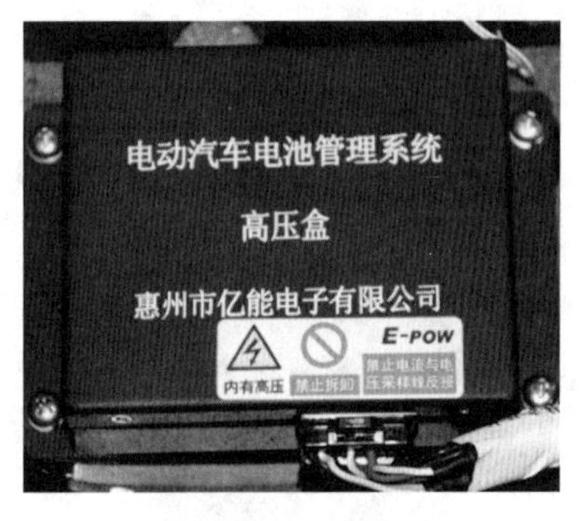

图5-5　高压盒

（1）监控动力电池模组的总电压（继电器内外有4个监测点）。

（2）检测高压系统绝缘性能。

（3）监控高压连接情况（继电器触点闭合状态检查）。

（4）将以上项目监控到的数据反馈给主控盒。

3. 电压和温度采集单元

电压和温度采集单元负责监控动力电池的单体电压、电池组的温度，如图5－6所示。其主要功能如下。

（1）监控每个单体电压。

（2）监控每个电池组的温度。

（3）SOC值监测。

（4）将以上项目监控到的数据反馈给主控盒。

（三）动力电池辅助元器件

1. 预充继电器与预充电阻

预充流程为在放电和充电初期，先闭合预充继电器进行预充电，预充完成后断开预充继电器。预充继电器和预充电阻如图5－7所示。

图5－6 电池管理系统（电压和温度采集）

图5－7 预充继电器和预充电阻

（1）BMS控制预充继电器闭合或断开。

（2）在上电模式初期，用高压、小电流给各控制器电容充电。

（3）当电容两端电压接近动力电池模组总电压时（差值5 V），认为预充结束，闭合总正极继电器。

（4）在充电模式初期，给各单体电芯预充电，确定单体电芯无短路后闭合总正极继电器。

2. 电流传感器与熔断器

电流传感器监测母线充、放电电流的大小。电流传感器如图5－8所示。

熔断器防止能量回收过压过流或放电过流。熔断器如图5－9所示。

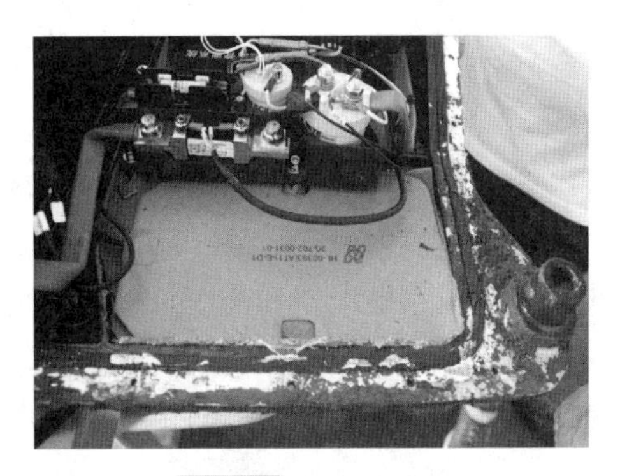

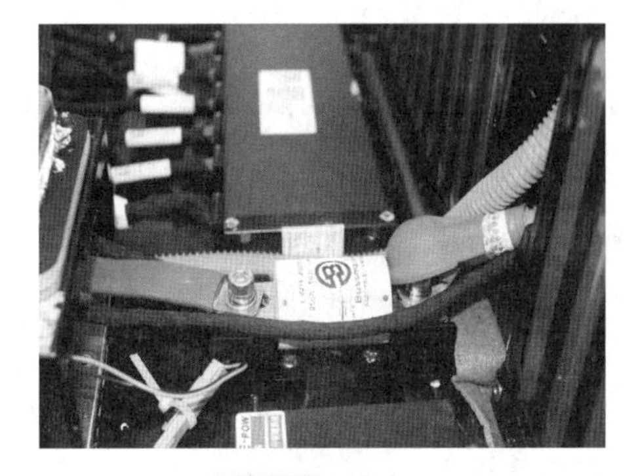

图5-8　电流传感器

图5-9　熔断器

3．加热继电器

温度过低将直接影响动力电池的使用寿命和性能，并有可能引启动力电池系统发生安全问题。加热继电器负责控制加热系统的通断，其如图5－10所示。

（四）动力电池箱

动力电池箱是支撑、固定、包围动力电池系统的组件，主要包括保险丝盒（视车型而定，2016款北汽EV160没有此盒）、上盖和下托盘，还有辅助元器件，如过渡件、护板、螺栓等。动力电池箱有承载及保护动力电池组及电气元件的作用，其材料多为铸铝和玻璃钢。动力电池箱如图5－11所示。

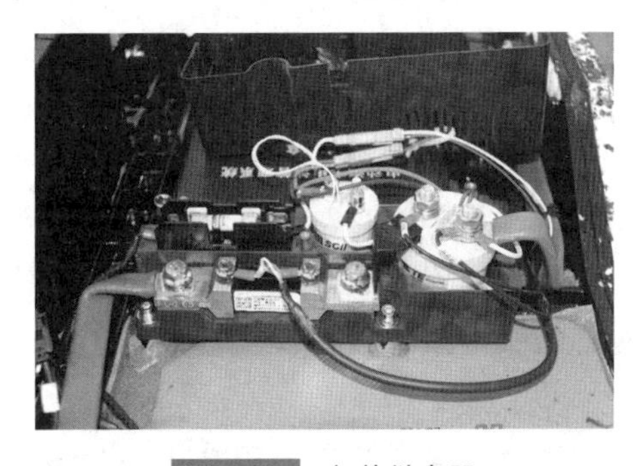

图5-10　加热继电器

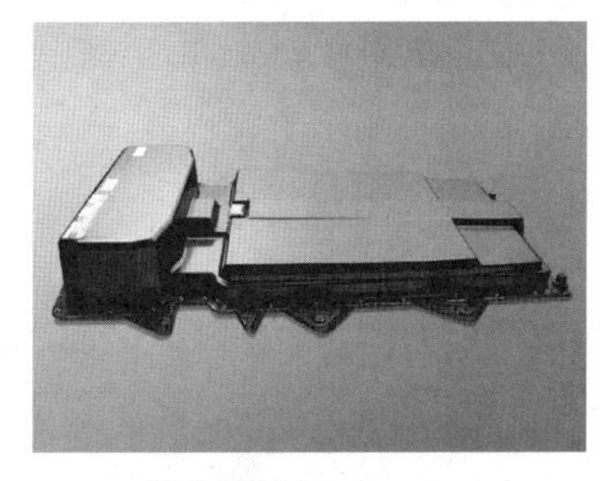

图5-11　动力电池箱

动力电池箱通过螺栓连接在车身底板下方，其防护等级一般为IP67。螺栓拧紧力矩一般为80～100 N・m。动力电池箱的外表面颜色要求为银灰色、黑色或哑光色，并且外表面信息应包括产品铭牌、动力电池包序号、出货检测标签、物料追溯编码以及高压警告标识。

思考与练习

一、判断题

1．动力电池模组放置在一个密封的动力电池箱中，它由数个单体电芯通过串联或

并联组合而成，从而形成能输出电压、大电流的供电源。（　　）

2. 北汽 EV160 的电池管理系统共有 3 个控制盒和 1 个电气集成组件：2 个电池管理系统控制盒、1 个电气组成部件以及 1 个主控盒。（　　）

3. 北汽 EV160 的动力电池箱上有保险丝盒。该保险线盒用于切断动力电池内部的高压电路，防止发生触电事故。（　　）

4. 在北汽 EV160 的普莱德 PPST 电池系统中，高压正继电器和高压负继电器由整车控制器控制。（　　）

5. 主保险丝是串联在电池组中间的保险丝，作用是防止能量回收过电压、过电流或放电电流过大。（　　）

二、选择题

1. 纯电动汽车由（　　）组成。【多选】

A. 动力电池模组　　B. 电池管理系统　　C. 动力电池箱　　D. 辅助元器件

2. 北汽 EV160 的动力电池模组由（　　）组电池模块（　　）而成。（　　）

A. 10；串联　　B. 10；并联　　C. 15；串联　　D. 15；并联

3. 下列属于纯电动汽车动力电池系统用于电池保护和管理的核心部件是（　　）。

A. 动力电池模组　　B. 电池管理系统　　C. 动力电池箱　　D. 辅助元器件

4. 纯电动汽车动力电池箱采用的材料是（　　）。【多选】

A. 铸铁　　B. 聚合物塑料　　C. 铸铝　　D. 玻璃钢

5. 下列属于动力电池辅助元件的是（　　）。

A. 主继电器　　B. 电流传感器　　C. 高低压插件　　D. 以上都是

学习小结

1. 动力电池用于储存电能，为汽车行驶提供能量。

2. 动力电池系统主要由动力电池模组、电池管理系统、动力电池辅助元器件（包括加热装置、高压正极和负极继电器、加热继电器、预充继电器、动力电池低压控制信号插口、动力电池箱接插口）组成。

3. 动力电池模组由多组电池模块串、并联而成，每一块电池模块由一组串联的电池单体组合而成。

4. 电池单体是构成动力电池模组的最小单元，一般由正极、负极、电解质（或电解液）和隔膜等组成。

5. 北汽 EV160 的电池管理系统共有 3 个控制盒：2 个电池管理系统控制盒和 1 个主控盒。

6. 北汽 EV160 纯电动汽车上主要有 4 种继电器：正极继电器、负极继电器、预充继电器、加热继电器。

任务六 纯电动汽车动力电池拆装与检测

任务描述

动力电池作为新能源汽车，特别是纯电动汽车的能源提供装置，是最为核心的部件，相当于燃油汽车的汽油或柴油。目前，动力电池的能量密度、循环寿命、技术成熟度以及成本等关键性指标是影响纯电动汽车大规模产业化的主要因素。动力电池费用占整个新能源汽车特别是纯电动汽车成本的30%以上。

动力电池模组是直接装车使用的大型箱体部件，除其内部集成的动力电池单体（电芯）外，还包括电芯电路以及由其组成的模块，以及配线、连接器、冷却液温度传感器、冷却液管路装置、高压充电接口及电池连接线盒和特制的防撞外壳等。动力电池控制单元（BCU）和电芯电路可以进行适当调整以保持电池性能状态最佳。

纯电动汽车的锂离子动力电池模组是由多个电芯通过串、并联的方式组合而成的，有较高的电压、电流和功率。由于对电芯的级联会造成一定的内耗，因此装配在同一组内的电芯对于其内阻、放电率、循环寿命等有一致性要求，这就需要对电芯进行配组。

纯电动汽车的锂离子电池由于其化学特性、结构特点以及应用环境等因素，若在使用中不注意就会出现泄漏、燃烧、爆炸等事故。为了保障人员和车辆设施等的安全，须采取以下措施。

1）人员的防护

（1）任何未经培训的人员不得接触、拆动、搬运高压动力电池。

（2）在纯电动汽车的动力电池箱组表面等明显位置张贴“高压危险！禁止非专业拆动！”字样。

（3）作业前应先准备好合适的作业工具、量具，并选择好安全、合适的作业位置。

（4）专业人员在作业前先穿戴好防护鞋靴、手套、面罩等用具，然后检查车辆维修保养开关是否断开。

（5）在正式对动力电池作业前，须再次确认车辆维修保养开关处于断开状态。

（6）作业中应谨防重物跌落，若两人以上配合作业，应事先约定好动作指令。

（7）作业前，对于动力电池芯体的爆炸和燃烧烈度应有适当的估计，并做好灭火的准备。

动力电池芯体爆炸的原因多是外力破坏或高温，以及电芯内部损坏产生的高温高压的瞬间释放，与爆炸物爆炸是完全不同的两个概念，没有可比性，它们的形式和效果也不可等同。因此，维护作业人员不必产生恐惧心理。

2）设备的防护

(1) 由于纯电动汽车存在高压电气设备，其危险性远比传统燃油汽车要高。在维修保养作业时，应先使用诊断设备确认故障发生的部位和元器件，不可未经确诊盲目拆解，以防发生危险和损坏设备。

(2) 纯电动汽车动力电池芯体在电池保护箱内排列紧密，操作时应及时发现和处置损坏和危险的芯体，同时还应防止其他芯体发生连锁反应造成更大的损失。

(3) 针对纯电动汽车动力电池的作业，无论是在操作前、操作中和操作后都要时刻监控动力电池的温度变化。电池芯体温度高意味着发生危险的可能性增加，必要时采取降温措施或中断作业。

(4) 针对动力电池的作业可采用由一人监控指挥的作业方式进行，这样既能提高效率又能保障安全。

本任务主要介绍纯电动汽车动力电池的性能参数、纯电动汽车对动力电池的性能要求、锂离子电池的特点及北汽 EV160 的动力电池。

学习目标

1. 掌握动力电池的性能参数。
2. 了解纯电动汽车对动力电池的性能要求。
3. 掌握锂离子电池的优缺点及类型。
4. 了解北汽 EV160 采用的动力电池。
5. 拆装动力电池包及动力电池模组。

知识准备

一、动力电池技术参数

动力电池的品种很多，性能各异。动力电池的技术参数是整车的续驶里程、加速和爬坡等主要性能的关键。动力电池技术参数主要包括电压、内阻、容量、比能量、比功率及循环寿命等。

1. 电压

1）电动势

电动势是理论上度量电池输出能量大小的参数之一。电池的电动势是热力学的两极平衡电极电位之差。

2）开路电压

开路电压是指在开路状态下（几乎没有电流通过时），电池两极之间的电势差，一般用 U_{oc} 开表示。

3）额定电压

额定电压也称公称电压或标称电压，是指在规定条件下电池工作的标准电压。利用额定电压可以区分电池的化学体系。常用电池的单体额定电压见表6-1。

4）工作电压

工作电压是指电池接通负载后在放电过程中显示的电压，又称负荷（载）电压或放电电压。

5）放电终止电压

放电终止电压也称放电截止电压，是指电池放电时，电压下降到不宜再继续放电的最低工作电压值。不同类型的电池在不同的放电条件下，其放电终止电压不同。一般而言，在低温条件下或大电流放电时，终止电压规定得低些；小电流或间歇放电时，终止电压值规定得高些。

表6-1　常用电池的单体额定电压

电池类型	单体额定电压/V
铅酸电池（VRLA）	2
镍镉电池（Ni-Cd）	1.2
镍锌电池（Ni-Zn）	1.6
镍氢电池（Ni-MH）	1.2
锌空气电池（Zn/Air）	1.2
铝空气电池（Al/Air）	1.4
钠氯化镍电池（$Na/NiCl_2$）	2.5
钠硫电池（Na/S）	2.0
锰酸锂电池（$LiMn_2O_4$）	3.7
磷酸铁锂电池（$LiFePO_4$）	3.2

2. 容量

电池在一定的放电条件下放出的电量称为电池容量，用 C 表示。其单位为安时（A·h）或毫安时（mA·h）。

1）理论容量

理论容量即假定活性物质全部参加电池的成流反应所能提供的电量。理论容量可根据活性物质的数量按法拉第定律计算求出。

2）额定容量

额定容量即按国家或有关部门规定的标准，电池在一定的放电条件（如温度、放

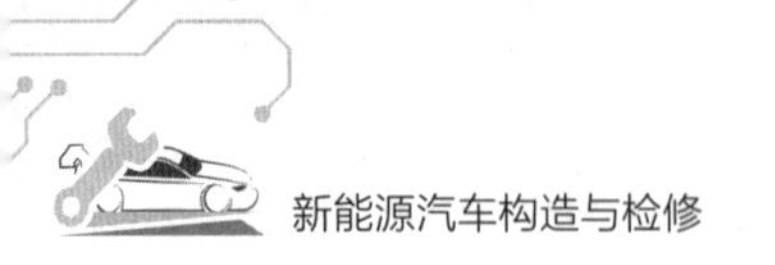

电率、终止电压等）下应该放出的最低限度的容量。

3）实际容量

实际容量指在工作中电池实际放出的电量，是放电电流与放电时间的积分。实际放电容量受放电率的影响较大，所以常在字母 C 的右下角标明放电率。如 $C_{20}=50$ A·h，表示在20小时率下的容量为50 A·h。由于电池内阻和其他原因，活性物质不可能完全被利用，所以实际容量、额定容量总是低于理论容量的。

4）剩余容量

剩余容量是指在一定放电率下放电后，电池剩余的可用容量。剩余容量的估计和计算受电池前期放电率、放电时间以及电池老化程度、应用环境等多种因素影响，所以对其准确估算存在一定的困难。

3. 内阻

电流通过电池内部时受到阻力，使电池的工作电压降低，该阻力称为电池内阻。由于内阻的存在，电池在放电时的端电压低于电动势和开路电压，充电时的端电压高于电动势和开路电压。电池内阻是非常重要的参数，它直接影响电池的工作电压、工作电流、输出能量与功率等。对于实用的化学电池，其内阻越小越好。

电池内阻不是常数，它包括欧姆内阻和电极在化学反应时所表现出的极化内阻。欧姆内阻主要由电极材料、电解液、隔膜的内阻及各部分零件的接触电阻组成。它与电池的尺寸、结构、电极的成形方式以及装配的松紧度有关。极化内阻是正极与负极由于电化学极化和浓差极化所引起的电阻之和，与活性物质的本性、电极结构、电池制造工艺有关，尤其与电池的工作条件密切相关，随放电率、温度等条件的改变而改变。

由于动力电池工作时常处于大电流、深放电状态，内阻引起的压降对整个电路的影响不能忽略。

4. 能量与能量密度

电池的能量是指电池在一定放电制度下，电池释放出的能量，通常用W·h或kW·h表示。

1）理论能量

假设电池在放电过程中电压保持电动势的数值，而且活性物质的利用率为100%，在此条件下电池所输出的能量为理论能量 W_0。

2）实际能量

实际能量是指电池放电时实际输出的能量，等于电池实际放电电压、放电电流与放电时间的积分。在实际应用中，常通过电池组额定容量与放电平均电压的乘积计算电池的实际能量。

由于活性物质不可能完全被利用，电池的工作电压总小于电动势，所以电池的实际能量总小于理论能量。

3）能量密度

电池的能量密度是指单位质量或单位体积的电池所能输出的能量，相应地称为质量能量密度（W·h/kg）或体积能量密度（W·h/L），也称质量比能量或体积比能量。

在纯电动汽车应用方面，蓄电池质量比能量影响纯电动汽车的整车质量和续驶里程，而体积比能量影响蓄电池的布置空间。因而比能量的高低是评价动力电池能否满足纯电动汽车应用需要的重要指标。此外，比能量也是比较不同种类和类型电池性能的一项重要指标。比能量也分为理论比能量和实际比能量。

动力电池在纯电动汽车的应用中，都采用电池组的形式，由于电池组的安装需要相应的电池箱、连接线、电流电压保护装置等元器件。因此，实际电池组的比能量小于单体电池的比能量，一般而言，电池组的质量比能量要比电池单体的质量比能量低20%以上。

5. 功率与功率密度

1）功率

功率是指在一定的放电制度下，单位时间内电池输出的能量，其单位为瓦（W）或千瓦（kW）。

2）功率密度

单位质量或单位体积输出的功率称为功率密度，又称比功率，单位为kW/kg或W/g。比功率的大小，表示电池所能承受的工作电流的大小。电池比功率大，表示它可以承受大电流放电。比功率大小是评价电池及电池组是否满足纯电动汽车加速和爬坡能力的重要指标。

6. 荷电状态

电池的荷电状态（State of Charge，SOC）描述了电池的剩余电量，是电池使用过程中的重要参数。此参数与电池的充放电历史和充放电电流大小有关。

美国先进电池联合会（USABC）对SOC的定义：电池在一定放电倍率下，剩余电量与相同条件下额定容量的比值。由于SOC受充放电倍率、温度、自放电、老化等因素的影响，实际应用中要对SOC的定义进行调整。

由于电池剩余电量受动力电池的基本特征参数（端电压、工作电流、温度、容量、内部压强、内阻和充放电循环次数）和动力电池使用特性的影响，因此对电池组的SOC的测定很困难。

7. 放电深度

放电深度（Depth of Discharge，DOD）是放电容量与额定容量之比的百分数。放电深度对二次电池的使用寿命有很大影响。一般情况下，二次电池常用的放电深度越深，其使用寿命就越短，因此在使用中应尽量避免二次电池深度放电。

8. 使用寿命

电池在充放电循环使用中，由于存在一些不可避免的副反应，使得电池可用活性

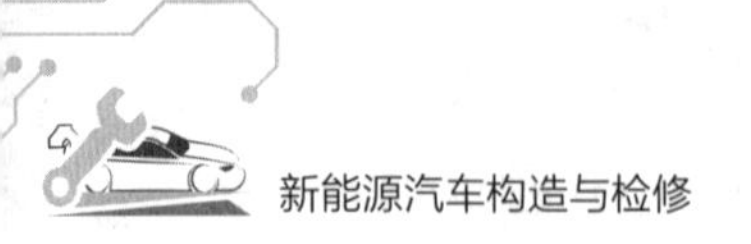

物质逐步减少，性能退化。其退化程度随着充放电循环次数的增加而加剧，退化速度与电池充放电的工作状态和环境有直接联系。

电池经历一次充电和放电，称为一次循环或一个周期。在一定放电制度下，二次电池的容量降至某一规定值之前，电池所能耐受的循环次数，称为电池的循环寿命或使用周期。铅酸蓄电池的循环寿命为 300～500 次；锂离子电池的循环寿命可达 1 000 次以上。

9. 自放电率

自放电率是电池在存放期间，在没有负荷的条件下自身放电，使得电池的容量损失的速度。自放电率采用单位时间（月或年）内电池容量下降的百分数来表示。自放电率通常与时间和环境温度有关。电池久置时要定期补电，并在适宜的温度和湿度下储存。

10. 不一致性

电池的不一致性是指同一规格、同一型号的电池单体组成电池组后，在电压、内阻及其变化率、荷电量、容量、充电接受能力、循环寿命、温度、自放电率等参数方面存在的差别。纯电动汽车为了满足使用需求，必须使用由多块电池单体组成的电池组。电池的不一致性只有对于成组使用的动力电池才有意义。由于受电池不一致性的影响，动力电池组在纯电动汽车上使用时的性能指标往往达不到电池单体的原有水平，使用寿命也可能缩短，严重影响纯电动汽车的性能和使用。

11. 成本

电池的成本与电池的技术含量、材料、制作方法和生产规模有关。新开发的高比能量、比功率的电池成本较高，如锂离子电池。这使得纯电动汽车的造价也较高。因此开发和研制高效、低成本的电池是纯电动汽车发展的关键。

电池成本一般用电池单位容量或能量的成本来表示，单位为元/A · h 或元/kW · h，以方便对不同类型或不同生产厂家、不同型号的同类型电池进行比较。

12. 放电制度

放电制度是指电池放电时所规定的各种条件，主要包括放电电流（放电率）、放电终止电压和温度等。

（1）放电电流。放电电流直接影响电池的各项性能指标，因此介绍电池的容量或能量时，必须说明放电电流的大小，给出放电的条件。放电电流通常用放电率表示。放电率是指电池放电时的速率，有时率和倍率两种表示形式。

（2）放电终止电压。放电终止电压与电池材料直接相关，并受电池结构、放电率、环境温度等多种因素影响。一般来说，在低温、大电流放电时，电极的极化大，活性物质不能充分利用，导致电池的电压下降较快。

二、纯电动汽车对动力电池的性能要求

动力电池最重要的特点就是功率高和能量高。功率高意味着充放电强度大，能量

高表示质量比能量和体积比能量高。动力电池系统要按照最优化的整车设计应用指标进行设计。

1. 能量高

对于纯电动汽车而言，能量高意味着续驶里程长。续驶里程的延长可有效提升车辆使用的方便性和扩大车辆的适用范围。锂离子动力电池能够在电动车辆上广泛推广和应用，主要原因就是其能量密度是铅酸动力电池的3倍，并且还有继续提高的可能性。

2. 功率高

动力电池组提供的能量要供驱动电机高功率输出，满足车辆动力性的要求。但长期大电流、高功率放电对于电池的使用寿命和充放电效率会产生负面影响，甚至影响电池使用的安全性。因此在功率方面，动力电池还需要一定的功率储备，避免在全功率工况下工作。

3. 寿命长

铅酸动力电池的循环寿命在深充深放工况下可以达到400次，锂离子动力电池的循环寿命可以达到1 000次以上，混合动力用镍氢电池的寿命已经可以达到10年以上。

动力电池寿命的长短关系到纯电动汽车使用成本的高低。更换电池的费用是纯电动汽车使用成本的重要组成部分。目前，延长动力电池的使用寿命是电池技术研究的重点问题之一。

4. 成本低

动力电池的成本与电池的新技术含量、材料、制作方法和生产规模有关。目前，高比能量的电池成本较高，使得纯电动汽车的造价也较高。开发和研制高效、低成本的动力电池是纯电动汽车发展的关键。

5. 安全性好

动力电池为纯电动汽车提供了高达300 V以上的驱动供电电压。动力电池的安全性涉及人身安全和车载电器的使用安全。动力电池作为高能量密度的储能载体，自身也存在一定的安全隐患，以锂离子电池为例，其存在的安全隐患如下。

（1）如果在充放电过程中发生热失控反应，可能导致电池短路起火，甚至引发爆炸。

（2）锂离子电池采用的有机电解质，在4.6 V左右易发生氧化，并且溶剂易燃，若出现泄漏等情况，会引起电池着火燃烧甚至爆炸。

（3）碰撞、挤压、跌落等极端状况会导致电池内部短路，进而出现危险状况。

6. 工作温度适应性强

纯电动汽车的使用一般不应受地域的限制，在不同的空间和时间，纯电动汽车需要适应不同的温度。以北京地区的纯电动汽车应用为例，北京夏季地表温度可达50℃以上，冬季可低至－15℃以下，在该温度变化范围内，动力电池应可以正常工作。因此，动力电池需要具有良好的温度适应性。动力电池系统的设计，要考虑电池的温度适应性问题，一般通过设计相应的冷却系统或加热系统来使动力电池的工作

温度处于最佳范围。

7. 可回收性好

按照动力电池使用寿命的标准定义，当动力电池的容量衰减到额定容量的80%时，确定其寿命终结。随着纯电动汽车的大量应用，必然出现大量废旧动力电池的回收问题。对于动力电池的回收，在电化学性能方面，首先要做到电池正负极及电解液等材料无毒，对环境无污染。其次要研究电池内部各种材料的回收与再利用。对于动力电池的再利用，还存在梯次利用问题，即将按照动力电池寿命标准达到额定容量80%以下淘汰的电池应用到对电池容量和功率要求相对较低的领域。

三、动力电池的类型

目前，市场上主流的动力电池主要有铅酸电池、镍氢电池、锂离子电池。

1. 铅酸电池

每个铅酸电池的基本模块都是单电池。单电池是由一个正极板组和一个负极板组组合而成的。极板组由电极和隔板构成。每个电极都由一个铅栏板和活性物质构成。隔板（微孔绝缘材料）用于分离不同极性的电极。电极或极板组在充满电时，被浸在体积百分比浓度为38%的硫酸溶液中（电解液）。铅酸电池的结构如图6－1所示。

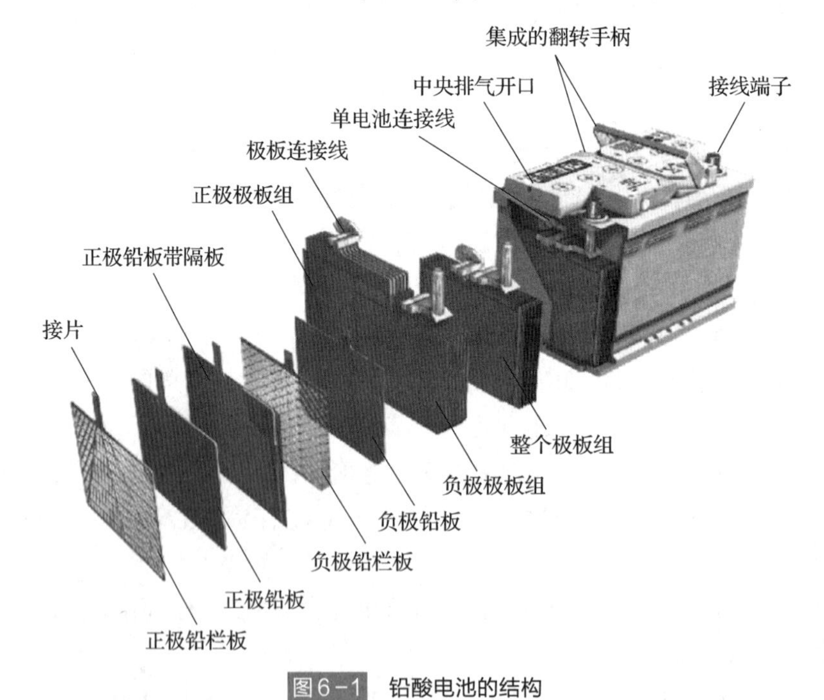

图6－1 铅酸电池的结构

2. 镍氢电池

1）镍氢电池结构

镍氢电池由氢氧化镍正极、储氢合金负极、隔膜纸、电解液、钢壳、顶盖、密封圈等组成。在圆柱形电池中，正负极用隔膜纸分开并卷绕在一起，密封在钢壳中。在方形电池中，正负极用隔膜纸分开后叠成层状密封在钢壳中。20 世纪 80 年代，市场上有两种类型的镍氢电池，即高压氢镍电池和金属氢化物镍电池。由于镍氢电池的安全性和可靠性高，很多早期的纯电动汽车使用了该类电池。镍氢电池如图 6－2 所示。

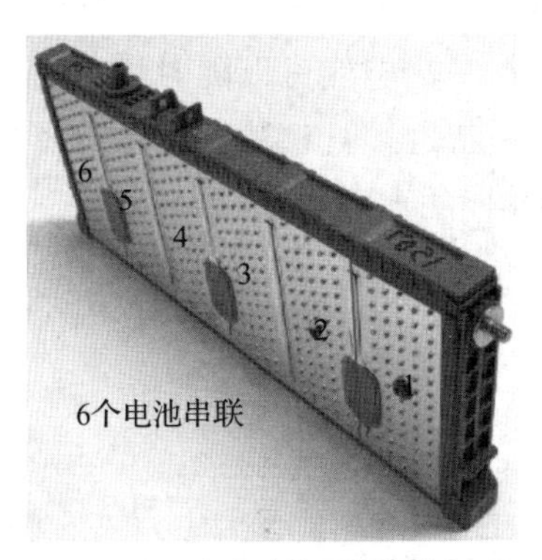

（a）丰田混合动力车型使用的镍氢电池

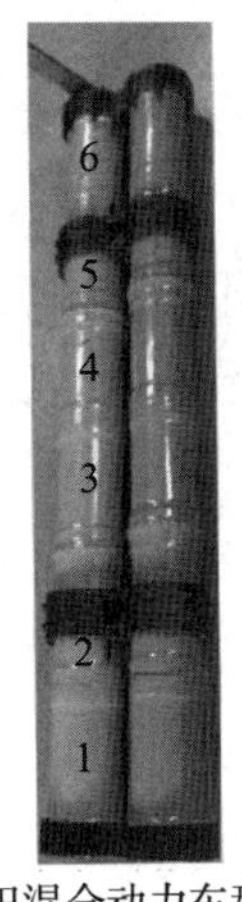

（b）本田混合动力车型使用的镍氢电池

图6－2　镍氢电池

2）镍氢电池工作原理

镍氢电池是由氢离子和金属镍合成的，其电量储备比镍镉电池多 30%，比镍镉电池更轻，使用寿命也更长。

充电时，氢氧化镍在正极被氧化生成羟基氧化镍和水。水在负极被还原，并在储氢合金的表面生成氢原子，此氢原子被储氢合金吸收并发生反应，生成金属氢化物。放电反应则与之相反。

镍镉电池的电池反应与镍氢电池不同，在镍氢电池中，充电时氢从正极向负极移动，放电时氢从负极向正极移动，其间电解液总量和浓度并无改变。电解液中的 OH^- 虽然参与正极和负极的反应，但在电池反应中 OH^- 并没有增减。

3）混合动力汽车镍氢电池的特性

电池封装体被搭载在车辆上时，不但要具有良好的耐振动特性和耐冲击性，而且在结构上要能把因大电流充放电时产生的电池热量迅速发散，从而使其冷却。此外，因电池的特性随温度的不同会有较大的变化，因此尽量减小封装体内电池温度的分散度。

（1）镍氢电池输出功率特性。近年来，随着镍氢电池技术的不断发展，镍氢电池的输出功率密度正在逐年上升。尽管混合动力汽车镍氢电池的电能量（容量）还不到纯电动汽车镍氢电池的 1/10，却要求其具有与纯电动汽车相同的输出功率和再生恢复性能。因此，多个领域正在致力于对电池单体或电池模块（由多个电池单体以串联方式连接而成的电池组）的研究开发工作。

（2）镍氢电池充电恢复特性。混合动力汽车电池的使用方法与一般电池的使用方

法存在很大的差异。如混合动力汽车电池不进行完全充电和完全放电。车辆行驶时被输出的电能始终以再生电能的形式被回收，以达到电能再收支的平衡。因此，混合动力汽车对镍氢电池的充电恢复能力有较高的要求。通过再生制动可以将车辆在减速时产生的能量高效回收。

（3）镍氢电池寿命特性。对于应用于混合动力汽车的镍氢电池，需要通过控制方式使电池不进行完全充电和完全放电，并维持在一个电能可以随时进出的状态。根据这样的使用方式，在不同的条件下对电池的寿命特性进行计算，结果表明完全能够使混合动力汽车电池的寿命达到大致与车辆寿命相同的水平。

3. 锂离子电池

1）锂离子电池基本结构

一般的锂离子电池正极和负极的活性物质是利用一种被称为 Binder 的树脂胶黏剂固定在金属箔上的，然后在其中间夹入隔膜后收卷而成。锂离子电池如图 6－3 所示。

图 6－3　锂离子电池

2）锂离子电池工作原理

锂离子电池由作为氧化剂的正极活性物质、作为还原剂的负极活性物质、作为锂离子导电介质的电解液以及防止两个电极产生短路的隔板组成，利用正极与负极之间锂离子的移动来进行充电和放电。

锂离子电池通过锂离子在电极之间移动而产生电能。这种电能的存储和放出通过正极活性物质中放出的锂离子向负极活性物质移动来完成化学反应。这种化学反应是锂离子电池的最大特点。这种特点，使锂离子电池比传统的二次电池具有更长的寿命。锂离子电池工作原理如图 6－4 所示。

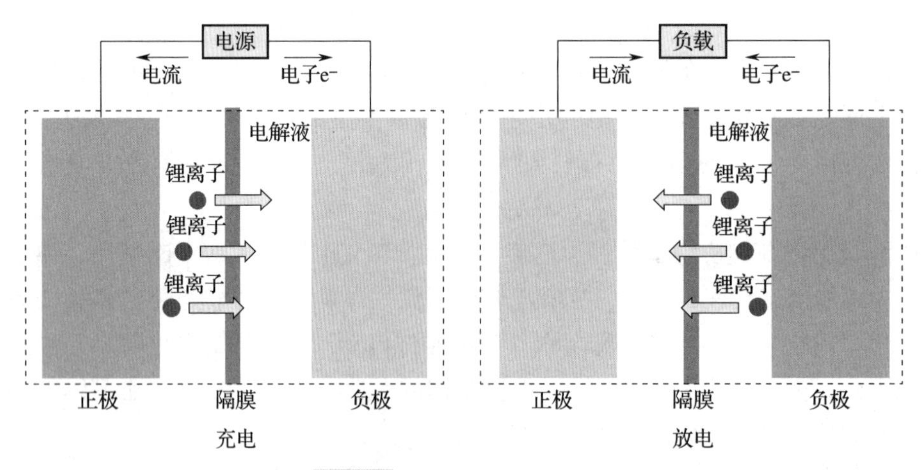

图 6－4　锂离子电池工作原理

此外，电极材料的选择空间较大也是锂离子电池的一大特点，再加上其本身就具有小型化、轻量化和高电压化的特点，因此通过材料的选择和结构设计即可实现高输出功率和高容量，从而设计出与实际用途完全相符的电池，这也是锂离子电池的优势之一。

3）锂离子电池的基本特性

（1）电池的电能。电池输出的电能 E 等于从电池中放出的电量（电流 × 时间）Q 与电池电压 U 的乘积，即 $E=QU$。

在充电上限电压到放电下限电压的范围内所放出的电量即为电池的容量。尽管提高上限电压将增加电池的容量，但是随着活性物质和电解液氧化还原反应的进行，一般会有耐久性下降的倾向。在多数情况下，电池电压是用平均电压来代替的。平均电压（额定电压）是达到总电能 1/2 放电量时的电压。例如，额定电压为 3.7 V、标称容量为 2.4 A · h 的 18650 规格（直径 18.3 mm × 长度 65 mm）的锂离子电池的总能量为8.9 W · h，体积能量密度为 520 W · h/L、质量为 44 g 时的质量能量密度为 201 W · h/kg。

（2）剩余电量的估算。关于电池的充电状态，多用 SOC 表示。SOC 用剩余容量与设计容量的比率来表示。当电池电量达到充满状态时，$SOC=100\%$。放电容量与设计容量的比率用放电深度（DOD）来表示。DOD 和 SOC 的关系为

$$DOD=1-SOC$$

对于一般电池而言，SOC 和 DOD 多根据电压值进行估算。但是对于锂离子电池而言，电压平坦域的范围将视不同的电极材料而定，有时难以根据电压来估算 SOC。

（3）小时率。一般情况下，充电时和放电时的电流值用小时率（充/放电倍率）来表示。如果某种电池在 1 h 内以标称容量进行充电或放电时的电流值为 1 C，那么第10 h的电流值为 0.1 C。电流值 1 C 将随电池容量的改变而发生变化，在表示电池的充放电性能时被频繁地使用。而电池的标称容量并不受内电阻的影响。因此，小时率采用以 0.1 C 以下的低倍率充电到上限电压并以同一倍率放电到终止电压时的容量表示。

（4）充放电性能。由于过度充放电会对锂离子电池的安全性和循环寿命产生不良影响，因此锂离子电池附带保护电路。当从 SOC 为 0% 开始充电时，一般采用先按恒定电流模式充电到上限电压，再在该模式下边降低电流边充电的方式来防止发生过度充电的情况。为了缩短在恒定电流模式下的充电时间，有时可以允许恒定电压在瞬间超过上限电压，并采用矩形电流模式流动的脉冲充电方式进行充电。另外，通常放电是以恒定电流模式进行的，到达下限电压时为止。由于电池的内电阻会使电压以与电流成正比的速率下降，当采用较高的倍率进行放电时，电压和容量均会下降，而且电

解液中离子的导电性在低温时也会下降，引起内电阻增加，从而使电压和容量下降。铅酸电池、镍氢电池、锂离子电池的参数见表6－2。

表6－2 铅酸电池、镍氢电池、锂离子电池的参数

参数名称	铅酸电池	镍氢电池	锂离子电池
电池单体电压/V	2	1.2	3.2～3.7
比能量/(W·h/kg)	30～50	60～90	70～160
循环寿命（100% DOD）/次	≥300	≥400	≥600
放电率（%/月）	5	20～35	6～8
快速充电能力	一般	较好	好
耐过充能力	一般	强	差
记忆效应	无	无	无
环境污染	严重	微小	微小
使用温度范围/℃	－20～＋50	－20～＋50	－20～＋55
价格/(元/W·h)	<1	2～7	2～7

实训技能

实训一 动力电池包拆装

实训目的

（1）熟知动力电池包所在位置。

（2）掌握拆装动力电池包的相关知识。

实训要求

（1）拆装动力电池时，须关闭启动开关，使车辆处于非启动状态。

（2）车辆正在充电时，不得拆装动力电池包。

（3）拆装动力电池包前，须佩戴安全防护装备。

（4）拆装动力电池包前，须断开高压电池维修塞。

实训器材

（1）设备准备：北汽 EV160、举升机。

（2）工具准备：常用工具一套。

（3）安全防护用品：安全防护装备。

实训一设备、工具如图6－5所示。

北汽 EV160

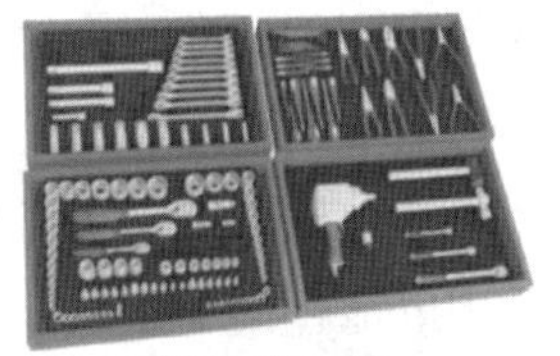

常用工具一套

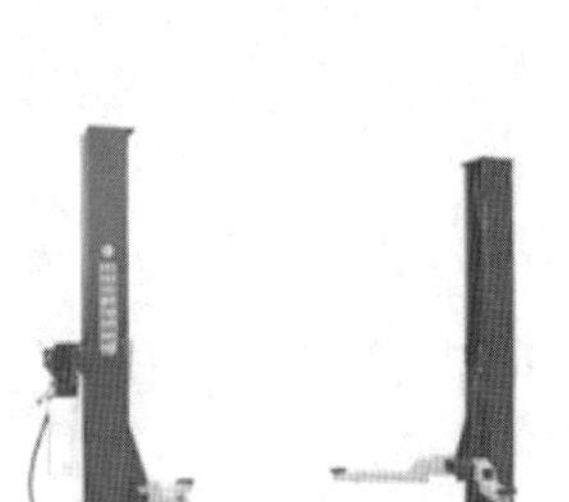

举升机

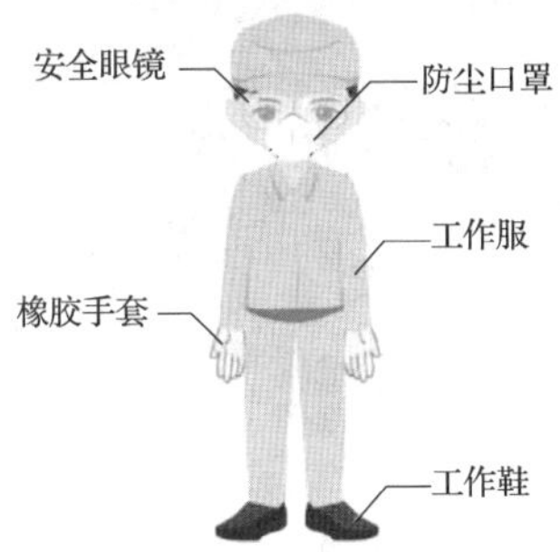

安全防护装备

图6-5　实训设备、工具

操作步骤

1. 操作前准备

(1) 穿戴高压防护装备，如图6-6所示。

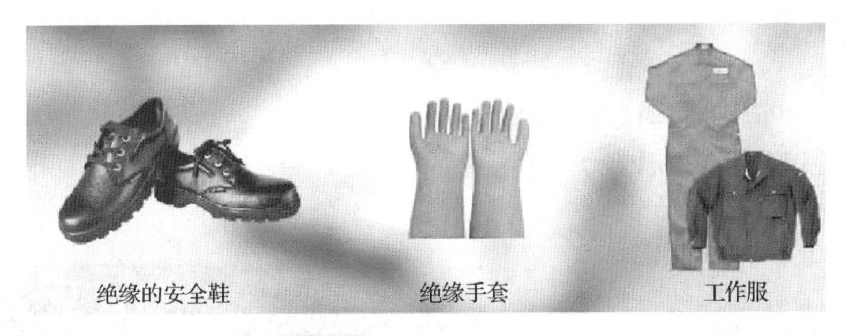

绝缘的安全鞋　绝缘手套　工作服

图6-6　穿戴高压防护装备

(2) 断开蓄电池负极，如图6-7所示。

2. 拆卸动力电池

(1) 举升车辆至合适高度，并锁止举升机，如图6-8所示。

图6-7　断开蓄电池负极

图6-8　举升车辆

（2）观察车辆底部固定动力电池包的 10 颗螺栓，如图 6－9 所示。

（3）断开动力电池箱接插器与 PDU 的连接。

（4）将动力电池包低压控制信号插口与整车控制器相连接。

（5）断开动力电池包的 2 个高、低压接插器，如图 6－10 所示。

图 6－9　车辆底部的固定动力电池包

图 6－10　断开动力电池的 2 个高低压接插器

（6）将动力电池包托举装置移至动力电池正下方。

（7）将动力电池包托举装置的托板上升至刚好与动力电池包正下方接触的位置。

（8）使用扭力扳手、接杆 18 mm 套筒，按照对角线原则预松动力电池包的 10 颗固定螺栓，如图 6－11 所示。

（9）使用棘轮扳手、接杆 18 mm 套筒，按照对角线原则拆卸动力电池包的 10 颗固定螺栓。

（10）举升车辆使车辆与动力电池包分离。

（11）使用万用表检测动力电池包正负极输出接线柱之间的电压值，正常电压应为 0 V，如图 6－12 所示。

图 6－11　预松动力电池包的 10 颗固定螺栓

图 6－12　检测动力电池正负极输出接线柱之间的电压值

3. 拆卸动力电池上盖

（1）使用棘轮扳手、接杆、HW4 套筒，预松动力电池包上盖的 43 颗固定螺栓，如图 6－13 所示。

（2）使用接杆、HW4 套筒，旋出固定螺栓。

（3）使用刮刀刮除动力电池包上盖和下托盘之间的密封胶，如图 6－14 所示。

图6-13　预松动力电池包上盖固定螺栓

图6-14　刮除动力电池包上盖和下托盘之间的密封胶

（4）取下动力电池包上盖，如图6-15所示。

（5）打开电池包上盖后，认识动力电池包内部部件，如图6-16所示。

图6-15　取下动力电池包上盖

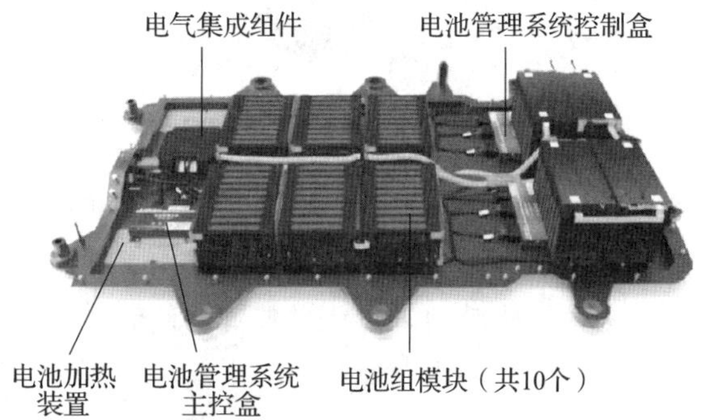

图6-16　认识动力电池包内部部件

4. 安装动力电池包上盖

（1）在动力电池包的下托盘上涂抹密封胶。

（2）安装动力电池包上盖，如图6-17所示。

（3）使用接杆、HW4套筒，旋入动力电池包上盖的43颗固定螺栓，如图6-18所示。

图6-17　安装动力电池包上盖

图6-18　旋入动力电池包上盖的固定螺栓

（1）使用棘轮扳手、接杆、HW4套筒预紧动力电池包上盖的43颗固定螺栓。

（2）使用扭力扳手、接杆、HW4套筒紧固动力电池包上盖的43颗固定螺栓，紧固扭矩为6 N·m。

5. 安装动力电池包

(1) 将动力电池包托举装置上升至合适高度。

(2) 使动力电池包上的定位销与车身的定位孔对齐。定位销如图 6-19 所示。

(3) 操作动力电池托举装置使动力电池包上的定位销插入车身定位孔中。

(4) 使用棘轮扳手、接杆 18 mm 套筒，按照对角线原则安装动力电池包的 10 颗固定螺栓，如图 6-20 所示。

图 6-19 定位销

6-20 安装动力电池包的 10 颗固定螺栓

(5) 使用扭力扳手、接杆、18 mm 套筒工具按对角线原则紧固动力电池包与车身的 10 颗固定螺栓，紧固扭矩为 100 N·m。

(6) 操作动力电池托举装置，使其与动力电池包分离。

(7) 安装动力电池包的 2 个高、低压接插器，如图 6-21 所示。

(8) 降下车辆，如图 6-22 所示。

图 6-21 安装动力电池包的 2 个高、低压接插器

图 6-22 降下车辆

实训二　动力电池组拆装

实训目的

(1) 能够检测动力电池组总成电压。

(2) 掌握拆装动力电池的相关知识。

实训要求

(1) 拆装动力电池时，须关闭启动开关，使车辆处于非启动状态。

(2) 车辆正在充电时，不得拆装动力电池包。

（3）拆装动力电池前须佩戴安全防护装备。

（4）拆装动力电池前须断开高压电池维修塞。

实训器材

（1）设备准备：北汽 EV160、举升机。

（2）工具准备：常用工具一套。

（3）安全防护用品：安全防护装备。

实训二设备、工具如图 6－23 所示。

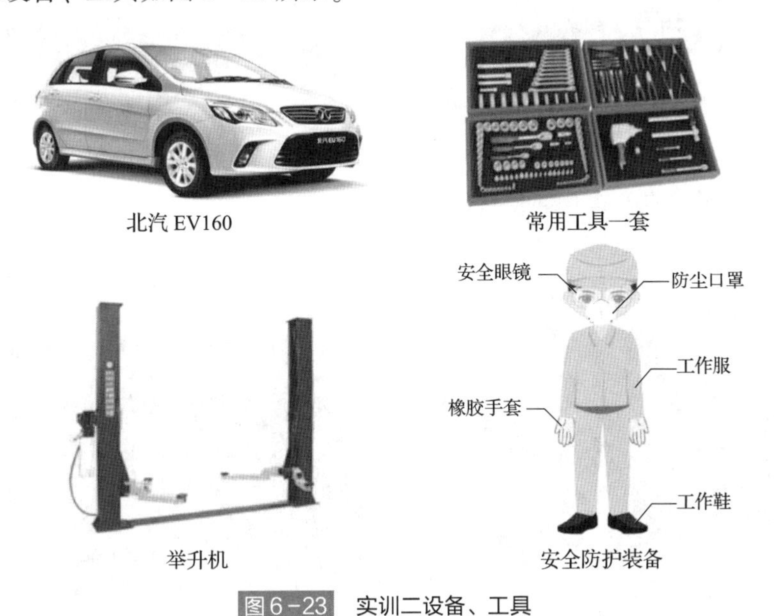

图 6－23　实训二设备、工具

操作步骤

1. 检测电池模组总电压

EV160 的动力电池模组是由 10 个电池单体模块（每个包含 10 个串联的电池单体）串联而成的，每个单体磷酸铁锂电池的电压值为 2.5～3.7 V，总电压值为 255～372 V。使用万用表测量电池模组的总电压，当检测值小于标准值时，需要拆卸电池包，检测电池模块电压。

2. 拆卸动力电池总成并打开电池上盖（参见实训一）

3. 检测动力电池模块电压

使用万用表检测电池单体模块的电压，标准值为 25.5～37.2 V。若检测值低于标准值则更换电池单体模块。

动力电池模组包含 10 个电池单体模块，要用同样的方法进行检测，若发现某一电池模块电压异常，则更换此电池模块。

4. 拆卸电池模块（以 01 的电池模块为例）

（1）取下 01 号电池模块的正负极接插件防尘罩，如图 6－24 所示。

（2）使用绝缘棘轮扳手、绝缘接杆、绝缘 HW5 套筒预松 01 号电池模块的正负极接插器的 4 颗固定螺栓，如图 6－25 所示。

图 6－24　取下 01 号电池模块的正负极接插器防尘罩

图 6－25　预松 01 号电池模块的固定螺栓

（3）使用绝缘棘轮扳手、绝缘接杆、绝缘 HW5 套筒旋出固定螺栓。

（4）断开 01 号电池模块的正负极接插器。

（5）断开 01 号电池模块的低压信号接插器，如图 6－26 所示。

（6）断开 01 号电池模块加热装置的接插器，如图 6－27 所示。

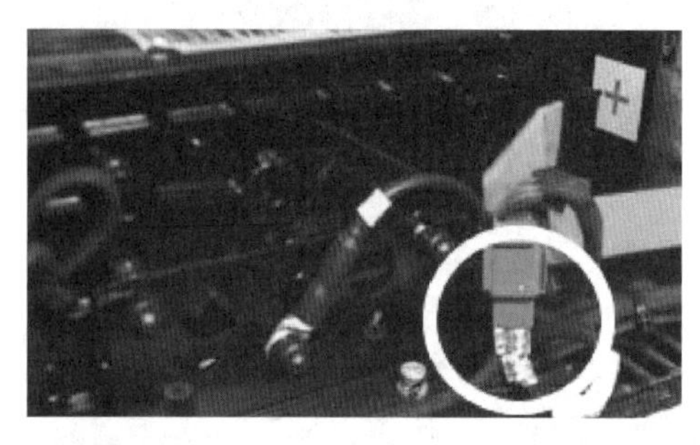

图 6－26　断开 01 号电池模块的低压信号接插器

图 6－27　断开 01 号电池模块加热装置的接插器

（7）使用绝缘棘轮扳手、绝缘接杆、绝缘 10 mm 套筒预松 01 号电池模块的接地线固定螺栓，如图 6－28 所示。

（8）使用绝缘接杆、绝缘 10 mm 套筒旋出固定螺栓。

（9）断开 01 号电池模块和接地线的连接。

（10）使用绝缘棘轮扳手、绝缘接杆、绝缘 HW5 套筒预松 01 号电池模块与下托盘的 4 颗固定螺栓，如图 6－29 所示。

图 6－28　预松 01 号电池模块的接地线固定螺栓

图 6－29　预松 01 号电池模块与下托盘的固定螺栓

（11）使用绝缘接杆、绝缘 HW5 套筒旋出固定螺栓。

（12）取下 01 号电池模块，如图 6－30 所示。

5. 检测电池模块

使用万用表检测电池模块的电量，如图 6－31 所示，标准值在 32 V 左右。若检测值低于标准值则更换电池模块。

图 6－30　取下 01 号电池模块

图 6－31　检测电池模块的电量

6. 安装电池模块

（1）将 01 号电池模块安装到下托盘上，如图 6－32 所示。

（2）使用绝缘接杆、绝缘 HW5 套筒旋入 01 号电池模块与下托盘的 4 颗固定螺栓，如图 6－33 所示。

图 6－32　将 01 号电池模块安装到下托盘上

图 6－33　旋入固定螺栓

（3）使用绝缘棘轮扳手、绝缘接杆、绝缘 HW5 套筒预紧 01 号电池模块与下托盘的 4 颗固定螺栓。

（4）使用绝缘扭力扳手、绝缘接杆、绝缘 HW5 套筒紧固 01 号电池模块与下托盘的 4 颗固定螺栓，紧固扭矩为 30 N · m。

（5）使用绝缘接杆、绝缘 10 mm 套筒旋入 01 号电池模块接地线的固定螺栓，如图 6－34 所示。

（6）使用绝缘棘轮扳手、绝缘接杆、绝缘 10 mm 套筒预紧 01 号电池模块接地线的固定螺栓。

（7）使用绝缘扭力扳手、绝缘接杆、绝缘 10 mm 套筒紧固 01 号电池模块接地线的固定螺栓，紧固扭矩为 8 N · m。

（8）连接01号电池模块加热装置的接插器，如图6－35所示。

图6－34 旋入01号电池模块接地线的固定螺栓

图6－35 连接01号电池模块加热装置的接插器

（9）连接01号电池模块的低压信号接插器，如图6－36所示。

（10）使用绝缘接杆、绝缘10 mm套筒旋入正、负极接插器的4颗固定螺栓。

（11）使用绝缘棘轮扳手、绝缘接杆、绝缘HW5套筒预紧01号电池模块的正负极接插器的4颗固定螺栓，如图6－37所示。

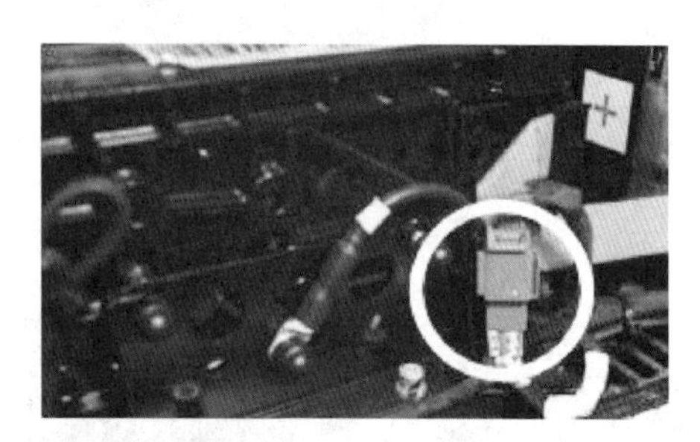
图6－36 连接01号电池模块的低压信号接插器

图6－37 预紧01号电池模块的正负极接插器的固定螺栓

（12）使用绝缘定扭扳手、绝缘接杆、绝缘HW5套筒紧固01号电池模块的正、负极接插器的4颗固定螺栓，紧固扭矩为6 N·m。

7. 安装动力电池包

（1）在动力电池包的下托盘上涂抹密封胶。

（2）安装动力电池包的上盖，如图6－38所示。

（3）使用接杆、HW4套筒，旋入动力电池包上盖的43颗固定螺栓，如图6－39所示。

图6－38 安装动力电池包上盖

图6－39 旋入动力电池包上盖的固定螺栓

（4）使用棘轮扳手、接杆、HW4 套筒预紧动力电池包上盖的 43 颗固定螺栓。

（5）使用扭力扳手、接杆、HW4 套筒预紧动力电池包上盖的 43 颗固定螺栓，紧固扭矩为 6 N·m。

思考与练习

一、判断题

1. 电池的技术参数是整车的续驶里程、加速和爬坡等主要性能的关键。　（　　）
2. 标称容量是指活性物质全部参加电化学反应时所放出的电量。　（　　）
3. 内阻主要是由电极材料、电解液、隔膜的电阻及各部分零件的接触电阻决定的。　（　　）
4. 一般在较低温度下储存电池可以延长电池的储存寿命。　（　　）
5. 锂离子电池可以随时充放电且不影响其容量和循环寿命，可反复充、放电使用。　（　　）

二、选择题

1. （　　）指电池输出电流时两个电极间的电位差。

A. 开路电压　　B. 负载电压
C. 标称电压　　D. 理论电压

2. （　　）用来鉴别电池类型的适当的电压近似值。

A. 标称电压　　B. 终止电压
C. 理论电压　　D. 开路电压

3. 纯电动汽车的动力电池具有（　　）的特点。【多选】

A. 能量高　　B. 能量密度高
C. 使用寿命长　　D. 安全可靠性高

4. 下列（　　）是锂离子电池的特点。【多选】

A. 充电效率高　　B. 工作电压高
C. 对环境污染低　　D. 自放电低

5. 北汽 EV160 选用的是（　　）材料作为正极材料的锂离子电池。

A. 钴酸锂　　B. 锰酸锂
C. 镍酸锂　　D. 磷酸铁锂

6. （　　）是近期内最有发展前途和推广应用前景的动力电池。

A. 锂离子电池　　B. 铅酸电池
C. 镍氢电池　　D. 镍镉电池

7. 按电解液的种类，镍氢电池属于（　　）。

A. 酸性电池　　B. 干性电池

C. 有机电解液电池　　D. 碱性电池

8. 电池在一定的放电条件下所能放出的电量称为电池的（　　）。

A. 电动势　　B. 能量

C. 容量　　D. 电压

9. 在纯电动汽车应用方面，动力电池的（　　）影响纯电动汽车的整车质量和续驶里程。

A. 体积能量密度　　B. 质量能量密度

C. 质量密度　　D. 能量密度

10. 放电深度（DOD）是（　　）与额定容量之比的百分数。

A. 放电电流　　B. 放电容量

C. 放电电压　　D. 放电时间

11. 镍氢电池的工作电压为（　　）。

A. 1.5 V　　B. 3 V

C. 1.2 V　　D. 2 V

12. 当按照 IEC（国际电工委员会）的标准，标准充放电时，锂离子电池的充放电循环寿命可以超过（　　）。

A. 200 次　　B. 500 次

C. 800 次　　D. 1 000 次

13. 蓄电池的（　　）影响纯电动汽车的电池布置空间。

A. 体积比能量　　B. 质量比能量

C. 体积比功率　　D. 质量比功率

学习小结

1. 动力电池用于储存电能，为汽车行驶提供能量。动力电池的技术参数是整车的续驶里程、加速和爬坡等主要性能的关键。表征动力电池性能的参数，主要包括电压、内阻、容量、比能量、比功率及循环寿命等。

2. 纯电动汽车的动力电池具有能量高、能量密度高、工作温度范围大、使用寿命长、安全可靠性高的特点。

3. 锂离子电池具有能量密度高、工作电压高、自放电低、充电效率高、储存和循环寿命长、无记忆效应、工作温度范围广、环境污染低的特点。

4. 锂离子电池同样存在着安全问题，以及低温性能差、内阻大、过放电能力差、过充电能力差、管理系统复杂的缺点。

5. 按照电池采用的正极材料，目前应用于纯电动汽车的锂离子电池主要分为三种：钴酸锂（三元锂）电池、锰酸锂电池和磷酸铁锂电池。

6. 北汽 EV160 选用磷酸铁锂作为正极材料的锂离子电池。

任务七 纯电动汽车动力电池管理系统检测

任务描述

电池管理系统是集监测、控制与管理为一体的、复杂的电气测控系统，也是纯电动汽车商品化、实用化的关键。由于电池性能复杂，不同类型的电池特性相差很大。电池管理系统的作用是提高电池的利用率，防止电池出现过充电和过放电情况，延长电池的使用寿命，监控电池的状态，它是连接车载动力电池和纯电动汽车的重要纽带。动力电池管理系统如图7－0所示。

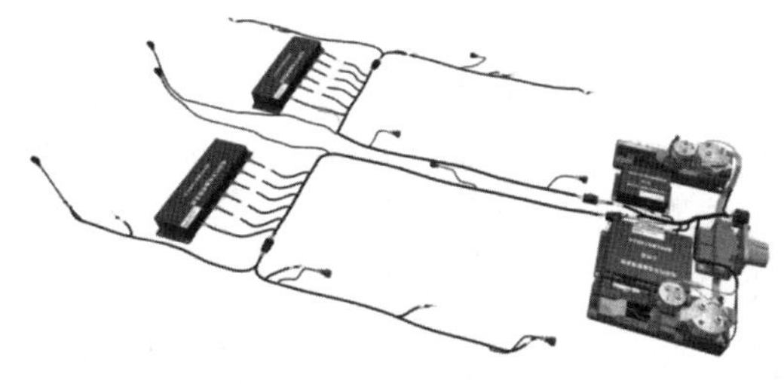

图7－0 动力电池管理系统

锂离子电池出现故障的原因可分为以下七点。

（1）短路，分为外部短路和内部短路。

①外部短路。外部短路是指电池正、负极间的短路，主要是外部结构上的故障或损坏造成的短路，一般为机械或物理原因导致的。外部短路使电池内部反应剧烈，极易造成电池芯体着火和爆炸等。

②内部短路。锂离子动力电池除电池正、负极间的物理短路外，还会因电池内部的聚合物隔膜破裂导致内部短路。尤其是过载或循环寿命接近终点的电池极易出现内部短路。锂离子动力电池内部的聚合物隔膜厚度一般在16～30 μm，如此薄的隔膜，一旦受到机械外力或热变形造成的压力等破坏，会直接导致内部短路。另外，过高的温度也会导致隔膜破损，造成内部短路。还有隔膜材料存在瑕疵或在生产过程中造成微小损伤，都会使锂离子动力电池工作时局部温度升高，进而形成内部短路。

（2）过负载，分为过电流、过电压、过充电和过放电四种情况。

①过电流。电动车辆在起步、加速或爬坡过程中动力电池的工作电流是正常行驶时工作电流的几十倍甚至上百倍。动力电池充放电的电流一般用充（放）电率C来表示，其表示电池额定容量的倍数。例如，充电电池的额定容量为100 A·h（安·时）时，即表示以100 A（1C）放电时间可持续1 h，而200 A（2C）放电时间可持续0.5 h，充电也可按此方法对照计算。

②过电压。在长时间的刹车制动能量回收充电过程中，或在充电设备不匹配的条件下充电，可能使动力电池处于过电压的工作状态。过电压极易使锂离子电池芯体温

度升高，从而引起内部短路而损坏。

③过充电。电池充电属于吸热反应，充电初期极化反应小，吸热处于主导地位，温升出现负值；充电后期，阻抗增大，释放多余热量，吸热温升增加。当长时间过充时，锂离子电池芯体内部压力升高，放出气体，直至壳体变形、爆裂。通常情况下，锂离子动力电池在恒流充电阶段末期都会发生不同程度的过充，温度升高到40～50℃，会导致电池容量损失，缩短电池使用寿命。应特别注意过充电使电池芯体温度升高和气体膨胀的惯性导致的滞后着火及爆炸等危险。

④过放电。在恒流放电时，电压会出现陡然下降的现象，这主要是由电阻造成的压降所引起的，电压继续下降并经过一段时间后达到新的电化学平衡；在进入放电平台期后继续放电，电压变化不明显，但电池温升明显；当电池放电电压曲线进入马尾放电阶段时，极化阻抗增大、输出效率降低，损耗发热增加，应在接近终止电压前停止放电。若接近终止电压后继续大电流放电，除会造成电源系统电压迅速降低外，部分动力电池芯体还会被反向充电导致内部的活性物质结构受到破坏，从而使电池芯体报废，反应严重时会发生着火、爆炸的危险情况。

（3）温升。电池温升是指电池内部温度与环境温度的差值。纯电动汽车的锂离子电池隔膜都具有自动关断保护的物理特性，以提高动力电池使用的安全性。隔膜的自动关断保护功能是锂离子电池限制温度升高，防止事故发生的第一道屏障。无论什么原因，只要电池芯体内部温度升高到一定值，隔膜的物理特性就会使微孔关闭，阻塞电流通过，该温度称为闭孔温度。热惯性还会使电池内部的温度继续上升，当达到一定温度时，就会导致隔膜熔融破裂，该温度称为融破温度。动力电池芯体温度一旦达到融破温度即意味着发生内部短路。

（4）内部故障。有明显内部故障的电池芯体在生产时会被剔除掉。但进入成品阶段的电池芯体，即使内部存在故障也是隐形的，不容易被发现，属于工艺瑕疵范畴，如隔膜不均匀、充容材料有金属残留物等。隐形的内部故障会给实车装用留下技术隐患。

（5）循环寿命的影响。电池芯体的循环寿命是影响动力电池耐久性的重要因素。早期性能下降较大的电池芯体，在后续使用中就意味着过负载，会成为故障隐患。

（6）机械损伤。正常装车使用的动力电池芯体，因安装在高强度的防撞击容器箱内，受到机械直接碰撞损坏的可能性不大。但在车辆发生严重事故时和在电池芯体运输安装的过程中，均有可能由于振动和碰撞使电池芯体内部结构受到机械损伤，严重时会缩短电池芯体的使用寿命，甚至发生着火或爆炸的危险情况。

（7）温度、湿度影响。纯电动汽车的动力电池在使用过程中，其使用性能和寿命会受到环境温度和湿度的严重影响。许多知名公司的纯电动汽车动力电池箱体内部均采用加热和制冷装置，以使动力电池芯体始终处于适宜的工作温度，提高其性能和延长其使用寿命。

本任务主要介绍纯电动汽车动力电池管理系统的组成、功能、工作模式以及常见故障。

学习目标

1. 了解北汽 EV160 动力电池管理系统的组成。
2. 正确描述动力电池管理系统功能。
3. 掌握动力电池管理系统的工作模式及工作过程。
4. 掌握动力电池管理系统的常见故障类型及排除方法。
5. 完成动力电池管理系统的检测。

知识准备

动力电池管理系统，是动力电池系统不可或缺的一部分，也是纯电动汽车中一个重要的电气子系统，对保障纯电动汽车的安全运行、提升电池系统的性能等具有非常重要的意义。

一、北汽 EV160 动力电池管理系统组成

为了能对动力电池管理系统有更加直观的了解，以北汽 EV160 为例，对动力电池管理系统的组成进行介绍。

北汽 EV160 电池管理系统共有 4 个控制盒：2 个电池管理系统控制盒、1 个高压控制盒以及 1 个主控盒，如图 7－1 所示。

电池管理系统的 2 个控制盒主要负责监测动力电池组的温度和单体电芯的电压、电流等实时信息，将监测到的实时信息通过低压控制线路上报给主控盒，以及保持与主控盒之间的往复信息传输；高压控制盒负责监测高压回路的状态信息并将信息传送给主控盒；主控盒通过 CAN 总线与整车控制器连接，并将收集的数据进行综合分析处理之后发送新的指令信息给高压控制盒和电池管理系统及其他控制子系统。

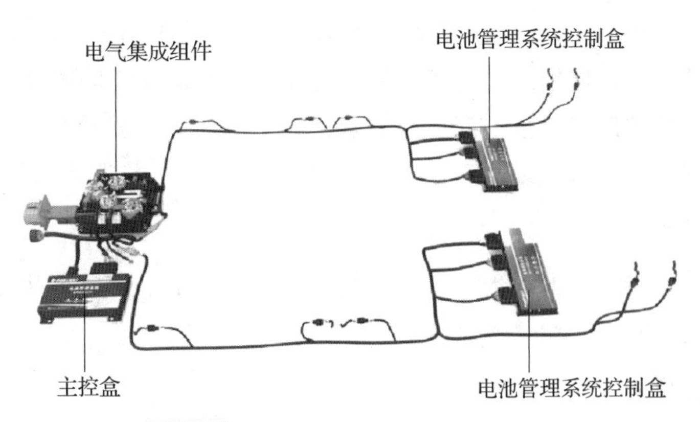

图 7－1　北汽 EV160 电池管理系统组成

二、电池管理系统功能

电池管理系统主要分为主控模块和从控模块两部分，通常采用内部 CAN 总线技术

实现各模块之间及与外部设备之间的数据信息通信。基于各个模块的功能，电池管理系统能实时检测动力电池的电压、电流和温度等参数，实现对动力电池的热管理、均衡管理、高压及绝缘检测等，并且能够计算动力电池剩余容量、充放电功率以及 SOC（State Of Charge，荷电状态）、SOH（State Of Health，健康状态）。

电池管理系统功能主要包括数据采集、数据通信、状态分析、热管理、安全保护等，如图 7－2 所示。

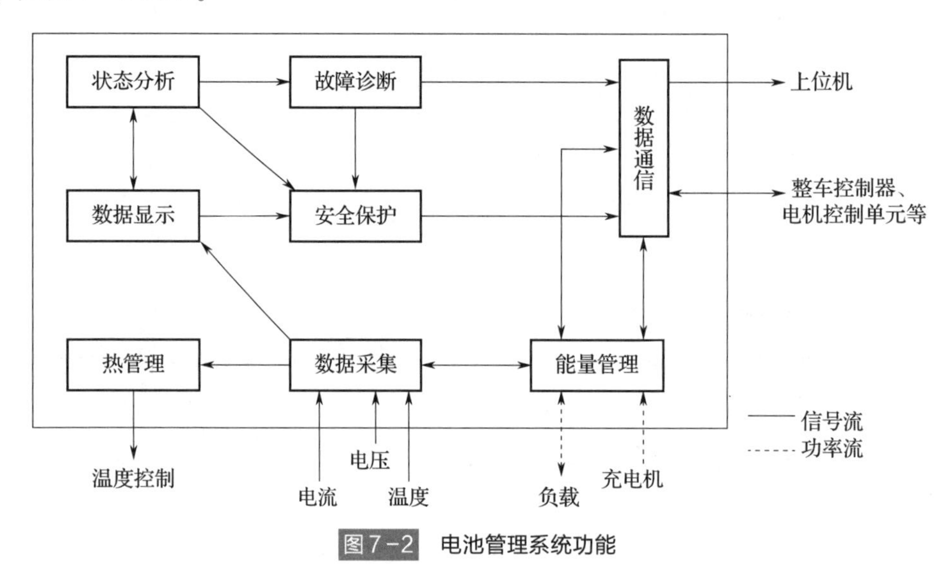

图 7－2　电池管理系统功能

（一）数据采集

作为电池管理系统中其他功能的基础和前提，数据采集的精度和速度能够反映电池管理系统的优劣。电池管理系统的其他功能比如状态分析、均衡控制、热管理等都是以采集获取的数据为基础进行分析及处理的。数据采集的对象一般为电池组总电压、电流、温度以及其他数据信息。在实际使用过程中，电池在不同温度下的电化学性能不同，导致电池所放出的能量不同。特别是锂离子电池对电压和温度比较敏感，因此在对电池进行状态分析时，必须考虑温度的影响。

（二）数据通信

数据通信是指电池管理系统与整车控制器、电机控制单元等车载设备及上位机等非车载设备通过 CAN 总线进行数据交换的功能。

（三）状态分析

对电池的状态分析主要指对电池剩余电量及电池老化程度的分析，即 SOC 分析和 SOH 分析。SOC 分析能够让驾驶人员获得直接的信息，了解剩余电量对续航里程的影响。现阶段的研究很多都集中在对 SOC 的分析上。对 SOC 的分析会受到 SOH 的影响，电池 SOH 在使用过程中会受到温度和电流等持续影响，因此需要不断对其进行分析，以确保SOC分析的准确性。

SOC分析是电池管理的核心问题，对保证电池寿命和整体的能量效率至关重要。纯电动汽车电池SOC的合理范围是30%～70%。纯电动汽车在运行时，电池的放电和充电均为脉冲工作模式，大电流脉冲可能会造成电池过充电（SOC超过80%）、深放电（SOC小于20%），甚至过放电（SOC接近0%），因此纯电动汽车的控制系统一定要对电池的SOC敏感，并能够及时做出准确的调整。这样电池管理系统才能根据电池容量决定电池的充放电电流，从而实施控制；根据各电池容量的不同识别电池组中各电池间的性能差异，并以此做出均衡充电控制和电池是否损坏的判断，确保电池组的整体性能良好，以延长电池组的使用寿命。

目前对SOC的分析，主要有电荷计量法、断路电压法、卡尔曼滤波法、人工神经网络算法和模糊逻辑法等。

（四）均衡控制

由于生产、制造和工作环境的影响，电池单体会存在不一致性，在电压、容量和内阻等性质上出现差别，这就导致每个电池单体在实际使用过程中的有效容量和充放电电量是不一样的。因此，为保证电池的整体性能、延长电池的使用寿命，减少电池单体之间的差异性，对电池进行均衡控制是十分必要的。

均衡控制有助于电池容量的保持和放电深度的控制。如果没有对电池进行均衡控制，由于电池管理系统具有保护功能，会出现某个电池单体充满电时，其他电池单体没有充满，或者某个最小电量的电池单体放电截止时，其他电池还没有达到放电截止限制的现象。一旦电池出现过充或过放现象，电池内部会发生一些不可逆的化学反应，导致电池的性能受到影响，从而影响电池的使用寿命。

均衡控制主要有以下三种方式。

1. 消耗电阻方式

消耗电阻方式是指各电池单体，借助开关功能并联电阻，使电压高的电池单体电流流过这个电阻，产生消耗，从而与电压最低的电池单体匹配。虽然消耗电阻方式能实现电路结构紧凑和控制简单，但电能消耗会使充电效率下降。消耗电阻方式电路如图7－3所示，灯泡就相当于电阻。

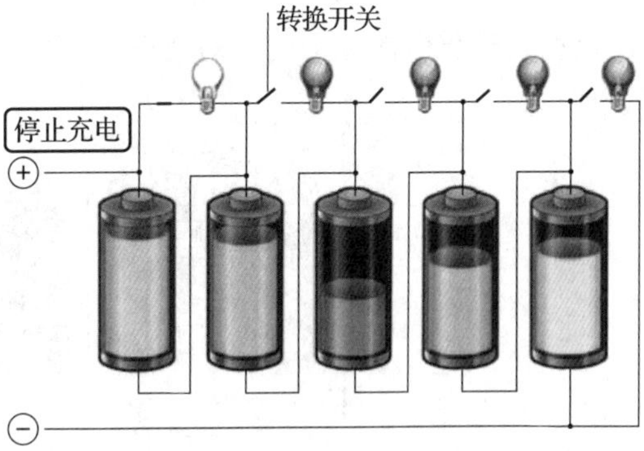

图7－3　消耗电阻方式电路

2. 转移电能型变压方式

转移电能型变压方式是指并联连接到整个电池组的线圈为1次侧送电电压，并联连接到各电池单体的线圈为2次侧送电电压的变压器电路，先把电压高的电池电能转移到1次侧送电变压器电路，再由2次侧送电变压器电路重新把电能转移到电压低的电池，使各电池单体电压均衡，如图7－4所示。转移电能型变压方式不仅释放了电压高的电池单体的电能，还将电能转移给电压低的电池单体，实现了高效率，但是也造成了电路尺寸的大型化和控制复杂等问题。

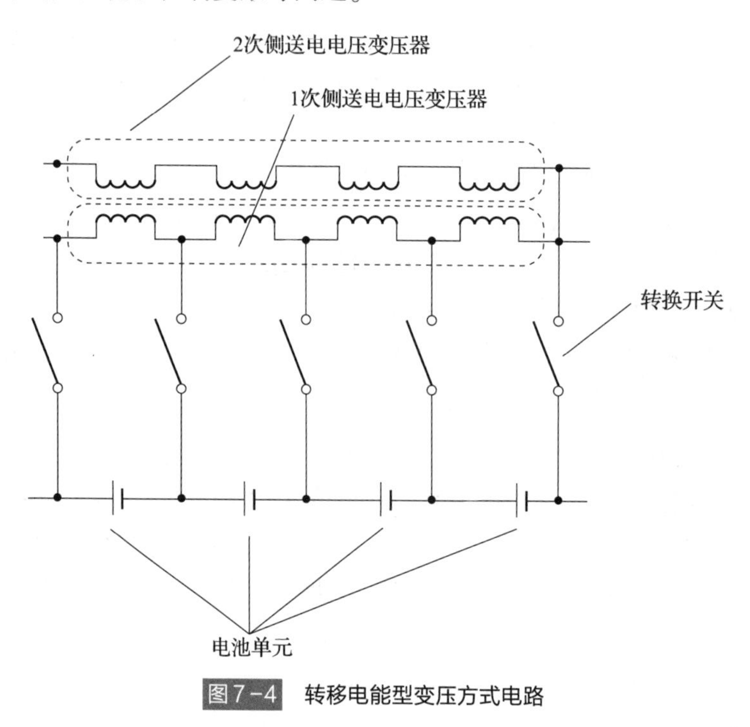

图7-4 转移电能型变压方式电路

3. 转移电能型电容方式

转移电能型电容方式是指电容器相对于各电池单体并联连接，通过切换电路可以使电容器与相邻电池连接，从而使电能从电压高的电池单体转移至电压低的电池单体，实现均衡，如图7-5所示。这种方式与转移电能型变压方式一样，可有效利用电能，但也存在转移电池范围受限的缺点。

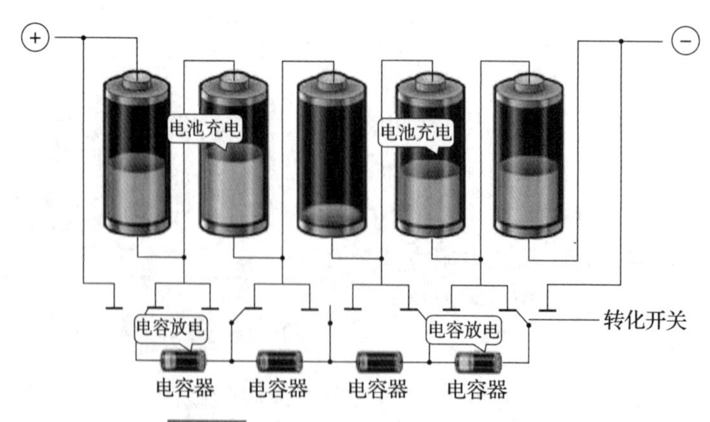

图7-5 转移电能型电容方式电路图路

(五) 热管理

在不同运行工况下，电池由于自身有一定的内阻，在输出功率、电能的同时会产生一定的热量，而产生的热量会使电池温度升高，且不同的空间布置使得各处电池温度并不一致。当电池温度超出其正常工作温度区间时，电池必须限功率工作，否则会影响其寿命。为了保证电池的性能和寿命，电池管理系统设有热管理系统。

热管理系统是用来确保电池工作在适宜温度范围内的一套管理系统，主要由电池箱、传热介质、监测设备等部件构成。

热管理系统的主要功能是对电池温度进行准确的测量和监控，当电池组温度过高时进行有效散热和通风，以保证电池组温度均匀分布。在低温的条件下，热管理系统能够对电池组快速加热使其达到正常的工作温度。

（六）安全保护

安全保护作为整个电池管理系统最重要的功能，是基于前面五个功能进行的，主要包括过流保护、过充过放保护、过温保护和绝缘监测。

1. 过流保护

由于电池都具备一定的内阻，电池工作时电流过大会造成电池内部发热。而热量积累增加会造成电池温度上升，从而导致电池的热稳定性下降。对于锂离子电池来说，正负极材料的脱嵌锂离子能力是一定的。充放电电流大于其脱嵌能力，将导致电池的极化电压增加，从而使电池的实际容量减小，影响电池的使用寿命，严重时会影响电池的安全性。电池管理系统会判断电流值是否超过安全范围，一旦超过安全范围会采取相应的安全保护措施。

2. 过充过放保护

在充电过程中，充电电压超过电池截止充电电压，将导致正极晶格结构被破坏，从而使电池容量变小，并且电压过高会造成正负极短路进而引发爆炸。过充是被严格禁止的。电池管理系统会检测系统中电池单体的电压，当电池单体的电压超过充电限制电压时，电池管理系统会断开充电回路从而保护电池。

在放电过程中，当放电电压低于电池放电截止电压时，电池负极上的金属集流体将被溶解，给电池造成不可逆的损害。给过度放电的电池充电时，会有发生内部短路或者漏液的可能。当电池单体的电压超过放电限制电压时，电池管理系统会断开放电回路从而保护电池。

3. 过温保护

过温保护，需要结合上面的热管理功能进行。电池活性在不同温度下有所不同。长时间处在高温环境下，电池材料的结构稳定性会变差，从而缩短电池的使用寿命。在低温条件下，电池活性受限，从而导致电池的可用容量减小，尤其是充电容量将变得很小，同时可能产生安全隐患。电池管理系统能够在电池温度超出温度限制范围时，禁止充放电。

4. 绝缘监测

绝缘监测功能也是保证电池安全的重要功能之一。电池电压通常有几百伏，一旦漏电会造成危险，所以绝缘监测功能就显得相当重要。电池管理系统会实时监测总正极和总负极对车身搭铁的绝缘阻值，如果绝缘阻值低于安全值，则会上报故障并断开高压电。

三、电池管理系统工作模式

电池管理系统高压接触器结构和控制原理如图 7－6 和图 7－7 所示。电池管理系统共有 5 种工作模式，分别是下电模式、准备模式、放电模式、充电模式和故障模式。

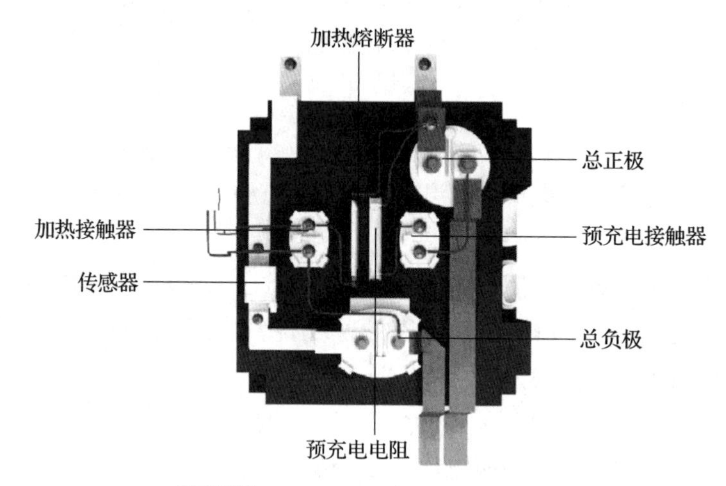

图 7－6　电池管理系统高压接触器结构

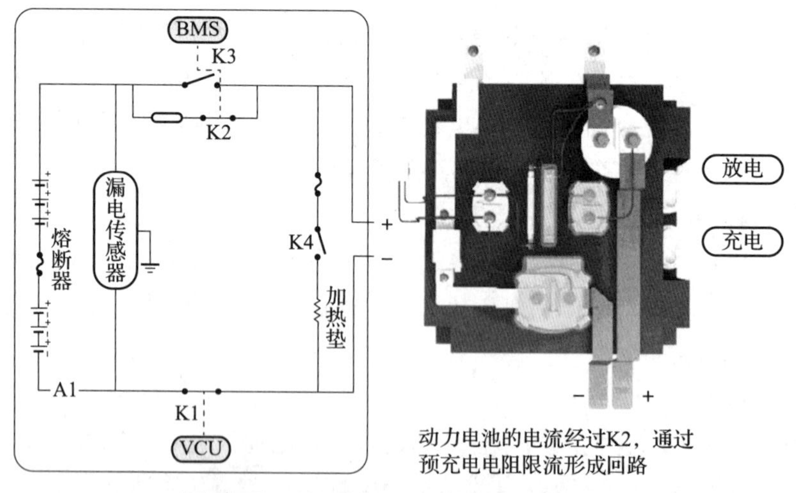

图 7－7　电池管理系统高压接触器控制原理

（一）下电模式

下电模式是整个电池管理系统的低压与高压处于不工作状态的模式。在下电模式下，电池管理系统控制的所有高压接触器均处于断开状态，如图 7－8 所示；低压控制电源处于不供电状态。下电模式属于省电模式。

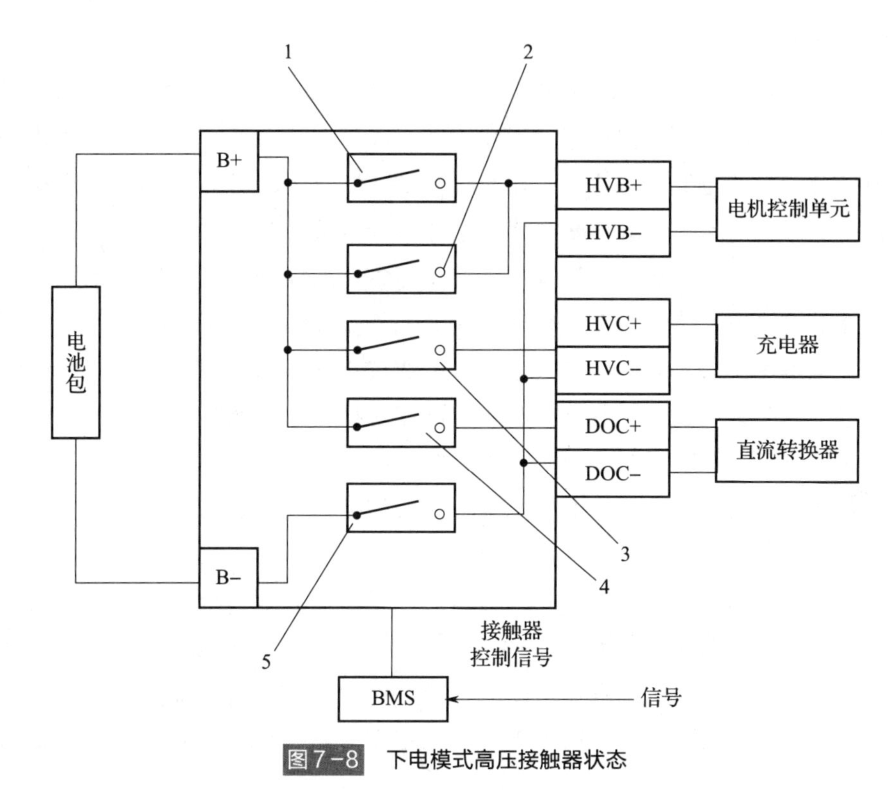

图7-8　下电模式高压接触器状态

1—B+接触器；2—预充电接触器；3—充电器接触器；4—直流转换器接触器；5—B-接触器

（二）准备模式

在准备模式下，电池管理系统所有的接触器均处于断开状态。在准备模式下，电池管理系统可接收外界的启动开关、整车控制器、电机控制单元、充电插头开关等部件发出的硬线信号或通过 CAN 总线报文控制的低压信号来驱动控制各高压接触器，从而进入所需工作模式。

（三）放电模式

电池管理系统监测到启动开关的高压电信号（Key-ST 信号）后，系统首先闭合B-接触器（图7-8），由于电动机是感性负载，为防止过大的电流冲击，B-接触器闭合后即闭合预充接触器进入预充电状态；当预充两端电压达到母线电压的90%时，立即闭合B+接触器并断开预充接触器进入放电模式。

目前，纯电动汽车常用的低压电源是由12 V的铅酸蓄电池提供的，不仅可为低压控制系统供电，还可为助力转向电动机、刮水器电动机、安全气囊及后视镜调节电动机等供电。为保证低压蓄电池持续为整车控制系统供电，低压蓄电池须有充电电源，而开启直流转换器接触器即可满足这一需求。因此，当动力电池处于放电状态时，B+接触器闭合后即闭合直流转换器接触器，以保证向低压电源持续供电。

（四）充电模式

当电池管理系统监测到充电唤醒信号（Charge Wake Up）时，其即进入充电模式。在充电模式下，B－接触器与充电器接触器闭合，同时为保证向低压电源持续供电，直流转换器接触器仍需处于工作状态。在充电模式下，电池管理系统不响应启动开关发出的任何指令，充电插头提供的充电唤醒信号可作为充电模式的判定依据。对于磷酸铁锂电池，由于其低温下不具备有很好的充电特性，甚至还伴随有一定的危险性，因此，还应在电池管理系统进入充电模式之前进行一次温度检测。当电池温度低于0 ℃时，电池管理系统进入充电预热模式，此时可通过接通直流转换器接触器对低压蓄电池进行供电，并为预热装置供电以对电池组进行预热；当电池组内的温度高于0 ℃时，电池管理系统可进入充电模式，即闭合 B－接触器。

无论是在充电状态还是在放电状态下，电池的电压不均衡与温度不均衡都极大地影响动力电池性能的发挥。在充电状态下，电池极易出现电压、温度不均衡的情况。在充电过程中，可通过电压比较及控制电路的方式使电压较低的电池单体充电电流增大，使电压较高的电池单体充电电流减小，从而达到电压均衡的目的。温度的不均衡会大大缩短动力电池组的使用寿命。因此，当电池单体温度传感器监测到各电池单体温度不均衡时，可采用强制风冷的方式，实现电池组内气流的循环流动，以达到温度均衡的目的。

（五）故障模式

故障模式是控制系统中常出现的一种状态。由于车用动力电池的使用关系到用户的人身安全，因而电池管理系统对于各种模式总是遵循“安全第一”的原则。电池管理系统对于故障的响应还需根据故障等级而定，当故障级别较低时，电池管理系统可采取报错或者发出报警信号的方式告知驾驶人；当故障级别较高，甚至伴随有危险时，电池管理系统会采取断开高压接触器的控制策略。低压蓄电池是整车控制系统的供电来源，无论是处于充电模式、放电模式还是故障模式，直流转换器接触器的闭合都可使低压蓄电池处于充电模式，从而保证低压控制系统正常工作。

四、电池管理系统常见故障

下面以北汽 EV160 为例，介绍动力电池故障等级和常见故障。

（一）动力电池故障等级

根据动力电池故障对整车的影响，将动力电池故障划分为三个等级。

1．一级故障

一级故障表明动力电池在此状态下功能已经丧失，请求其他控制器立即（1 s 内）停止充电或放电。如果其他控制器在指定时间内未做出响应，电池管理系统将在 2 s 后主动停止充电或放电（即断开高压接触器）。

2. 二级故障

二级故障表明动力电池在此状态下功能已经丧失，请求其他控制器停止充电或者放电。其他控制器应在一定的延时时间内响应动力电池的停止充电或放电请求。

3. 三级故障

三级故障表明动力电池性能下降，电池管理系统降低最大允许充/放电电流。

（二）动力电池常见故障

动力电池常见故障见表7－1。

表7－1　动力电池常见故障

序号	故障描述	常规解决办法（按照序号进行操作）
1	SOC异常，如无显示、数值明显不符合逻辑	（1）停车或者拔下车钥匙后重新启动； （2）检查其他故障报警灯有无点亮，并做好记录； （3）联系专业售后人员进行复查，维修人员确认无误后正常使用
2	续航里程低于经验值	联系维护人员，检查充放电过程是否正常，电池容量是否衰减，电池管理系统控制是否正常
3	电池过热报警/保护	（1）10 s内减速，停车观察； （2）检查报警是否消除，检查是否有其他故障，并做好记录； （3）若报警/保护消除，可以继续驾驶，否则联系售后人员； （4）行驶中若连续3次停车，则当减速故障消除时，联系售后人员
4	SOC过低报警/保护	（1）SOC低于30%且报警时减速行驶，寻找最近的充电站进行充电； （2）停车休息3～5 min后行驶，观察故障能否自动消除； （3）若故障不能自行消除，且仍未驶达充电站，则联系售后人员解决
5	电压/电流明显异常	（1）拔下车钥匙，迅速下车并与车辆保持适当距离； （2）联系专业技术人员处理
6	钥匙调至ON/START位置后不工作	（1）检查并维护低压电源； （2）若将钥匙调至ON位置后能工作，则查看仪表盘上显示的故障，并记录； （3）若将钥匙调至START位置后仍不能工作，则联系专业人员
7	不能充电	（1）检查SOC当前数值； （2）检查充电线缆是否按照正确方法连接； （3）若环境温度超出使用范围，则停止使用车辆； （4）联系维修人员
8	运行时高压短时间丢失	检查系统屏蔽层是否有效，检查接触器能否正常工作，检查主回路是否接触良好
9	电池外箱磨损破坏	联系专业人员维护

实训技能

实训一　电池管理系统检测

实训目的

(1) 掌握电池管理系统检测内容。

(2) 掌握电池管理系统检测方法。

实训要求

(1) 拆装动力电池前，须佩戴防护装备。

(2) 拆装动力电池前，须断开高压电池维修塞。

(3) 拆卸动力电池前，须检查动力电池的电压值是否为 0 V。

实训器材

(1) 设备准备：北汽 EV160、举升机。

(2) 工具准备：万用表。

(3) 安全防护用品：安全防护装备。

实训一设备、工具如图 7-9 所示。

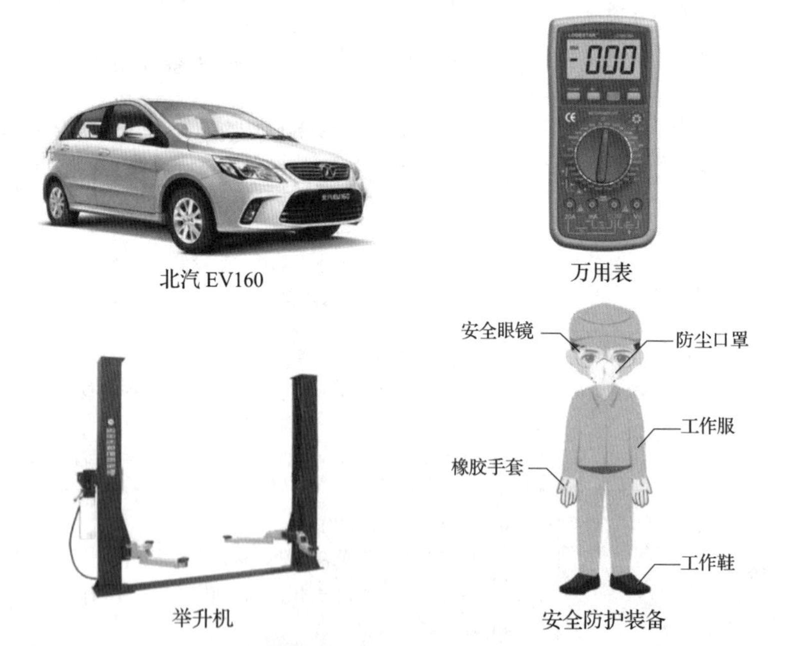

图7-9　实训一设备、工具

操作步骤

1. 前期准备

(1) 断开低压蓄电池负极，如图 7-10 所示。

图 7－10　断开低压蓄电池负极

（2）佩戴高压防护装备，如图 7－11 所示。

图 7－11　佩戴高压防护装备

（3）放置垫块，并举升车辆至合适高度，如图 7－12 所示。

图 7－12　举升车辆至合适高度

（4）电池管理系统电路，如图 7－13 所示。

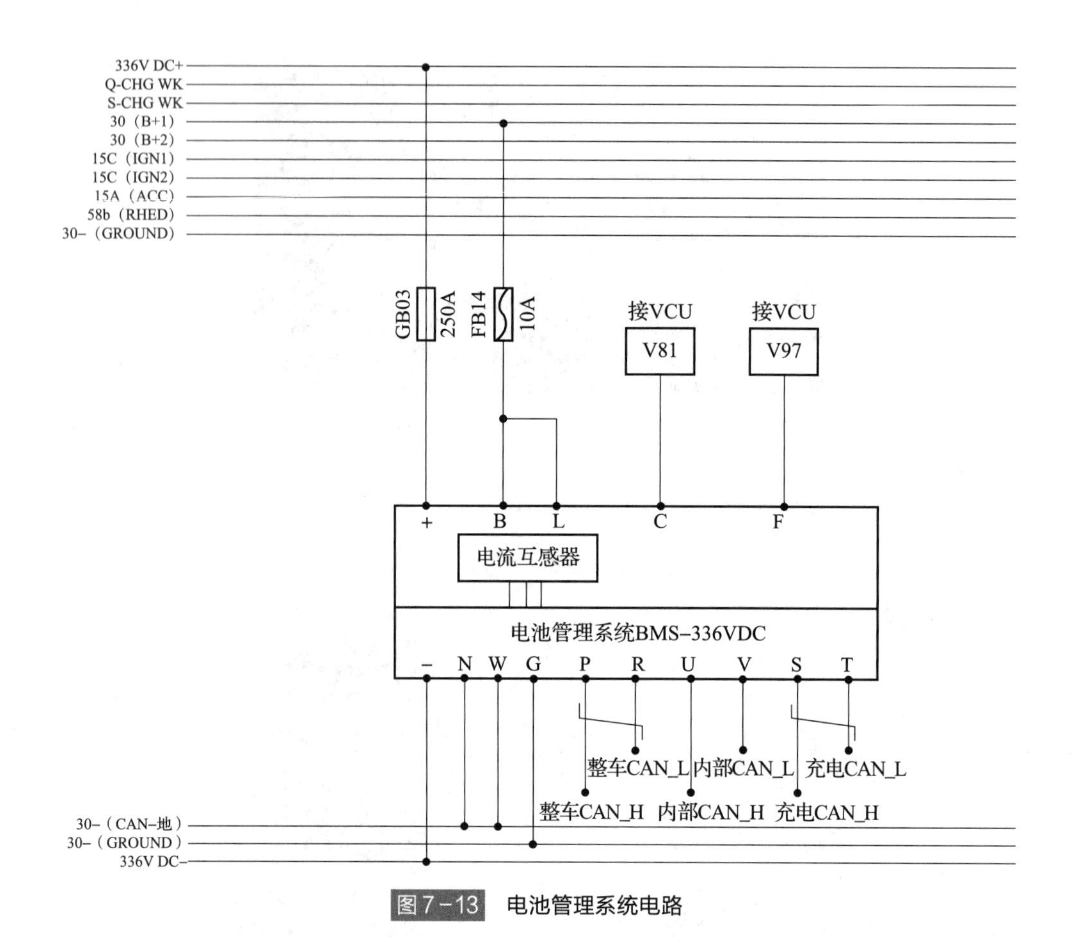

图 7-13　电池管理系统电路

2. 检查电池管理系统的供电情况

1）检测 FB14 保险丝

取下 FB14 保险丝，使用万用表电阻挡 20 Ω，检测 FB14 保险丝是否断路，见表 7-2。

表 7-2　检测 FB14 保险丝

检测连接	条件	规定范围
FB14 保险丝	始终	小于 1 Ω

若检测值不在规定范围内，则更换 FB14 保险丝；若检测值正常，则进行下一步检测。

2）检测电池管理系统供电正极线束

取下 FB14 保险丝，使用万用表电阻挡 20 Ω，检测 FB14 保险丝至电池管理系统供电正极之间的线束是否断路，见表 7-3。

表 7-3　检测电池管理系统供电正极线束

检测连接	条件	规定范围
FB14 保险丝至 T 21 插接器 B 端子	始终	小于 1 Ω

若检测值不在规定范围内，则更换 FB14 保险丝至电池管理系统供电正极之间的线束；若检测值正常，则进行下一步检测。

3. 检测电池管理系统供电负极线束（搭铁）

使用万用表电阻挡 20 Ω，检测电池管理系统供电负极至车身搭铁之间的线束是否短路，见表 7－4。

表 7－4　检测电池管理系统供电负极线束（搭铁）

检测连接	条件	规定范围
T 21 插接器 G 端子至车身搭铁	始终	10 MΩ 或更大

若检测值不在范围规定内，则更换电池管理系统供电负极至车身搭铁的线束；若检测值正常，则进行下一步检测。

4. 检测高压互锁信号线束

取下 FB14 保险丝，使用万用表电阻挡 20 Ω，检测 FB14 保险丝至高压互锁信号线之间的线束是否断路，见表 7－5。

表 7－5　检测高压互锁信号线束

检测连接	条件	规定范围
FB14 保险丝至 T 21 插接器 L 端子	始终	小于 1 Ω

右检测值不在规定范围内，则更换 FB14 保险丝至高压互锁信号线之间的线束；若检测值正常，则进行下一步检测。

5. 检测 CAN 线束

（1）使用万用表电阻挡 20 Ω，检测整车 CAN_H 数据线至诊断接口之间的线束是否短路，见表 7－6。

表 7－6　检测 CAN_H 数据线至诊断接口之间的线束

检测连接	条件	规定范围
T 21 插接器 P 端子至诊断接口	始终	小于 1 Ω

若检测值不在规定范围内，则更换整车 CAN_H 数据线至诊断接口的线束；若检测值正常，则进行下一步检测。

（2）使用万用表电阻挡 20 Ω，检测整车CAN_L数据线至诊断接口之间的线束是否短路，见表 7－7。

表 7－7　检测整车 CAN_L 数据线至诊断接口之间的线束

检测连接	条件	规定范围
T 21 插接器 R 端子至诊断接口	始终	小于 1 Ω

若检测值不在规定范围内，则更换整车 CAN_L 数据线至诊断接口的线束；若检测值正常，则进行下一步检测。

（3）使用万用表电阻挡 20 Ω，检测内部 CAN_H 数据线至诊断接口之间的线束是否短路，见表 7－8。

表 7－8　检测内部 CAN_H 数据线至诊断接口之间的线束

检测连接	条件	规定范围
T 21 插接器 U 端子至诊断接口	始终	小于 1 Ω

若检测值不在规定范围内，则更换 CAN_H 数据线至诊断接口的线束；若检测值正常，则进行下一步检测。

（4）使用万用表电阻挡 20 Ω，检测内部 CAN_L 数据线至诊断接口之间的线束是否短路，见表 7－9。

表 7－9　检测内部 CAN_L 数据线至诊断接口之间的线束

检测连接	条件	规定范围
T 21 插接器 V 端子至诊断接口	始终	小于 1 Ω

若检测值不在规定范围内，则更换 CAN_L 数据线至诊断接口的线束；若检测值正常，则更换电池管理系统。

（5）使用万用表电阻挡 20 Ω，检测充电 CAN_H 数据线至诊断接口之间的线束是否短路，见表 7－10。

表 7－10　检测充电 CAN_H 数据线至诊断接口之间的线束

检测连接	条件	规定范围
T 21 插接器 S 端子至诊断接口	始终	小于 1 Ω

若检测值不在规定范围内，则更换 CAN_H 数据线至诊断接口的线束；若检测值正常，则进行下一步检测。

（6）使用万用表电阻挡 20 Ω，检测充电 CAN_L 数据线至诊断接口之间的线束是否短路，见表 7－11。

表 7－11　检测充电 CAN_L 数据线至诊断接口之间的线束

检测连接	条件	规定范围
T 21 插接器 T 端子至诊断接口	始终	小于 1 Ω

若检测值不在规定范围内，则更换 CAN_L 数据线至诊断接口的线束；若检测值正常，则更换电池管理系统。

思考与练习

一、判断题

1. 北汽 EV160 电池管理系统共有 4 个控制盒：2 个电池管理系统控制盒、1 个高压控制盒以及 1 个主控盒。（　　）

2. 电池管理系统的基本组成主要分为主控模块和从控模块两部分，通常采用内部 CAN 总线技术实现各模块之间及与外部设备之间的数据信息通信。（　　）

3. 作为电池管理系统中其他功能的基础和前提，数据采集的精度和速度能够反映电池管理系统的优劣。（　　）

4. 目前对 SOC 的分析，主要有电荷计量法、断路电压法、卡尔曼滤波法、人工神经网络算法和模糊逻辑法等。（　　）

5. 为保证电池的整体性能和延长电池的使用寿命，减少电池单体之间的差异性，对电池进行均衡控制是十分必要的。（　　）

6. 电池管理系统在热管理上的主要功能是对电池温度进行准确的测量和监控，在电池组温度过高时进行有效散热和通风，以保证电池组温度均匀分布。（　　）

二、选择题

1. 下列属于均衡控制的主要方式的是（　　）。【多选】

A. 消耗电阻方式　　B. 转移电能型变压方式
C. 转移电能型电容方式　　D. 转移电能型电感方式

2. 下列属于电池管理系统工作模式的是（　　）。【多选】

A. 下电模式　　B. 准备模式
C. 放电模式　　D. 故障模式

3. 下列属于电池管理系统主要功能的是（　　）。【多选】

A. 数据采集　　B. 状态分析
C. 均衡控制　　D. 热管理

4. 下列属于电池管理系统安全保护的是（　　）。【多选】

A. 过流保护　　B. 过压保护
C. 过充保护　　D. 过放保护

学习小结

1. 北汽 EV160 电池管理系统由 2 个电池管理系统控制盒、1 个高压控制盒以及 1 个主控盒组成。

2. 电池管理系统，主要分为主控模块和从控模块两部分，具有数据采集、数据通信、状态分析、均衡控制、热管理、安全保护等功能。

3. 数据采集的对象一般为电池组总电压、电流、温度以及其他数据信息，是其他功能的基础和前提。

4. 数据通信是指电池管理系统与整车控制器、电机控制单元等车载设备及上位机等非车载设备通过 CAN 总线进行数据交换的功能。

5. 对电池的状态分析主要指对电池剩余电量及电池老化程度的分析，即 SOC 分析和 SOH 分析。

6. 均衡控制能够保证电池的整体性能和延长电池的使用寿命，减少电池单体之间的差异性。均衡控制主要有消耗电阻、转移电能型变压以及转移电能型电容三种方式。

7. 电池管理系统在热管理上的主要功能是对电池温度进行准确的测量和监控。

8. 安全保护作为整个电池管理系统重要的功能，是基于前面 5 个功能进行的，主要包括过流保护、过充过放保护、过温保护和绝缘监测。

9. 电池管理系统共有 5 种工作模式，分别是下电模式、准备模式、放电模式、充电模式和故障模式。

10. 动力电池故障包括 SOC 异常、续航里程低于经验值、电池过热报警/保护、不能充电等故障，对整车的影响可以划分为 3 个等级。

任务八 纯电动汽车充电系统

任务描述

充电系统是纯电动汽车主要的能源补给系统，为车辆持续行驶提供动力能源。充电系统根据动力电池的实时状态控制启动充电和停止充电，并根据动力电池的电量、温度调节充电电流。因此，对纯电动汽车充电系统进行维护是非常必要的。充电系统如图 8－0 所示。

本任务主要介绍纯电动汽车充电系统的维护。

学习目标

1. 掌握纯电动汽车充电系统的组成。
2. 掌握纯电动汽车充电系统的维护内容。
3. 掌握北汽 EV160 充电系统的维护操作。

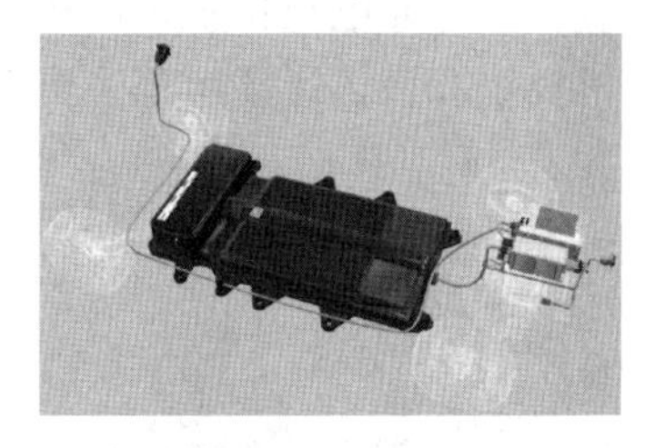

图 8－0 充电系统

知识准备

一、纯电动汽车充电系统

纯电动汽车充电系统包括慢充（交流）充电系统和快充（直流）充电系统。慢充充电系统通过慢充充电枪（家用交流慢速充电线、交流充电桩用慢速充电线）与家用排插或慢充充电桩相连，为动力电池进行 220 V 慢速充电；快充充电系统通过直流充电桩为动力电池进行快速充电。纯电动汽车充电系统组成如图 8－1 所示。

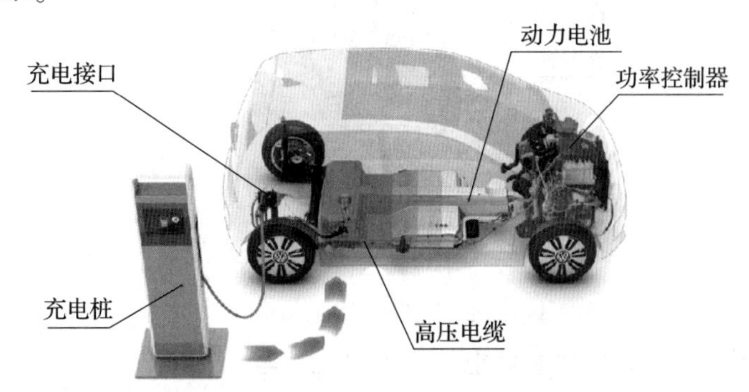

图 8－1 纯电动汽车充电系统组成

(一) 慢充 (交流) 作用是充电系统

慢充充电系统的主要作用是将 220 V 交流电转化为直流电，以实现对动力电池的电能补给。

慢充充电系统主要由车载充电机、高压控制盒、慢充充电口、慢充充电桩等部件组成，如图 8－2 所示。

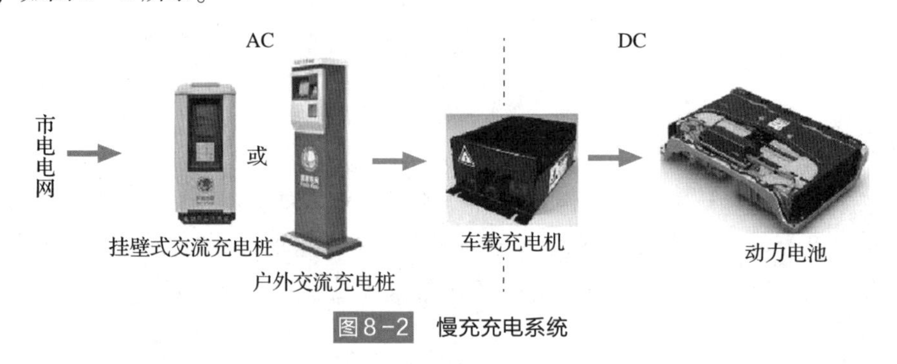

图 8－2 慢充充电系统

1. 车载充电机

车载充电机位于机舱内，主要由车载充电机箱体、车载充电机电路板、车载充电机棉垫和散热风扇组等主要部件组成，如图 8－3 所示。

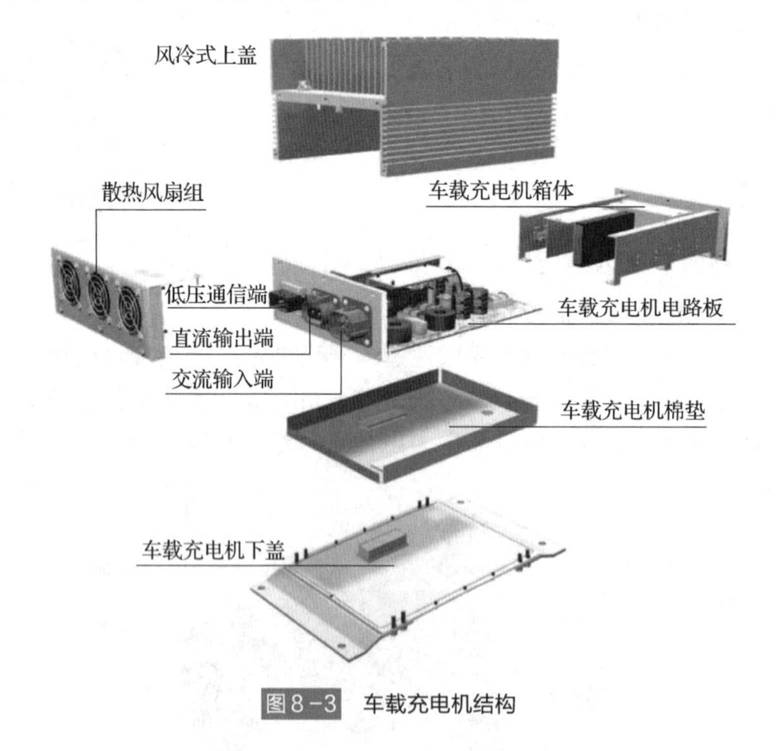

图 8－3 车载充电机结构

车载充电机的主要功能如下。

(1) 将外部交流电转换成直流电给动力电池充电。

(2) 充电时，车载充电机根据整车控制器的指令确定充电模式。

(3) 车载充电器内部有滤波装置，可以抑制交流电网波动对车载充电机的干扰。

车载充电机相关高压线来连接如图 8－4 所示。

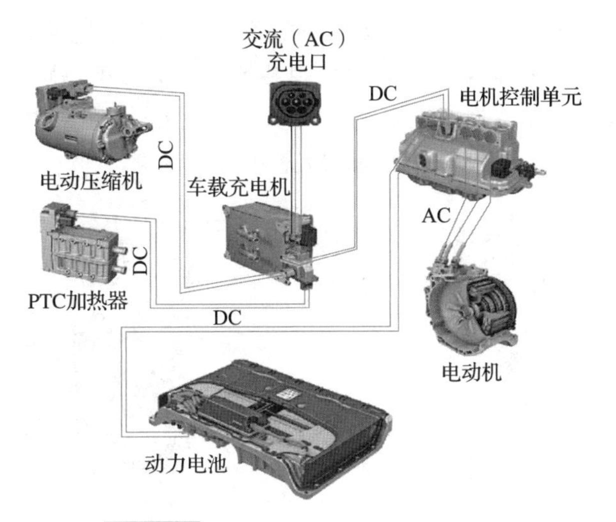

图8－4　车载充电机相关高压线束连接

2. 慢充充电口

慢充充电口适用于纯电动汽车传导充电，其接口额定值定义执行国家标准《纯电动汽车传导充电用连接装置》(GB/T 20234—2011)，见表 8－1。

表8－1　慢充充电口的额定值

额定电压/V	额定电流/A
250	16
	32

纯电动汽车慢充充电口一般位于传统汽车的油箱口部位或机舱前端，打开充电口盖后可以看到充电插头为 7 孔式。慢充充电口针脚布置方式如图 8－5 所示。另外需要注意，不充电时禁止打开充电口盖。

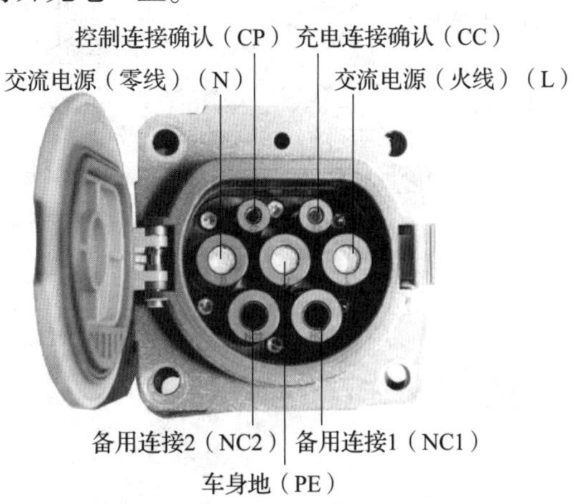

图8－5　慢充充电口针脚布置方式

3. 交流充电桩

交流充电桩有落地式和壁挂式两种，如图8－6和图8－7所示。交流充电桩是采用传导的方式为具有车载充电机的纯电动汽车提供交流电能，提供人机操作界面和交流充电接口，并具备相应测量保护功能的专用装置。交流充电桩可应用在各种大、中、小型纯电动汽车充电站中，其特点是充电功率较小。由于输出充电电流小，电池充电时间较长，交流充电桩可充分利用低谷时段充电。

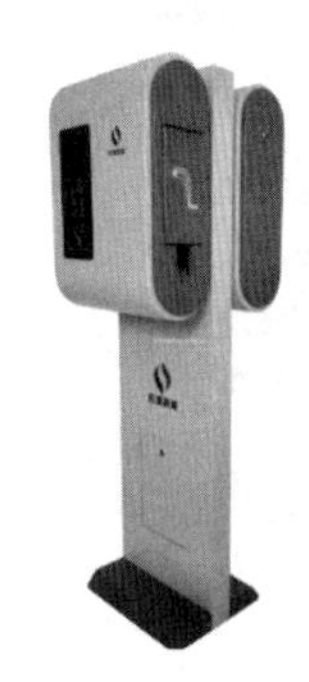
图8－6 落地式交流充电桩

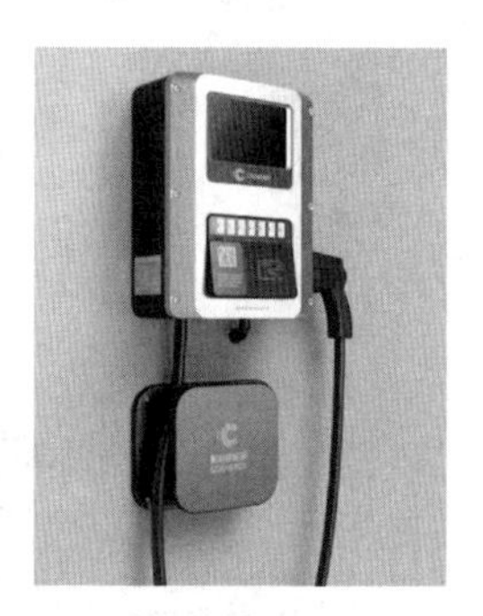
图8－7 壁挂式交流充电桩

4. 高压控制盒

高压控制盒位于机舱内。它的主要作用是对动力电池中储存的电能进行分配，实现对支路用电器件的保护。

高压控制盒一般由箱体、PTC控制面板、高压配电面板、熔断丝和快充继电器等部件组成。高压控制盒外部共有5个接线口，分别连接快充、动力电池组件、电机控制单元、整车控制器和高压辅助插件，如图8－8所示。

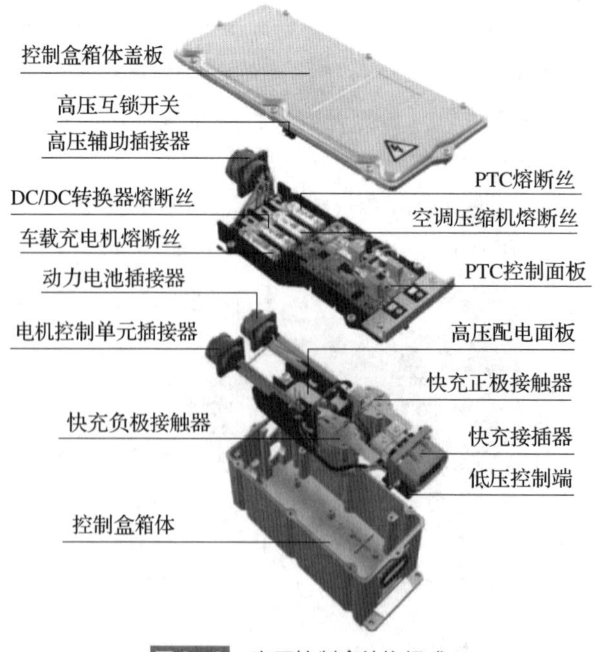

图8－8 高压控制盒结构组成

（二）快充（直流）充电系统

快充（直流）充电系统直接将充电桩输出的直流电传输到车载电池，实现车载电池电能的补给。

快充（直流）充电系统关系到电池组的使用寿命和充电时间。纯电动汽车快速充电系统的主要作用是实现对动力电池快速、高效、安全、合理的电能补给，同时还要考虑充电桩对各种动力电池的适用性。

快充充电系统主要由快充充电口、快充充电桩、快充充电枪、高压控制盒等部件组成，如图 8－9 所示。

1. 快充充电口

快充充电采用的是直流充电方式。北汽 EV160 的快充充电口位于车头前部正中间位置，如图 8－10 所示。

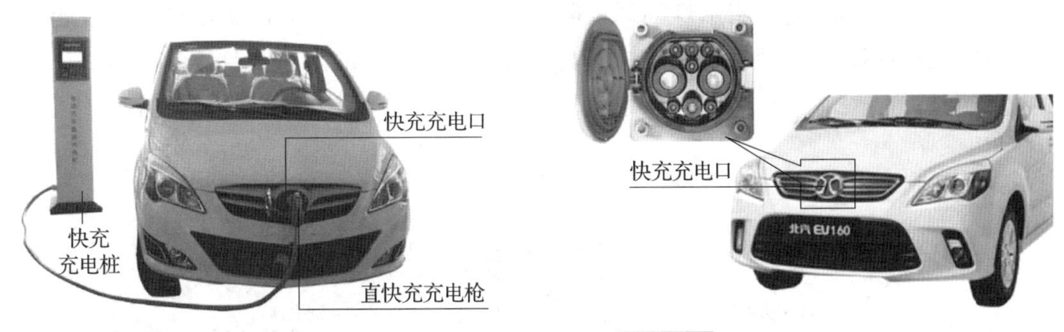

图 8－9　快充充电系统结构组成　　图 8－10　北汽 EV160 快充充电口位置

打开充电口盖后可以看到 9 孔式接口，其针脚布置形式如图 8－11 所示。

快充充电桩上的快充充电枪是快充充电桩与纯电动汽车快充充电口进行物理连接的部件，负责完成充电和控制引导。快充充电桩与纯电动汽车的快充充电口功能定义执行国家标准《纯电动汽车传导充电用连接装置》（GB/T 20234—2011），见表 8－2。

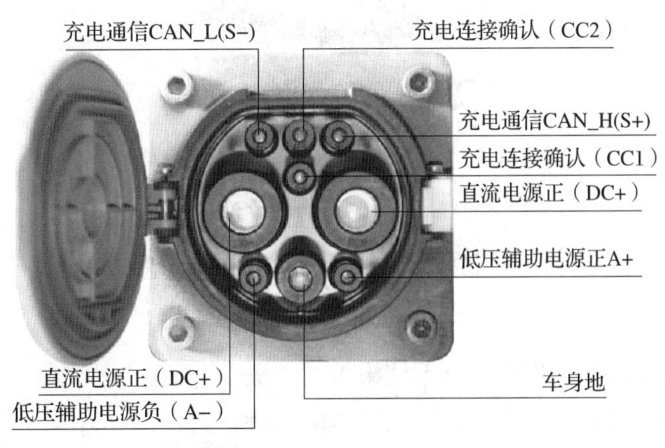

图 8－11　快充充电口针脚布置形式

表8-2 快充充电口额定值

额定电压/V	额定电流/A
750	125
	250

2. 快充充电桩

快充充电桩内置功率转换模块，能将电网的交流电转换为直流电，无须经过车载充电机转换，直接接入车内电池。它的特点是功率较大、充电速度较快。快充充电桩由充电指示灯、显示屏、刷卡区、紧急启停按钮、充电枪、散热通风口及充电桩体组成，如图8-12所示。紧急启停按钮的作用是在出现紧急情况时，按下该按钮后可强行终止充电。充电指示灯中红色电源指示灯亮起说明设备上级电源已正常供电，设备进入带电状态；绿色充电指示灯闪烁说明车辆正在充电；绿色充电指示灯常亮说明充电完成；黄色指示灯为故障指示灯，当其闪烁时说明设备故障；黄色故障指示灯熄灭说明设备运行正常。

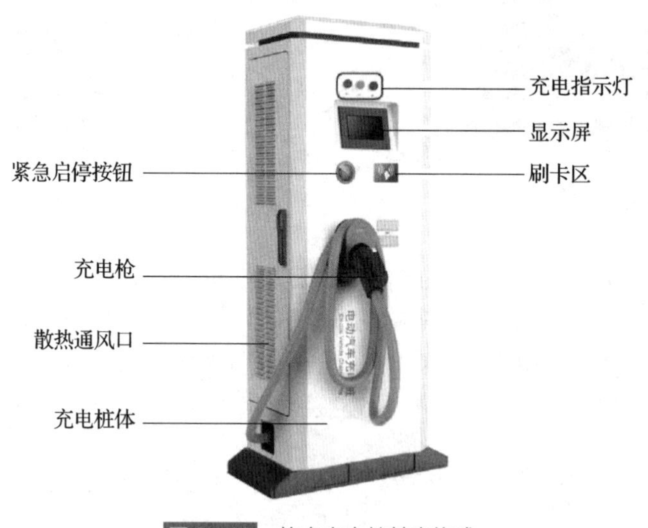

图8-12 快充充电桩基本构成

实训技能

实训一 北汽 EV160 纯电动汽车充电系统

实训目的

(1) 能够掌握纯电动汽车充电系统维护的方法。
(2) 能够正确完成对纯电动汽车充电系统的维护。

实训要求

(1) 车辆处于空挡，并拉起手刹。

（2）检查前，先断开高压电。

实训器材

（1）工具准备：数字兆欧表。

（2）材料准备：绝缘手套。

（3）设备准备：举升机、北汽 EV160 轿车。

各种实训器材如图 8－13 所示。

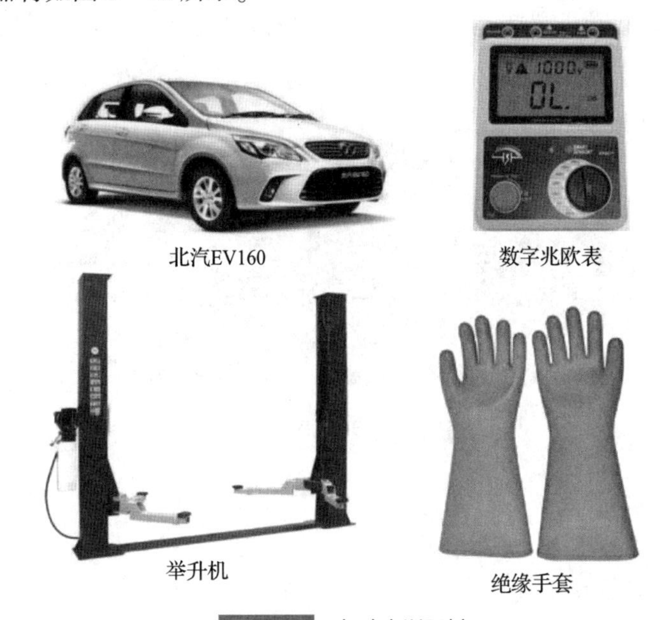

图 8－13　各种实训器材

操作步骤

1. 车载充电机

1）检查与维护车载充电机外观

检查车载充电机外壳是否有明显的碰撞痕迹，外壳有无变形及破损，必要时更换。

2）检查与维护车载充电机连接线束

检查车载充电机各连接线束有无破损、裂纹，高低压接线端子连接是否牢靠，有无松动。

3）检查与维护车载充电机紧固螺栓

检查车载充电机紧固螺栓有无锈蚀，紧固力矩是否足够。

4）检查车载充电机风扇

检查车载充电机风扇转动是否灵活，挡风圈上有无异物，必要时清洁风扇外表面。

5）检查车载充电机的绝缘性能

车载充电机正负极输出与车身（外壳）之间的绝缘电阻正常情况下不小于 20 MΩ。

6）检查车载充电机工作状态

对车辆进行充电，查看指示灯是否正常。

充电正常时，交流和工作指示灯点亮；当启动半分钟仍只有交流指示灯亮时，有可能为电池无充电请求或已充满；当警告灯亮时，说明充电系统出现异常；当工作和交流指示灯都不亮时，检查充电桩及充电线束及接插器。

2. 充电口盖开关状态

如果充电口盖出现问题，车辆无法正常启动。因此，要检查其开关状态。检查方法如下。

（1）打开充电口盖，仪表充电指示灯应常亮；关闭充电口盖，仪表充电指示灯应熄灭，如图 8－14 所示。

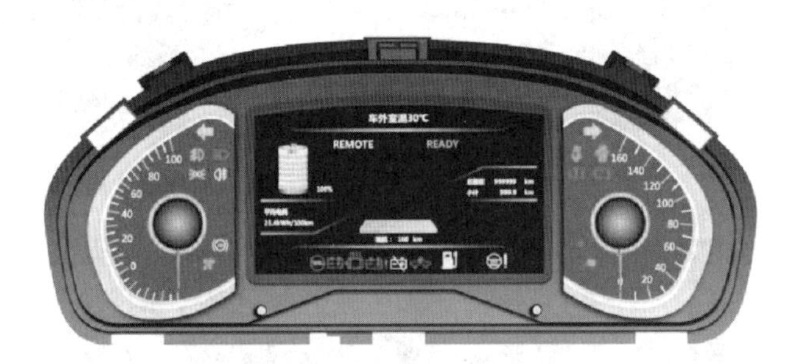

图 8－14 充电指示灯状态

（2）检查充电口盖能否正常开启或关闭。

3. 高压控制盒

1）检查高压控制盒外观

检查高压控制盒外壳是否有明显的碰撞痕迹，外壳有无变形及破损，必要时更换。

2）检查高压控制盒连接线束

检查车载充电机各连接线束有无破损、裂纹，高低压接线端子连接是否牢靠，有无松动。

3）检查与维护高压控制盒紧固螺栓

检查车载充电机紧固螺栓有无锈蚀，紧固力矩是否足够。

4）检查高压控制盒绝缘性能

高压控制盒高压线束与壳体或车身搭铁之间的绝缘电阻值应大于 500 Ω/V。

思考与练习

一、判断题

1. 车载充电机位于机舱内，主要由车载充电机箱体、车载充电机电路板、车载充电机棉垫和散热风扇组等主要部件组成。（ ）

2. 纯电动汽车充电系统高压绝缘检测每 1 万千米进行 1 次。（ ）

3. 如果充电口盖出现问题，车辆无法正常启动。（ ）

4. 检查车载充电机的绝缘性能，车载充电机正负极输出与车身（外壳）之间的绝缘电阻不小于1 000 MΩ。（　　）

二、单选题

1. 纯电动汽车充电系统的充电方式有几种？（　　）。

A. 1　　B. 2　　C. 3　　D. 4

2. 纯电动汽车直流充电口是几针脚的？（　　）。

A. 6　　B. 7　　C. 8　　D. 9

3. 纯电动汽车交流充电口是几针脚的？（　　）。

A. 6　　B. 7　　C. 8　　D. 9

4. 快充充电口的额定电压值为（　　）。

A. 600 V　　B. 650 V　　C. 700 V　　D. 750 V

学习小结

1. 动力电池充电系统包括慢充（交流）充电系统和快充（直流）充电系统。

2. 慢充充电系统主要用于将220 V交流电转化为直流电，以实现对动力电池的电能补给。

3. 慢充充电系统主要是由车载充电机、慢充充电口、慢充充电桩等部件组成。

4. 快充（直流）充电系统关系到电池组的使用寿命和充电时间。纯电动汽车快速充电系统的主要作用是实现对动力电池快速、高效、安全、合理的电能补给，同时还要考虑充电桩对各种动力电池的适用性。

5. 快充充电系统主要由快充充电口、快充充电桩、快充充电枪、高压控制盒等部件组成。

6. 车载充电机的维护主要对其外观是否有破损、插接器以及充电状态是否正常、连接是否可靠进行检查。

7. 高压控制盒的维护内容主要包括高压控制盒外观、高压控制盒连接线束、高压控制盒紧固螺栓和高压控制盒高压绝缘性能。

任务九
纯电动汽车总线控制系统结构与检修

任务描述

CAN 是控制器局域网络（Controller Area Network）的简称，是德国博世（Bosch）公司为解决现代汽车各控制系统之间的数据交换问题而开发的一种串行数据通信协议，并最终成为国际标准 ISO 11898（高速应用）和 ISO 11519（低速应用），是国际上应用最广泛的现场总线之一。纯电动汽车上的总线控制系统如图 9－0 所示。

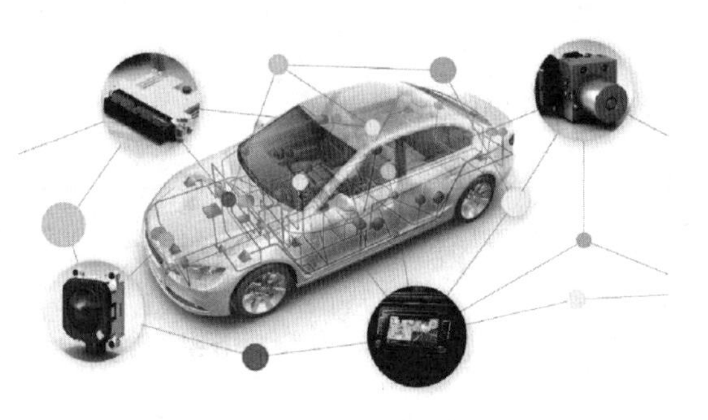
图 9－0 纯电动汽车上的总线控制系统

本任务主要介绍纯电动汽车总线控制系统的组成、通信介质、数据构成、数据传递过程以及先进的位仲裁。

学习目标

1. 正确描述 CAN 数据传输系统构成。
2. 了解 CAN 通信介质。
3. 掌握 CAN 数据构成和传递过程。
4. 掌握数据冲突处理方式——位仲裁的工作原理。
5. 完成纯电动汽车 CAN 总线检测。

知识准备

纯电动汽车上 CAN 总线主要用于实现车载各电控单元之间的信息交换，形成车载网络系统。CAN 数据总线又称为 CAN-BUS 总线。它具有信息共享、导线数量少、配线束质量轻、控制单元和控制单元插脚最小化、可靠性和可维修性高等优点。

一、CAN 数据传输系统组成

CAN 数据传输系统中每个控制单元的内部都有 1 个 CAN 控制器和 1 个 CAN 收发器。每个控制单元外部连接了 2 条 CAN 数据总线，如图 9－1 所示。

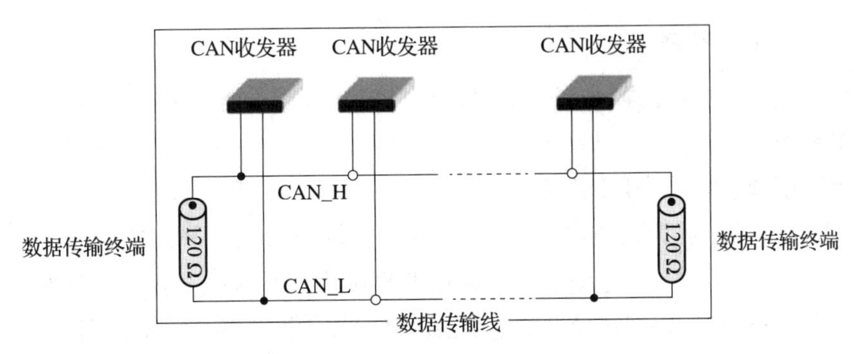

图9-1　CAN数据传输系统的组成

在CAN数据传输系统中作为终端的两个控制单元，其内部还装有一个数据传递终端（有时数据传递终端安装在控制单元外部）。

1. CAN控制单元

CAN控制单元的作用是接收控制单元中微处理器发出的数据，处理数据并传给CAN收发器。同时，CAN控制器也接收收发器收到的数据，处理数据并传给微处理器。

2. CAN收发器

CAN收发器是发送器和接收器的组合，它将CAN控制器提供的数据转化成电信号并通过数据总线发送出去，同时它也接收数据总线发出的数据，并将数据传到CAN控制器。

3. 数据传输终端

数据传输终端实际是一个电阻，其作用是防止数据在到达线路终端后像回声一样返回干扰原始数据，从而保证了数据的正确传送。终端电阻装在控制单元内。

4. CAN数据总线

CAN数据总线是用于传输数据的双向数据线，分为CAN_H高位和CAN_L低位数据线。数据没有指定接收器，通过CAN数据总线发送给各控制单元，各控制单元接收数据后进行计算。为了防止外界电磁波干扰和向外辐射，CAN_H和CAN_L两条数据线需缠绕在一起，要求至少每2.5 cm就要扭绞一次，两条线上的电位是相反的，电压之和恒等于常值，如图9-2所示。

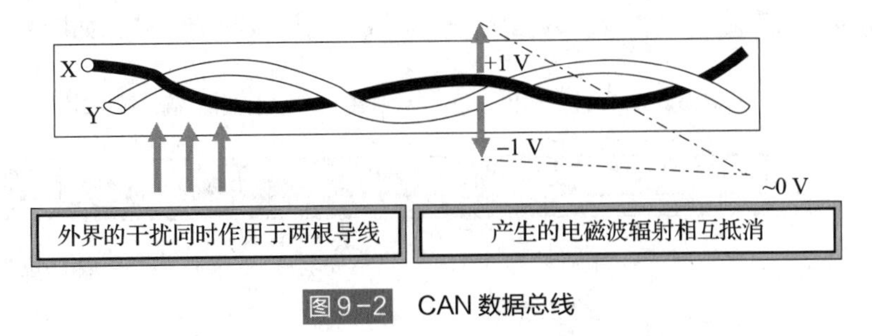

图9-2　CAN数据总线

二、CAN 通信介质

CAN 总线是一种多主总线，通信介质可以是双绞线、同轴电缆和光导纤维。

1. 双绞线

双绞线能传输模拟信号和数字信号，通信距离可达几千米到十几千米。当通信距离长时，双绞线要加放大器或中继器。双绞线电缆中封闭着一对或一对以上双绞线，并在其外再包上硬的护套。每一对双绞线由两根绝缘铜导线按一定密度互相绞合在一起，以降低信号干扰。每根铜导线的绝缘层上都涂以不同的颜色以示区别。

2. 同轴电缆

同轴电缆由内导体铜导线、绝缘层、网状编织的外导体屏蔽层及塑料保护层构成。因铜芯线与网状导体同轴，故称同轴电缆。同轴电缆的屏蔽性能和抗干扰性能优于双绞线，具有较高的带宽和较低的误码率。通常，同轴电缆的传输速率越高，传输距离越短。

3. 光导纤维

光导纤维（光纤）没有网状屏蔽层，其中心是光传播的玻璃芯。多条光纤构成光纤电缆，简称光缆。光纤传输信号不受电磁干扰的影响，其具有传输频带宽、数据传输速率高、误码率低、传输损耗小、中继距离长、抗电磁干扰性能强、保密性好、质量轻、体积小等优点。因此光纤是数据传输中最有效、最有前途的一种传输介质。CAN 用于汽车的微控制器通信，在车载各电子控制单元之间交换信息，形成汽车电子控制网络。CAN 采用单片机作为直接控制单元，用于对传感器和执行部件的直接控制。每个单片机都是控制网络上的一个节点，一辆汽车不管有多少个电子控制单元，不管信息容量有多大，每个电子控制单元都只需引出两条导线共同接在节点上，这两条导线被称作数据总线（BUS）。CAN 数据总线中数据传递就像一个电话会议，一个电话用户相当于一个电子控制单元，它将数据“讲入”网络中，其他用户通过网络“接听”数据，对这组数据感兴趣的用户可以利用数据，不感兴趣的用户可以忽略数据。

三、CAN 数据构成

CAN 数据总线在极短的时间内，在各控制单元间传递数据。一条数据由 7 个区域组成，即开始域、状态域、检查域、数据域、安全域、确认域和结束域，如图 9－3 所示。

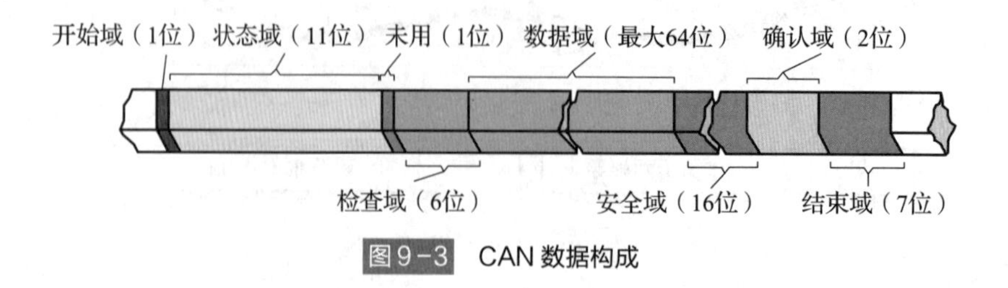

图 9－3　CAN 数据构成

CAN 数据总线在极短的时间里完成一组数据传递，每组数据最多由 108 位组成，可以将其分为 7 部分，每一部分位数的多少由数据域的大小决定。“1 位”是信息的最小单位，指此时的电路状态。在电子学中，“1 位”只有“0”或“1”两个值，也就是说只有 0 V 或 5 V 两个状态。CAN 数据中各区域的功能见表 9－1。

表 9－1　CAN 数据中各区域的功能

区域	功能
开始域（1 位）	标志数据传输开始，此时 CAN 高位传输线为 5 V 电压，低位传输线为 0 V 电压
结束域（7 位）	标志数据传递结束，也是发送器检查错误和再次发送数据的最后一次机会
状态域（11 位）	判断数据中的优先权，如果两个控制单元同时发送各自的数据，接收控制单元先接收具有较高优先权的控制单元发送的数据
检查域（6 位）	显示数据域中所包含的信息项目数，接收控制单元的接收器依据此项目数检查是否已经接收到所有传递过来的信息
数据域（最大 64 位）	发送控制单元传递给接收控制单元的所有信息
安全域（16 位）	发送控制单元检测传递数据是否有错误
确认域（2 位）	在确认域中，由发送控制单元的发送器发出信号，通知接收控制单元的接收器已经正确发送。如果接收器检查出错误，则立即通知发送器，发送器会再发送一次数据

四、CAN 数据传递过程

数据的传递包括提供数据、发送数据、接收数据、检查数据、接受数据。

（1）提供数据：控制单元向 CAN 控制器提供需要发送的数据。

（2）发送数据：CAN 收发器接收由 CAN 控制器传来的数据，转为电信号并发送。

（3）接收数据：在 CAN 系统中，所有控制单元都转为接收器。

（4）检查数据：控制单元检查判断所接收的数据是否为所需要的数据。

（5）接受数据：如果接收的数据是所需要的数据，则接受并处理数据；否则，忽略此数据。CAN 数据传递过程如图 9－4 所示。

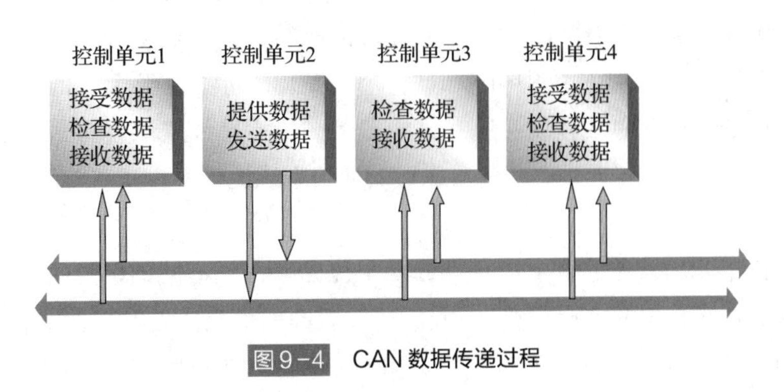

图 9－4　CAN 数据传递过程

例如，发动机电脑向某电脑 CAN 收发器发送数据，某电脑 CAN 收发器接收到由发动机电脑传来的数据，转换信号并发给本电脑的控制器。CAN 数据传输系统的其他电脑收发器也会接收到此数据，但是要检查判断此数据是不是所需要的数据，如果不是将忽略此数据。

五、先进的位仲裁

如果多个控制单元同时发送信息，那么数据总线上就会发生数据冲突，因此 CAN 总线采用仲裁方法来处理这类冲突。

1. 先进的位仲裁

要对数据进行实时处理，就必须将数据快速传送，这就要求数据的物理传输通路有较高的速度。在几个站同时需要发送数据时，要快速地进行总线分配。实时处理通过网络交换的紧急数据有较大的不同。一个快速变化的物理量，如汽车发动机负载，比汽车发动机温度这样相对变化较慢的物理量，需要更频繁的数据传送和更短的延时。CAN 总线以报文为单位进行数据传送，报文的优先级体现在 11 位标识符中。具有最低二进制数的标识符有最高优先级。这种优先级一旦被确认就不能再更改。CAN 总线在读取数据中发生的冲突可通过位仲裁解决。

例如，当 3 个站同时发送报文时，站 1 的报文标识符为 0111110，站 2 的报文标识符为 0100110，站 3 的报文标识符为 0100111。通过比较 3 个站的报文标识符，发现所有标识符的前面 2 位都为 01，直到第 3 位时出现不同，站 1 的报文被丢掉，因为它的第 3 位为高，而其他 2 个站的报文第 3 位为低。站 2 和站 3 报文的 4、5、6 位相同，直到第 7 位时，站 3 的报文才被丢失。注意，CAN 总线中的信号持续跟踪，最后获得总线读取权的站的报文。在此例中，站 2 的报文被跟踪。这种非破坏性位仲裁方法的优点在于，在网络最终确定哪一个站的报文被传送以前，报文的起始部分已经在网络上传送了。所有未获得总线读取权的站都将成为具有最高优先权的报文接收站，并且不会在总线再次空闲前发送报文。CAN 具有较高的效率是因为总线仅仅被那些请求总线悬而未决的站利用，这些请求是根据报文在整个系统中的重要性按顺序处理的。这种方法在网络负载较重时有很多优点。因为总线读取的优先级已被按顺序放在每个报文中了，这可以保证在实时系统中有较低的个体隐伏时间。对于主站的可靠性，由于 CAN 总线执行非集中化总线控制，所有主要通信，包括总线读取（许可）控制，在系统中分几次完成。这是实现具有较高可靠性的通信系统的唯一方法。

2. 具体工作过程

（1）控制单元为发送的每个信息都分配了优先权，且不同的信息具有不同的优先权（优先权隐含在数据的“标识符”中），优先权高的信息优先发送。

（2）所有的控制单元都是通过各自的 RX（接收）线来跟踪总线的，并获知总线的状态。

（3）请求发送信息的控制单元的每个发射器将对 TX（发射）线和 RX 线的状态一位一位地进行比较。

（4）CAN 的调整方式：如果某个控制单元向外发送“1”（TX 线为 1），但通过 RX 线接收到“0”，则该控制单元中控退出对总线的控制，转为接收信息，从而保证按重要程度来发送信息。

规则：标识符中的数字越小，表示该信息越重要，这种方法称为仲裁。

例如，现在有 3 个控制单元——电机控制单元、ABS（制动防抱死系统）控制单元和仪表同时向外发送信息，其中电机控制单元向外发送的信息为“10101010”，ABS 控制单元向外发送的信息为“10101011”，仪表向外发送的信息为“10111111”。

3 个控制单元向外发送信息的第 1 位、第 2 位、第 3 位相同，都是“101”，此时不存在冲突。但 3 个控制单元向外发送的第 4 位不同，此时仪表的第 4 位为“1”，其他 2 个控制单元的第 4 位为“0”。由于 3 个收发器耦合于一根总线，如图 9－5 所示，此时总线的状态应为“0”。对仪表控制单元来说，它向外发送“1”（TX 状态 1），但接收到“0”（RX 状态 0）。根据仲裁原则，仪表控制单元停止发送信息，转为接收信息，该信息等待下一个发送周期，再次请求发送。

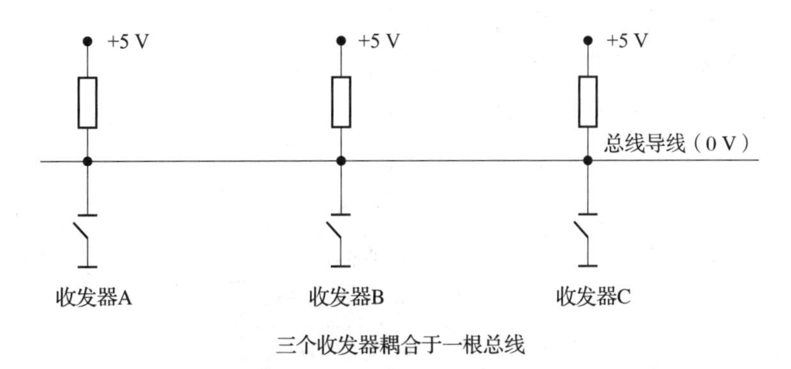

图 9－5　3 个收发器耦合于一根总线

同理，电机控制单元和 ABS 控制单元继续向外发送信息的第 5 位、第 6 位、第 7 位（101），且这 3 位的信息是一样的，不存在冲突。在发送第 8 位时，电机控制单元的第 8 位为“0”，而 ABS 控制单元的第 8 位为“1”，根据 3 个收发器耦合于一根总线的原理，此时总线的状态应为“0”。对 ABS 控制单元来说，它向外发送“1”（TX 状态 1），但接收到“0”（RX 状态 0）。根据仲裁原则，ABS 控制单元停止发送信息，转为接收信息，该信息等待下一个发送周期，再次请求发送。结果，电机控制单元接管数据总线控制权，继续发送剩余的信息，最终数据总线的信息与电机控制单元向外发送的信息是一样的，如图 9－6 所示。

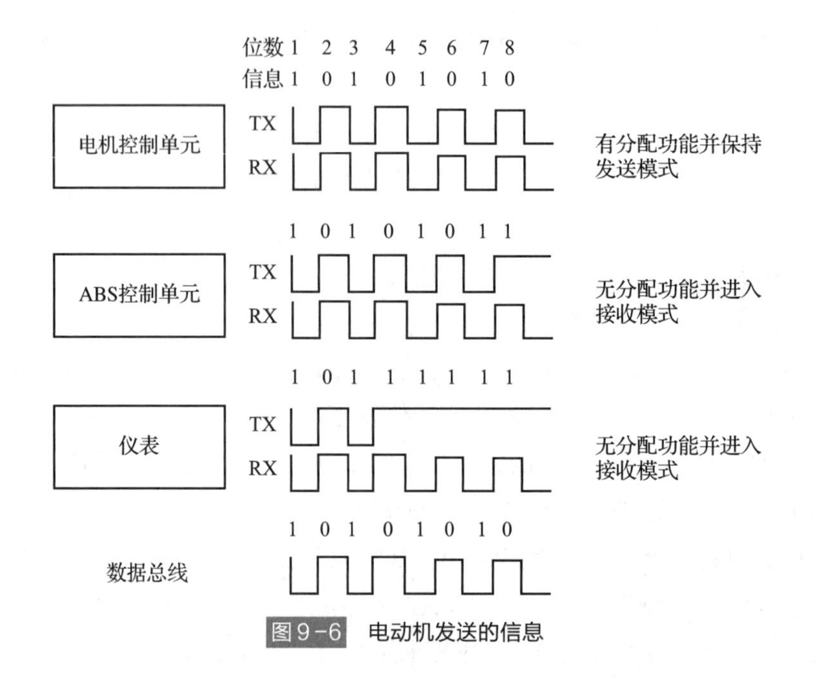

图9-6 电动机发送的信息

表9-2所示为信息与标识符。从表9-2可以看出，当数个控制单元同时发送信息时，转向角传感器拥有最高优先级，它的信息先被发送。

说明：数字最小的（前面的“0”最多），优先级最高，由于转向角传感器标识符数字最小，所以其优先级最高，信息最先发送。

表9-2 信息与标识符

标识符	二进制	十六进制
电动机1	010 1000 0000	280
制动	010 1010 0000	2A0
仪表	011 0010 0000	320
转向角传感器1	000 1100 0000	0C0
变速器1	100 0100 0000	440

实训技能

实训一 CAN总线检测

实训目的

（1）掌握总线控制系统检测内容。

（2）掌握总线控制系统检测方法。

实训要求

（1）检修总线控制系统前，须佩戴防护装备。

（2）确认车辆停放至工位，且停靠位置安全可靠。

（3）确认车辆挡位置于P挡，并拉起驻车制动。

实训器材

（1）设备准备：北汽EV160。

（2）工具准备：万用表、双通道示波仪、T-box智能适配器。

（3）车辆防护用品：翼子板护套。

实训一设备、工具

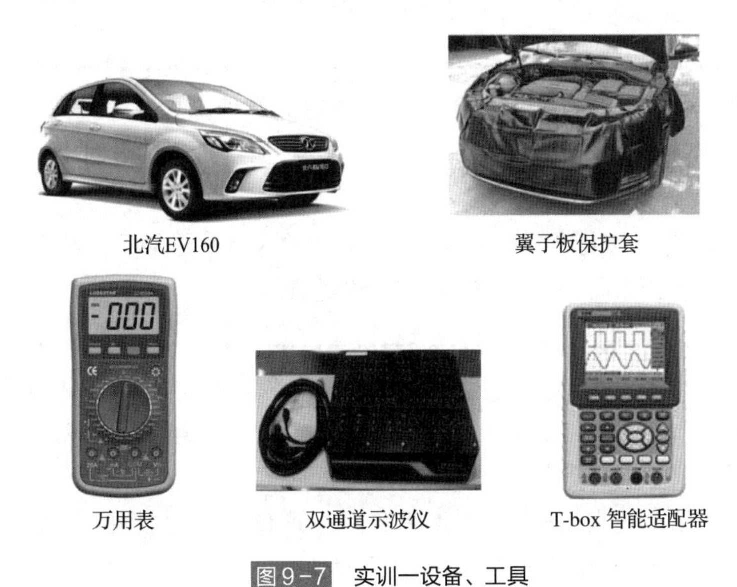

图9-7　实训一设备、工具

操作步骤

1. 测量前准备

（1）放置车轮挡块。

（2）拉起机舱盖手柄，打开前机舱盖。

（3）安装翼子板保护套。

（4）进入车内，插入车辆钥匙，将启动开关旋至ON挡，确认各仪表指示灯点亮正常。

（5）关闭启动开关。

2. CAN总线电压测量

（1）打开车辆后备厢。

（2）取出T-box智能适配器连接线束。

（3）断开动力电池管理控制器BMC03、K64以及K65接插器，连接适配器配套的接插器。

（4）连接T-box端线束接插器。

（5）连接 T-box 电源采样线束电源端子至低压蓄电池正极，搭铁端子至低压蓄电池负极。

（6）连接 T-box 采样线束接插器。

（7）打开 T-box 智能适配器电源开关。

（8）将车辆启动开关旋至 ON 挡。

（9）取出万用表，调节万用表挡位至电阻测试挡，完成万用表校零操作。

（10）调节万用表至电压测试挡，将万用表红色表笔连接 T-box 电源插孔，黑色表笔连接 T-box 搭铁插孔，查看万用表仪表显示的测量值。

注意事项：测量值应为电源电压，若检测结果有偏差则需要检查并重新连接 T-box 电源采样线束。

（11）将万用表红色表笔连接 T-box 测量面板的 K65-9 号插孔，检测整车 CAN_H 工作电压值，查看并记录万用表仪表显示的测量值。

注意事项：测量结果应在 2.5～3.5 V 之间，若低于此数值则说明 CAN_H 线路存在断路或对地短路情况；若高于此数值则说明 CAN_H 可能存在对电源断路情况。

（12）将万用表红色表笔连接 T-box 测量面板的 K65-22 号插孔，检测整车 CAN_L 工作电压值，查看并记录万用表仪表显示的测量值。

注意事项：测量结果应在 1.5～2.5 V 之间，若低于此数值则说明 CAN_L 线路存在断路或对地短路情况；若高于此数值则说明 CAN_L 可能存在对电源断路情况。

（13）将万用表红色表笔连接至 T-box 测量面板的 K65-9 号插孔，黑色表笔连接至 K65-22 号插孔，检测 CAN_H 与 CAN_L 之间电势差，查看并记录万用表仪表显示的测量值。

注意事项：CAN_H 与 CAN_L 之间应有 0.5～1 V 的电压差，若测量数值低于标准，则可能存在 CAN_H 与 CAN_L 相互短路情况。

3. CAN 总线终端电阻测量

（1）关闭车辆启动开关。

（2）断开车辆蓄电池负极电缆。

注意事项：在电阻测量时，在测量前必须把待测部件断电，并等待约 5 min，直到系统中的所有电容器放电完毕之后再进行检测，否则会影响测试数据的准确性。

（3）将万用表挡位调节至电阻测试挡。

（4）将万用表红色表笔连接至 T-box 测量面板中 K65-9 号插孔，黑色表笔连接至 K65-22 号插孔，检测在线状态下 CAN_H 与 CAN_L 之间电阻值，查看并记录万用表仪表显示的测量值。

注意事项：CAN 总线之间装有两个 120 Ω 的终端电阻，终端电阻相互串联，因此检测 CAN_H 与 CAN_L 之间电阻应测得 60 Ω 电阻值。若测得电阻值为 120 Ω 则说明 CAN 总线存在断路故障。

（5）调节 T-box 智能适配器的 K65-9 导线断路，模拟离线测量条件。

（6）将万用表红色表笔连接至 T-box 测量面板的 K65-9 号插孔，黑色表笔连接至 K65-22 号插孔，检测离线状态下 CAN_H 与 CAN_L 之间电阻值，查看并记录显示测量值。

（7）连接蓄电池负极并紧固。

注意事项：测量值应为 120 Ω，若测得电阻值与标准值差距较大，则说明系统中存在故障，需要进一步检修。

4. CAN 总线波形检测

（1）将启动开关调至 ON 挡。

（2）打开示波仪电源开关。

（3）校对示波仪 2 个通道波形，确保示波仪可正常使用。

（4）将跨接线一端连接至 T-box 测量面板的接地插孔。

（5）将示波仪第一通道和第二通道接地端连接至接地跨接线。

（6）连接跨接线至 T-box 测量面板的 K65-9 号插孔，连接示波仪第一通道测试端至跨接线上。

（7）连接跨接线至 T-box 测量面板的 K65-22 号插孔，连接示波仪第二通道测试端至跨接线上。

（8）按下示波仪中自动采样按钮，等待示波仪自动采样。

（9）按下截屏按钮，截取 CAN 总线波形。

（10）调整波形显示幅值及脉宽，调整波形参考位置，拉近两通道位置。

（11）查看 CAN_H 波形与 CAN_L 波形，并分析 CAN 总线是否存在故障。

注意事项：在正常情况下 CAN_H 与 CAN_L 的波形应为标准数字方波信号，信号波峰应平整无毛刺。若存在毛刺情况则说明 CAN 总线存在信号干扰，需进行干扰检测。

CAN_H 与 CAN_L 的波形应该对称。由于动力电池管理系统的整车 CAN 网络属于高速 CAN，因此无法实现单线运行，若波形无法堆成则说明线路存在故障，且系统不工作。

若 CAN_H 断路，则示波仪显示的波形应为第一通道为 0 V 直线，第二通道为正常数字方波；若 CAN_H 对地断路，则示波仪显示的波形应为第一通道为 0 V 直线，第二通道为正常数字方波；若 CAN_H 对电源短路，则示波仪显示的波形应为第一通道为 12.6 V 左右直线，第二通道为正常数字方波；若 CAN_L 发生故障，则在第二通道上出现与 CAN_H 大致相同的故障现象。

（12）关闭示波仪。

（13）取下 T-box 侧接插器。

（14）取下采样线束电源和搭铁端子。

（15）断开适配器配套接插器，连接车辆电池管理控制器 BMC03 接插器、K64 接插器、K65 接插器。

（16）关闭车辆后备厢。

（17）取下车外防护用品，关闭前机舱盖。

（18）关闭启动开关。

（19）将实训工具整理归位。

思考与练习

一、判断题

1. 汽车上的 CAN 总线主要用于实现车载各电控单元之间的信息交换，形成车载网络系统。（　　）

2. 数据传输终端实际是一个电阻，作用是防止数据在到达线路终端后像回声一样返回，从而保证数据的正确传送。（　　）

3. CAN 数据总线是用于传输数据的双向数据线，分为 CAN_H 高位和 CAN_L 低位数据线。（　　）

4. CAN 数据总线的两条线上的电位是一样的，电压之和恒等于常值。（　　）

5. CAN 数据由开始域、状态域、检查域、数据域、安全域、确认域和结束域 7 个区域组成。（　　）

二、选择题

1. CAN 数据传输系统包括（　　）。【多选】

A. CAN 控制单元　　B. CAN 收发器

C. CAN 数据总线　　D. 数据传输终端

2. CAN 总线是一种多主总线，通信介质可以是（　　）。【多选】

A. 双绞线　　B. 同轴电缆

C. 光导纤维　　D. 多芯铜质软线

3. CAN 数据传递过程包括提供数据、（　　）。【多选】

A. 发送数据　　B. 接收数据

C. 检查数据　　D. 接受数据

4.（　　）的作用是接收控制单元中微处理器发出的数据。

A. 数据传输终端　　B. CAN 数据总线

C. CAN 控制单元　　D. CAN 收发器

5.（　　）是数据传输中最有效、最有前途的一种传输介质。

A. 双绞线　　B. 同轴电缆

C. 光导纤维　　D. 多芯铜质软线

学习小结

1. CAN 数据传输系统包括 CAN 控制器、CAN 收发器、数据传输终端和 CAN 数据总线。

2. CAN 总线是一种多主总线，通信介质可以是双绞线、同轴电缆和光导纤维。

3. CAN 数据总线在极短的时间内，在各控制单元间传递数据。一条数据由 7 个区域组成，即开始域、状态域、检查域、数据域、安全域、确认域和结束域。

4. 每条数据的传递包括 5 个过程：提供数据、发送数据、接收数据、检查数据、接受数据。

5. 如果多个控制单元同时发送信息，那么数据总线上必然会发生数据冲突，因此，CAN 总线采用仲裁方法来处理这类冲突，即标识符中的数字越小，该信息越重要。

任务十 纯电动汽车整车控制策略实验

任务描述

纯电动汽车电气控制系统是纯电动汽车的大脑，由各个子系统构成，每一个子系统一般由传感器、信号处理电路、电控单元、控制策略、执行机构、自诊断电路和指示灯组成。在不同类型的纯电动汽车上，电气控制系统存在一些差别，但一般都包括能量管理系统、再生制动控制系统、电机驱动控制系统、电动助力转向控制系统以及动力总成控制系统等。电气控制系统的功能不是各个子系统功能的简单叠加，而是大于各子系统功能之和。纯电动汽车电气控制系统如图 10－0 所示。

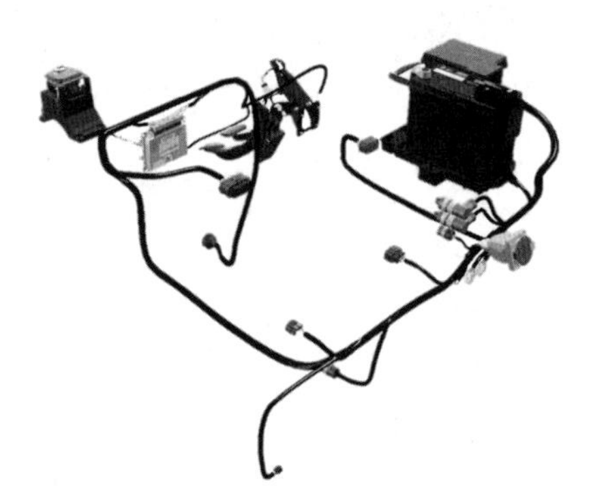

图 10－0 纯电动汽车电气控制系统

本任务主要介绍纯电动汽车整车控制策略和整车控制的基本功能。

学习目标

1. 掌握纯电动汽车整车控制系统的基本功能。
2. 熟知纯电动汽车整车控制策略。
3. 掌握纯电动汽车整车控制策略对纯电动汽车的影响。
4. 完成整车控制器无法供电的故障排除。

知识准备

一、纯电动汽车常见整车控制策略理论

自动控制理论由经典控制理论和现代控制理论两部分组成。经典控制理论的研究方法是传递函数法理论，在频率域或复数域内，对单输入和单输出系统进行分析。现代控制理论的研究方法是状态空间法，在时间域内对多输入、多输出的复杂系统进行分析。

（一）开环控制

开环控制属于“操作指导型”控制策略。开环控制系统属于单输入、单输出控制系统，每个输入量都对应一个输出量，在开环控制系统中只有按顺序前进的通路，没

有逆顺序反馈的回路。

开环控制系统的控制单元将传感单元测得的信号数据，作为驾驶员选择控制策略的方案，提示驾驶员采取相应的操控行为。纯电动汽车电机驱动系统开环控制如图 10－1所示。在开环控制单元与受控单元输出量之间，控制单元不对预期的控制目标与实际输出的结果之间产生的差异进行监督，也不需要将输出量的执行结果反馈到系统的输入端与输入量进行比较。受控单元输出量对控制系统的控制作用不产生任何影响。当控制系统受到外部干扰时，被控制的输出值可能偏离给定值，从而影响系统的控制精度。

开环控制系统的抗干扰性差，使其在应用中有一定的局限性。

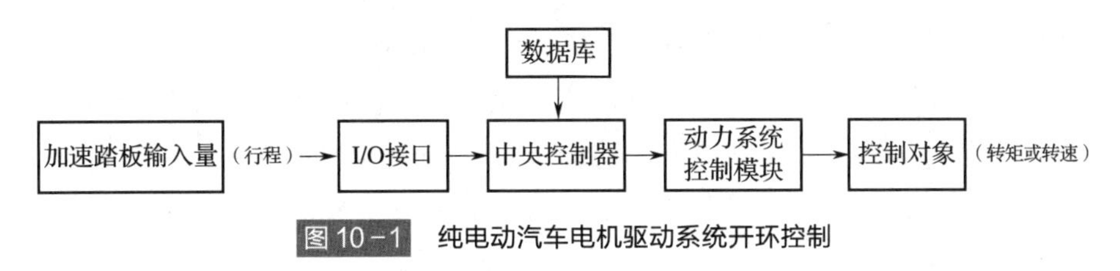

图 10－1　纯电动汽车电机驱动系统开环控制

（二）闭环控制

闭环控制属于“直接控制型”控制系统。闭环控制系统属于多输入、多输出的控制系统，在闭环控制系统中有按顺序前进的回路，同时还有逆顺序反馈的回路。控制单元可以将传感单元测得的多个信号数据反馈到控制系统，作为驾驶员选择控制策略的依据。纯电动汽车电动机驱动系统闭环控制，如图 10－2 所示。

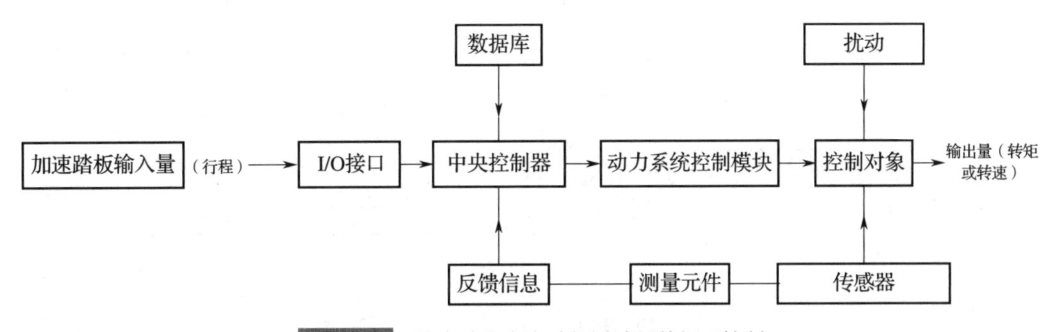

图 10－2　纯电动汽车电动机驱动系统闭环控制

在纯电动汽车的驱动系统中，闭环控制系统应用十分广泛。驾驶员通过踩踏加速踏板来改变加速踏板的行程。加速踏板将不同行程信号输送给整车控制器。整车控制器对加速踏板输送的行程信号进行分析和计算后，向电机控制单元发出对应的控制指令，实现纯电动汽车的启动、加速、减速和停车等动作。

由于驾驶员作用在加速踏板、制动踏板等上的位移量是随机信号，因此该随机信号输入控制单元后产生的控制信号也有随机性。同时，受控单元还因受系统外部的干扰而使系统内部的参数发生变化。这些参数通过传感单元反馈到微处理器，微处理器将输出量反馈的信息与踏板的输入量进行比较，由控制单元计算出受控单元相应的偏差值，并经过放大或变换处理后向执行单元发出控制指令，以使受控单元消除外部干扰与噪声的影响，按照调整后的指令（参数）让纯电动汽车的执行单元（驱动电机、控制电机等）的运行参数（启动、加速、减速和停车等动作）与控制单元经过调整的输出参数的给定值逐渐趋向一致。

闭环控制系统可以用精确度较差的、成本较低的元件来组成精确度较高的控制系统。但在闭环控制系统中，可能出现“过调”现象。“过调”现象使得控制系统产生等幅度震荡或变幅震荡，从而对系统的稳定性带来影响。

（三）自适应控制

自适应控制研究的被控制对象的数学模型和对象所处的环境类型不是完全确定的，其中包括一些未知因素和随机因素。自适应控制采用全程优化算法的控制策略，一般以确定行驶工况为基础，以纯电动汽车的经济性和环保性为目标函数，求得该行驶工况下纯电动汽车、燃料纯电动汽车和混合动力汽车的最优控制策略，从而获得不同行驶工况下理论上的最优解。自适应控制如图 10－3 所示。

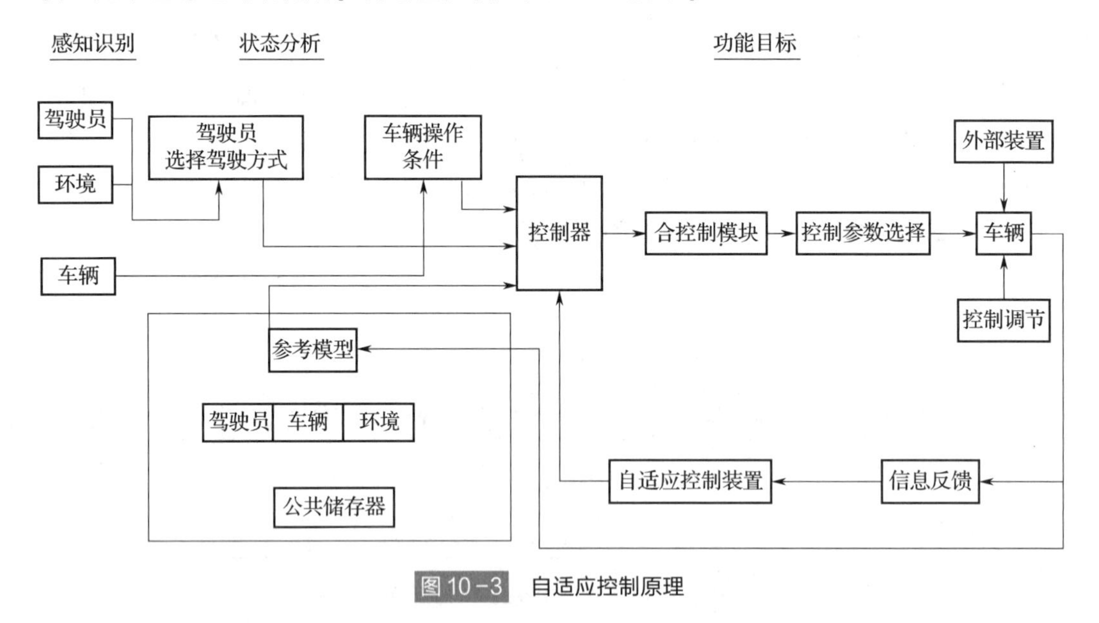

图 10－3 自适应控制原理

（四）模糊控制

纯电动汽车运行是一个多系统运行的复杂过程，不仅包括数学模型控制所涉及的内容，还受驾驶员直接观察到的环境、路况、信号和驾驶技术等多方面的影响。在纯电动汽车行驶过程中，速度是一个客观存在的变量。不同的驾驶员对车辆速度的控制，是由驾驶员的反应、感觉体会和驾驶经验等主观概念，以及习惯采取的控制决策（行动）决定的。驾驶员的思维包括反应的主观性和概率性，以及在控制过程中的随机性和灵活性。很难用准确的、复杂的数学模型和工程语言来描述这种“模糊”的固有特性，这就是使得具有精确的数学模型的控制系统难以获得良好的控制效果。纯电动汽车速度变化模糊控制策略如图 10－4 所示。

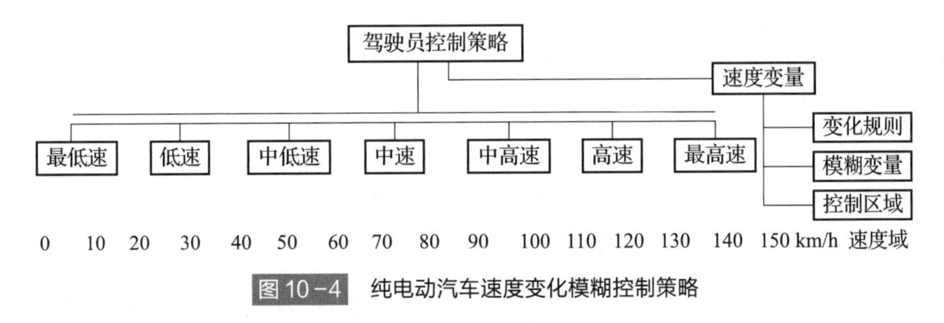

图 10－4　纯电动汽车速度变化模糊控制策略

另外，由于纯电动汽车在行车时，动力总成系统的动态响应不能事先精确确定，所以模糊控制是依靠经验来确定的。模糊控制是一门新兴的控制理论，是以模糊集合论、模糊语言变量和模糊逻辑推理为基础的智能控制方法。模糊控制的隶属函数主要选择“试错法”来分析和“归纳法”来模拟。模糊控制在纯电动汽车的驱动系统中得到了广泛的应用。模糊控制系统组成如图 10－5 所示。

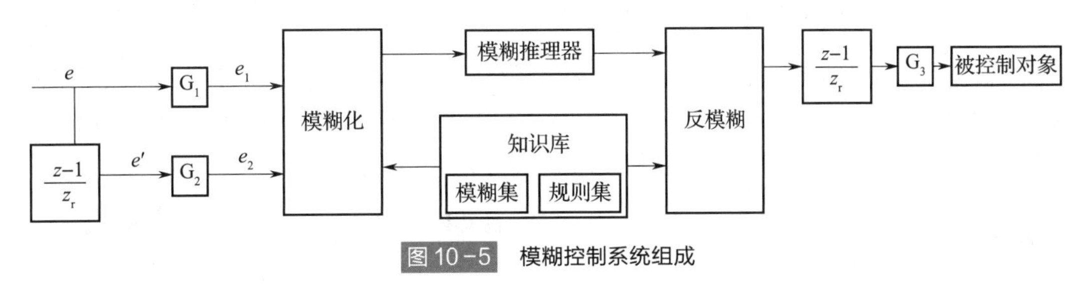

图 10－5　模糊控制系统组成

模糊控制与一般控制技术相比较，具有以下特点。

（1）根据人的直接经验，模拟人的判断意识和控制措施，把人的“模糊”“不一致”的主观控制规范化和模型化，形成“模糊算法”并转换为算法语言，而不需要建立精确的数学模型。

（2）模糊控制器具有良好的鲁棒性，对参数的变化有较好的适应性。

（3）模糊控制的软件和硬件实现都比较方便并且结构简单，应用方便，造价低廉。

（4）模糊逻辑控制广泛地应用于汽车发动机动力性能、经济性能、排放性能，以及电池组的 SOC、电动机的动力性能等多个方面。

（五）神经元网络控制

神经元网络控制是一种分布式并行处理的非线性系统，是以生物神经系统的简单神经元为基础组成的生物神经网络模型，通过大量形式相同的神经元相互连接组成神经元网络。

神经元网络系统具有固有的非线性特性，为处理非线性问题提供了有效的途径；具有高度的并行结构和并行实现能力，以及快速的总体处理能力，特别适用于实时控制和动态处理；能够适应在线运行，同时进行定性和定量操作；可以同时输入大量不同的控制信号，解决输入信号之间的互补和冗余问题；能够实现信息集成和融合处理，适合于大规模和多变的复杂控制系统。生物神经元网络系统结构如图10－6所示。

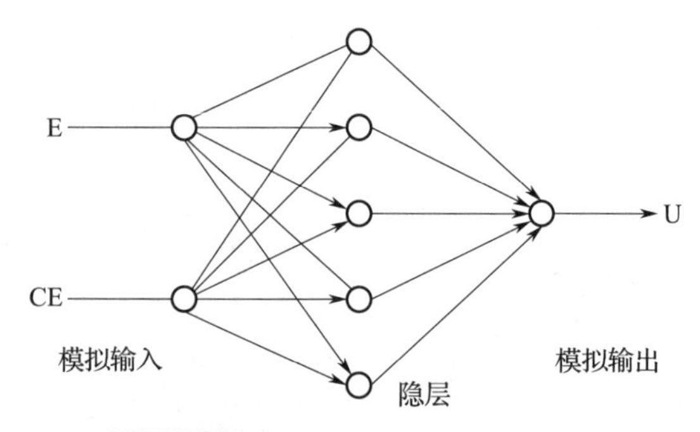

图10－6 生物神经元网络系统结构

在具有异步变频控制的交流调速系统中，由于异步电动机转子的磁通变化是非线性系统，难以直接测量，需要采用观测器来重构信号，但线性系统的自适应控制理论构造的观测器不能适应非线性系统要求。采用神经元网络控制方法来学习和认识被观测的对象，并经过进一步在线训练后，就可以根据控制过程中参数的变化重构信号，实现对异步电动机的控制。

目前，纯电动汽车整车控制策略主要采用闭环控制。

二、纯电动汽车整车控制基本功能

纯电动汽车必须有一个性能优越、安全可靠的整车控制策略，从各个环节上合理控制车辆的运行状态、能源分配，以充分协调、发挥各部分的优势，使汽车整体获得最佳的运行状态。北汽EV160整车控制系统如图10－7所示。

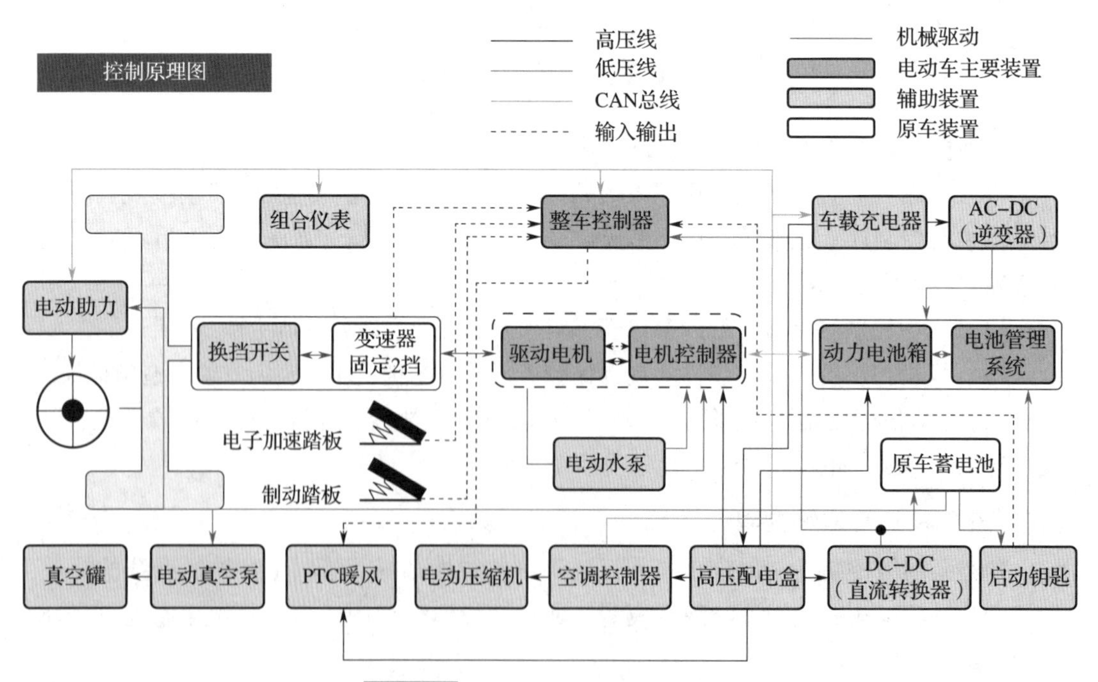

图10－7 北汽EV160整车控制系统

纯电动汽车整车控制系统基本功能包括：驾驶员意图分析、整车驱动控制、制动能量回馈控制、整车能量优化管理、整车通信网络管理、高压上下电控制、充电过程控制、车辆状态的实时监测和显示以及故障诊断与处理等。

（一）驾驶员意图分析

对纯电动汽车来说，最简单的驾驶员意图分析就是加速踏板和电动机期望输出功率的开度曲线关系。以加速踏板开度平衡曲线为参考，来判断驾驶员的操作意图，当纯电动汽车在平直道路上均匀行驶时，其运动状态点落在加速踏板开度平衡曲线上。驾驶员意图分析示意如图 10－8 所示。

（1）K 时刻，加速踏板开度 $\theta(K)=59\%$，驾驶员保持加速踏板开度不变，车辆处于匀速行驶状态，电动机实际输出功率和阻力功率平衡，如图 10－8 中 a 点位置。

（2）$K+1$ 时刻，加速踏板开度 $\theta(K+1)=80\%$，驾驶员想加速，但是电动机实际输出功率不能突变，而当前时刻的期望输出功率已经大于 K 时刻的实际输出功率，由此可知驾驶员想加速，如图 10－8 中 b 点位置。

（3）$K+2$ 时刻，加速踏板开度 $\theta(K+2)=40\%$，驾驶员想减速，但是电动机实际输出功率不能突变，而当前时刻的期望输出功率已经小于 $K+1$ 时刻的实际输出功率，由此可知驾驶员想减速，如图 10－8 中 c 点位置。

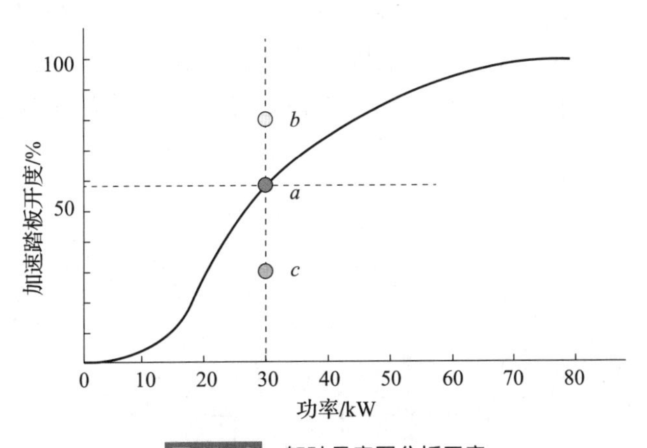

图 10－8　驾驶员意图分析示意

（二）整车驱动控制

整车驱动控制策略负责整车驱动力矩的输出，决定整车的动力性能。整车驱动控制策略的核心是根据驾驶员输入的信号和当前的车辆状态，在经过一系列的判断和计算后，给出电动机驱动力矩，从而改变车辆运行状态，达到驾驶员期望的车速。

纯电动汽车的整车驱动控制策略可以分为 4 个部分，分别是加速踏板信号采集、驾驶员意图分析、车身驱动控制和修正输出转矩，其中起步模式控制、正常驱动模式控制和加速驱动控制包含在车身驱动控制模块中。整车驱动控制系统结构划分如图 10－9 所示。

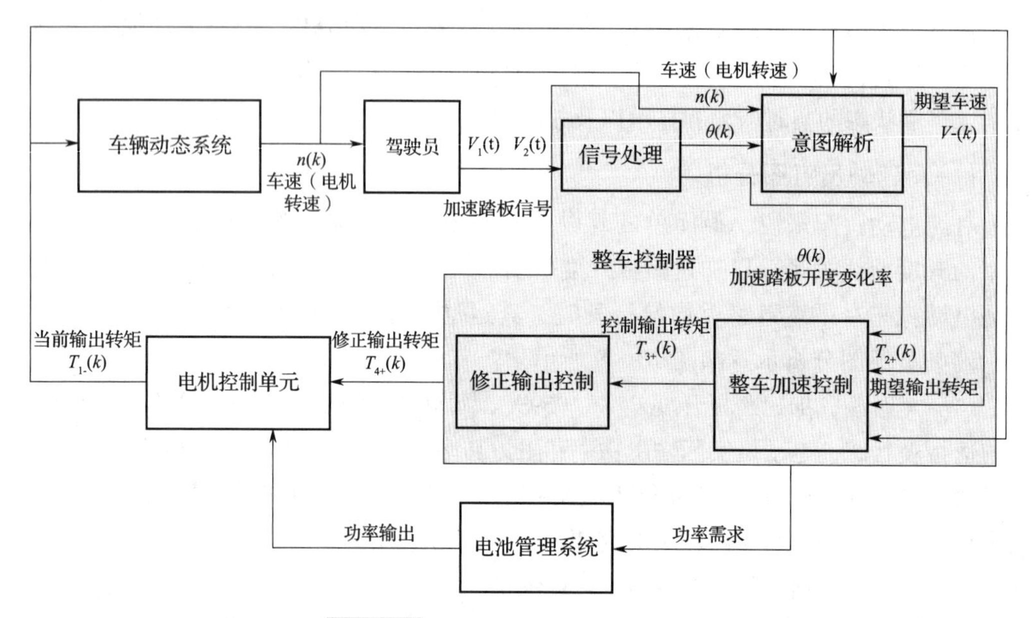

图 10－9　整车驱动控制系统结构划分

以北汽 EV200 为例，整车驱动控制指的是根据驾驶员对车辆的操纵输入（加速踏板、制动踏板以及选挡开关）、车辆状态、道路及环境状况，在经分析和处理后，向整车控制器发出相应的指令，控制驱动电机的转矩来驱动车辆，以满足驾驶员对车辆的动力性要求，保证安全性、舒适性。北汽 EV200 整车驱动控制工作原理如图 10－10 所示。

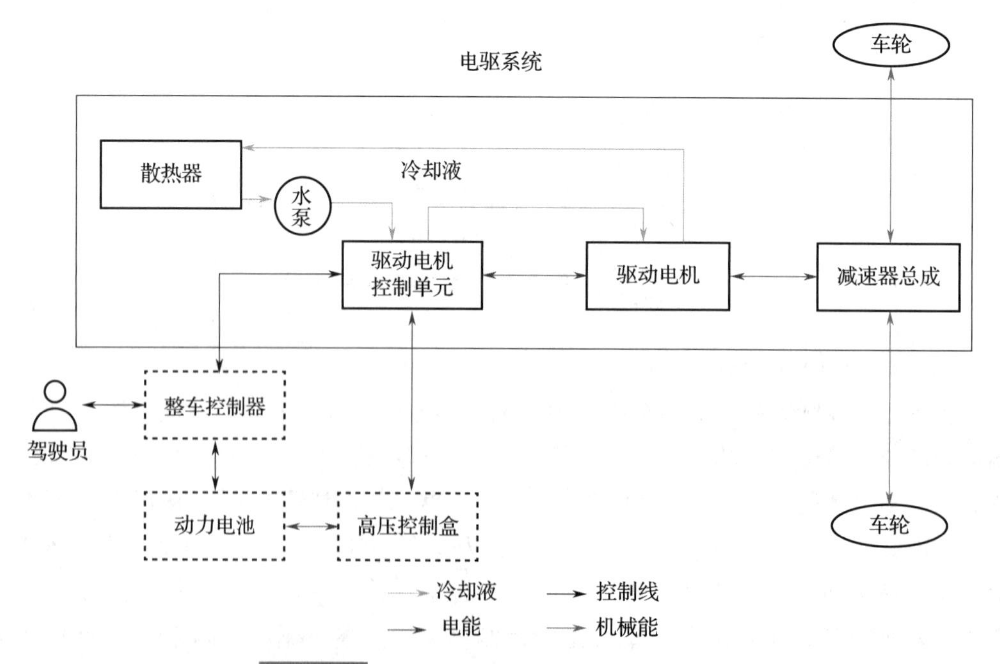

图 10－10　北汽 EV 200 整车驱动控制工作原理

（三）制动能量回馈控制

整车控制器根据加速踏板和制动踏板的开度、车辆行驶状态以及动力电池的状态（如 SOC 值）来判断某一时刻能否进行制动能量回馈，在满足安全性能、制动性能以及驾驶员舒适性的前提下，回收部分能量。制动能量回馈控制包括滑行制动和刹车制动过程中的电机制动转矩控制。

根据加速踏板和制动踏板信号，制动能量回收可以分为两个阶段：阶段一从车辆行驶过程中驾驶员松开加速踏板但没有踩下制动踏板开始；阶段二从驾驶员踩下了制动踏板后开始。制动能量回收阶段如图 10－11 所示。

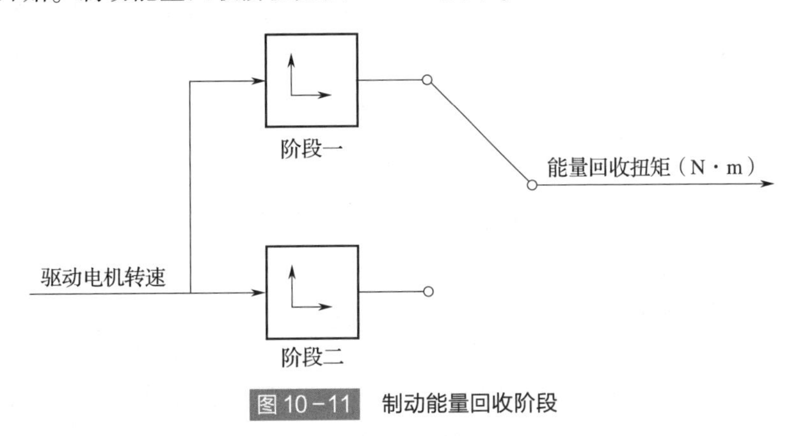

图 10－11　制动能量回收阶段

制动能量回馈的原则如下。

（1）能量回收制动不应该干预制动防抱死系统的工作。

（2）当制动防抱死系统进行制动调节时，制动能量回收不应该工作。

（3）当制动防抱死系统报警时，制动能量回收不应该工作。

（4）当电驱系统有故障时，制动能量回收不应该工作。

（四）整车能量优化管理

整车能量优化管理在纯电动汽车管理系统中占有重要的地位。提高整车能量利用率可以提高一次充电的续驶里程，维护整车的安全性。在纯电动汽车的能量管理系统中，最主要的内容是动力电池管理和整车能量流动控制。

整车能量优化管理策略的目标是使能量得到有效而合理的利用，同时兼顾电池的安全性要求。在起步和正常运行过程中，电池向驱动电机放电，驱动电机运行。在减速和制动时回馈能量是不需要电池电量的，驱动电机反转产生再生力矩为电池充电。

纯电动汽车的动力全部来自动力电池的放电电量。电池能量管理示意如图 10－12 所示，在车辆启动时，电池放电，为驱动电机及其他元件提供电量。在车辆以正常速度行驶时，由驱动电机驱动，这时驱动电机工作于负荷相对较高的高效区。若电池的 SOC 较低，则车辆进行报警提示，以保证车辆的安全。在减速和制动时，驱动电机可把部分动能转换为电能存储于电池中。

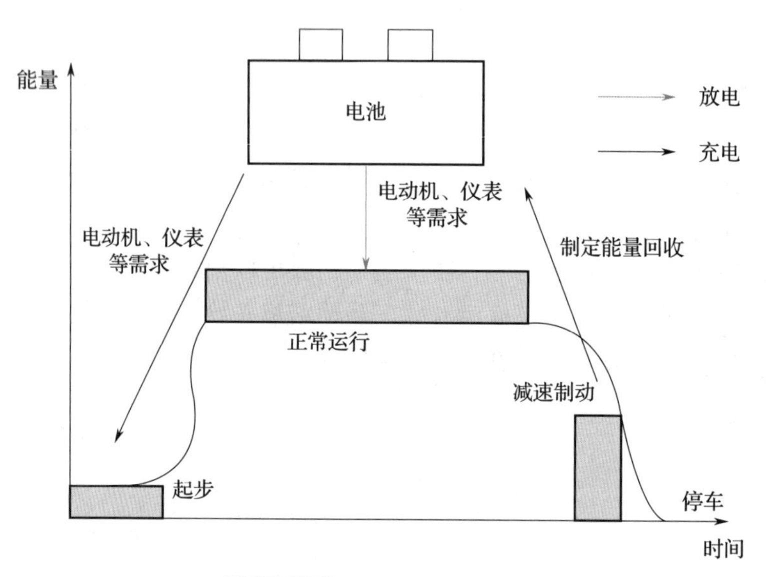

图 10-12 电池能量管理示意

（五）整车通信网络管理

整车控制器是纯电动汽车众多控制器中的一个，是 CAN 总线中的一个节点。在整车通信网络管理中，整车控制器是信息控制的中心，负责信息的组织与传输、网络状态的监控、网络节点的管理以及网络故障的诊断与处理。

（六）高压上下电控制

纯电动汽车的启动开关有 OFF、ACC、ON 3 个状态。整车控制器根据驾驶员对启动开关的控制，控制动力电池的高压接触器开关，以完成高压设备的电源通断和预充电控制。上下电流程处理：协调各相关部件的上电与下电流程，包括电机控制单元、电池管理系统等部件的供电，预充电继电器、主继电器的吸合和断开时间等。

1. 上电顺序

1）低压上电

（1）当启动开关由 OFF 挡至 ACC 挡时，整车控制器低压上电。

（2）当启动开关由 ACC 挡至 ON 挡时，电池管理系统、电机控制单元低压上电。

2）高压上电

启动开关位于 ON 挡位，电池管理系统、电机控制单元当前状态正常，且在之前一次上下电过程中整车无严重故障。高压上电流程如图 10－13 所示。

（1）电池管理系统、电机控制单元初始化完成，整车控制器确认正常。

（2）闭合电池继电器。

（3）闭合主继电器。

（4）电机控制单元高压上电。

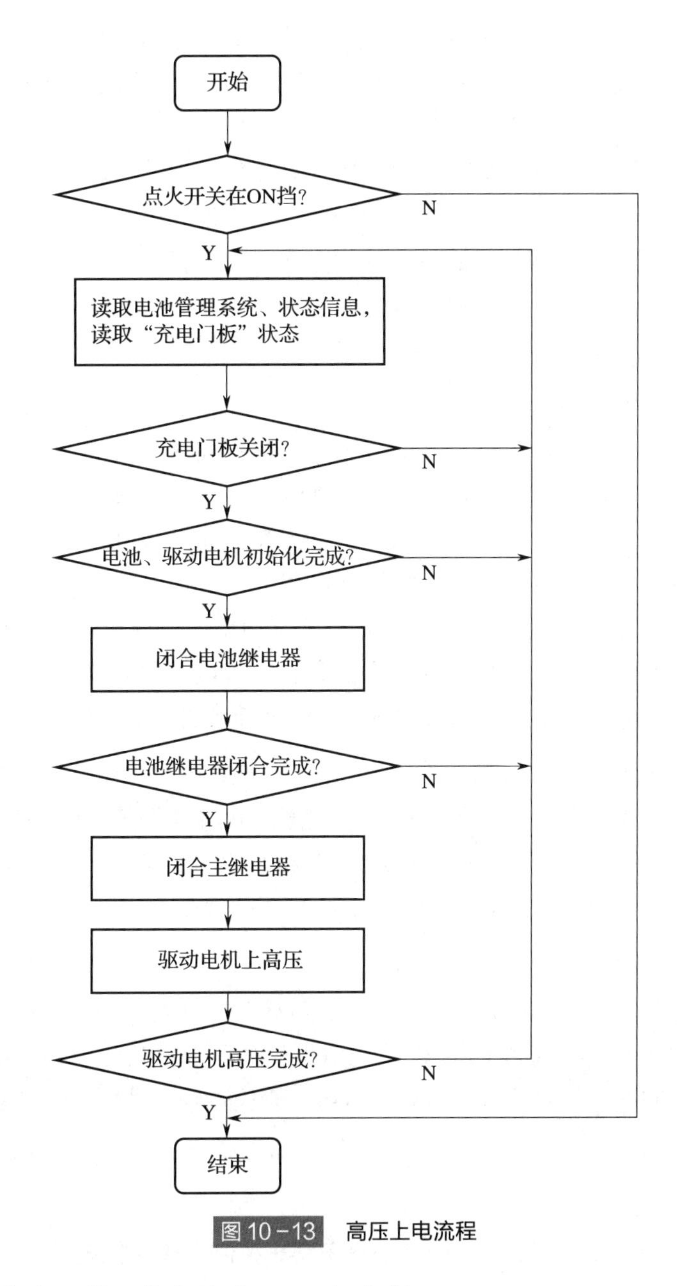

图 10-13　高压上电流程

(5) 如挡位在 N 挡，仪表显示 Ready 灯点亮。

3) 启动开关旋至 Start 挡，松开后回到 ON 挡；挡位处于 N 挡上电，踩下制动踏板上电异常情况如下

(1) 充电指示灯亮——关好充电口盖，重新回到 ON 挡上电。

(2) 动力电池故障灯亮——重新回到 ON 挡上电后，如仍亮，表明电池有故障。

(3) 动力电池绝缘电阻低——检查动力电池的高压线连接情况。

(4) 挡位显示状态灯闪烁——挡位换到 N 挡。

（5）系统故障灯亮且无以上情况——需先检查低压蓄电池电量，整车控制器、电机控制单元、电池管理系统低压供电情况，并用诊断仪读取当前故障码。

2. 下电顺序

纯电动汽车只需将启动开关旋至 OFF 挡，即可实现高压、低压电的正常下电。

（1）启动开关旋至 OFF 挡，主继电器断开、电机控制单元低压下电。

（2）辅助系统停止工作，包括 DC/DC、水泵、空调、暖风。

（3）电池管理系统断开电池继电器。

（4）整车控制器下电。

（七）充电过程控制

纯电动汽车进入充电状态时，整车高压负接触器和充电机高压正接触器吸合，充电高压回路接通，开始对动力电池充电。此时 DC/DC 工作，输出低压直流电给低压蓄电池充电。当纯电动汽车处于充电状态时，整车控制器接收到充电信号，此时启动开关旋至任何挡位，车辆其他系统均不能得到高压，以保证车辆处于锁止状态，不能行驶；同时整车控制器根据电池状态信息限制充电功率，以保护电池。在充电过程中，若电池管理系统检测到过充信号，则发出信息告知充电机停止工作，并在延时 3s 后，整车控制器切断充电机高压正接触器和整车高压负接触器，从而切断充电高压回路。

（八）车辆状态的实时监测和显示

整车控制器应该对车辆的状态进行实时监测，并将各个子系统的信息发送给车载信息显示系统。其过程是通过传感器和 CAN 总线，监测车辆运行状态及各系统状态信息，并将状态信息和故障诊断信息通过数字仪表显示出来。

（九）故障诊断与处理

整车控制器可连续监视动力系统，进行故障诊断，并及时进行相应安全保护处理；根据传感器的输入及其他通过 CAN 总线通信得到的驱动电机、电池、踏板等的信息，对各种故障进行判断、等级分类、报警显示；存储故障码，供维修时查看。

实训技能

实训一　北汽 EV160 纯电动汽车整车控制器无法供电故障排除

实训目的

（1）掌握纯电动汽车整车控制器无法供电故障的排除方法。

（2）掌握纯电动汽车整车控制策略与上电策略。

实训要求

（1）车辆处于空挡，并拉起手刹。

（2）关闭启动开关，取下车钥匙。

（3）进行操作前，须穿戴安全防护装备。

实训器材

（1）实训设备：北汽 EV160、万用表。

（2）防护用品：安全防护装备。

实训一设备、材料如图 10－14 所示。

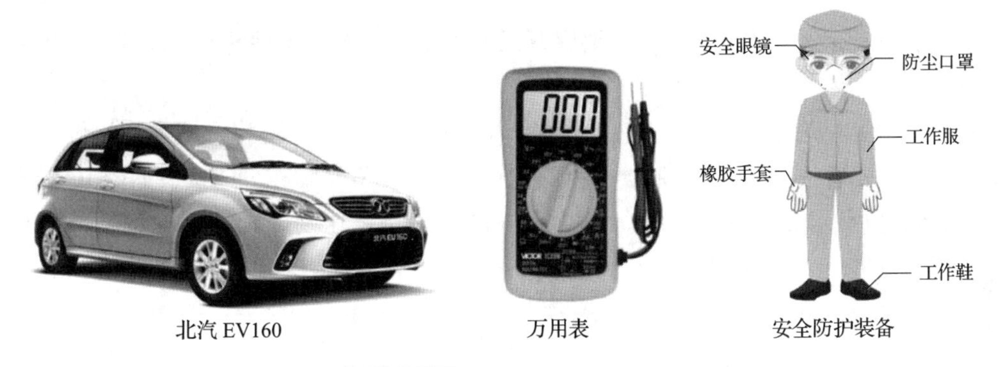

图 10－14　实训一设备、材料

操作步骤

1. 判断整车控制器供电及搭铁情况

（1）通过车辆电路图可以了解到整车控制器的供电唤醒电压分别通过保险丝 FB16、FB17 送入。打开低压保险丝盒检查整车控制器电源（FB16、FB17）7.5 A 保险丝是否熔断。保险丝位置如图 10－15 所示。

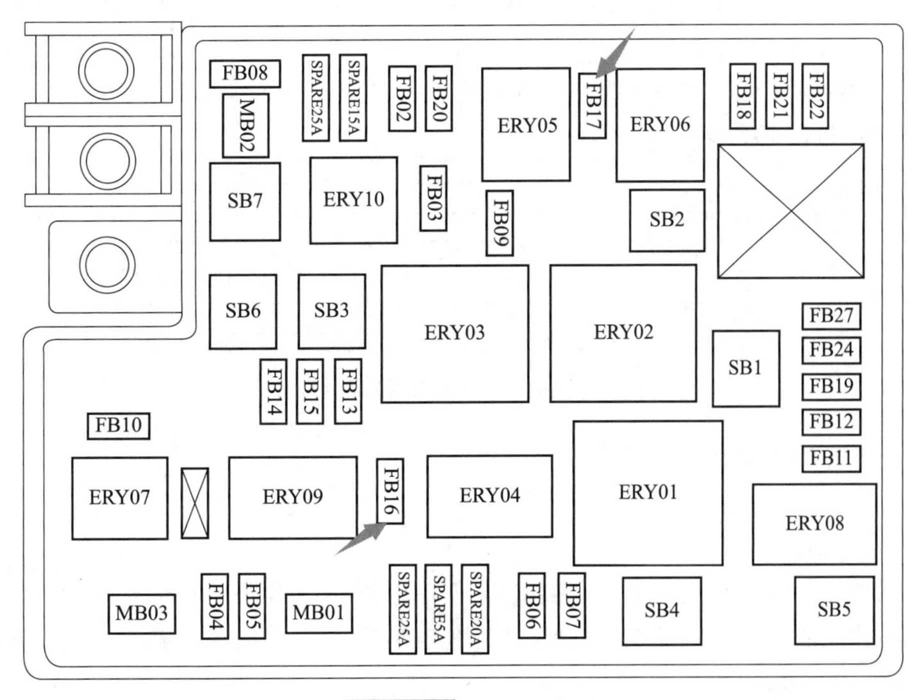

图 10－15　保险丝位置

注意事项： 检测保险丝时需要将保险丝从插座上拆下，使用万用表测量。若在保险丝背面使用万用表测量，或者直接目视检查则可能无法判断保险丝是否存在熔断故障。

（2）如保险丝 FB16 未熔断，则用万用表测量整车控制器供电电源是否有 12 V 电源电压。

测量方法：先打开电源，使整车模块处于供电激活状态，再将万用表旋钮旋至电压测试挡，使表笔分别与整车控制器线束的 1 号针脚和 2 号针脚充分连接，如图 10－16 所示，检测是否有 12 V 电源电压，如果没有 12 V 电源电压则确定线束短路，如果 12 V 电源正常则进行下一步检测。

1 2
4
4 5
81 63
62 44
43 25
24 6

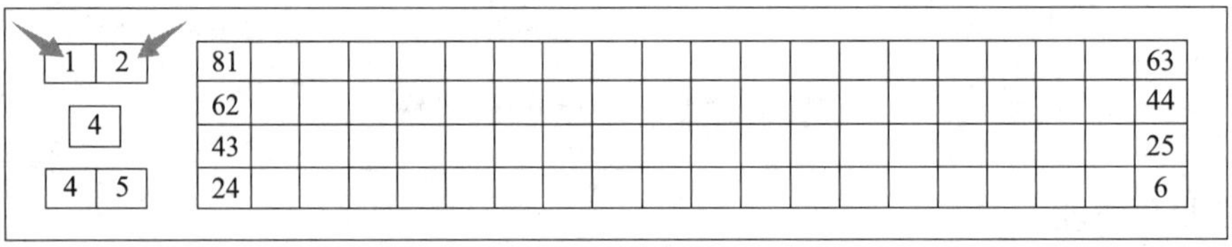

图 10－16 整车控制器供电检测

（3）如保险丝 FB17 未熔断，则用万用表测量整车控制器供电电源是否有 12 V 电源电压。

测量方法：先打开电源，使整车模块处于供电激活状态，再将万用表旋钮旋至电压测试挡，使表笔分别与整车控制器线束的 37 号针脚和 2 号针脚充分连接，如图 10－17 所示，检测是否有 12 V 电源电压，如果没有 12 V 电源电压则确定线束短路，如果 12 V 电源正常则进行下一步检测。

1 2
4
4 5
81 63
62 44
43 25
24 6

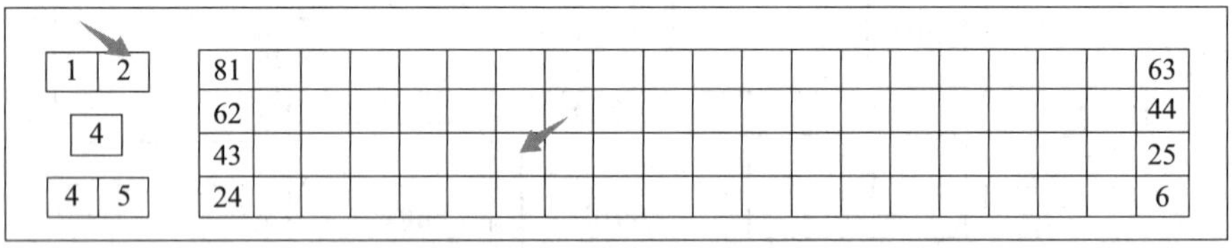

图 10－17 整车控制器唤醒信号检测

2. 检查 CAN 总线是否正常

（1）检查 CAN 总线阻值是否正常：断开低压蓄电池负极后，测量 CAN 总线电阻值是否为 60 Ω。

测量方法：拔下电机控制单元插接器，将万用表调节至 200 Ω 测试挡，将红色表笔连接电机控制单元插接器 31 号针脚，黑色表笔连接 32 号针脚。查看万用表显示阻值，如图 10－18 所示。

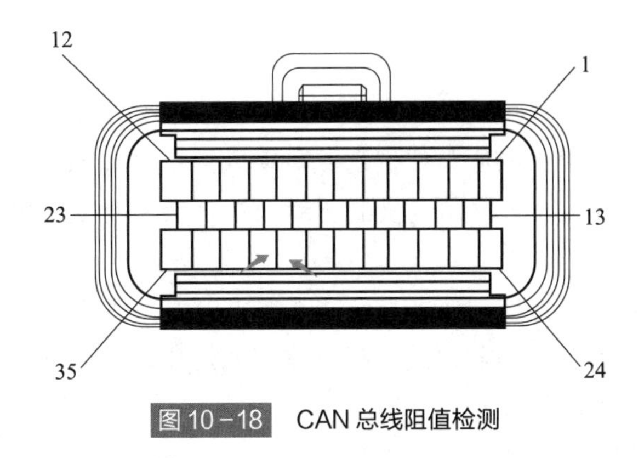

图 10－18　CAN 总线阻值检测

若电阻值不正确，则一次断开整车控制器、高压控制盒、动力电池车身控制模块、电机控制单元、车载充电机、空调压缩机等与 CAN 总线相连的新能源模块。若断开某个模块后电阻值恢复正常则判定此用电器件功能失效。

注意事项： 单一断开整车控制器或动力电池后电阻值为 120 Ω。

（2）检查 CAN 总线是否短路或断路：在所有模块功能都完好的情况下，用万用表测量 CAN 总线的两根线路是否存在短路或断路情况。

测量方法：将万用表旋钮旋至 200 Ω 电阻测试挡，将万用表红、黑色表笔分别连接两根 CAN 线，测量其是否存在导通，如电机控制单元与动力电池之间。CAN 总线线束测量如图 10－19 所示。

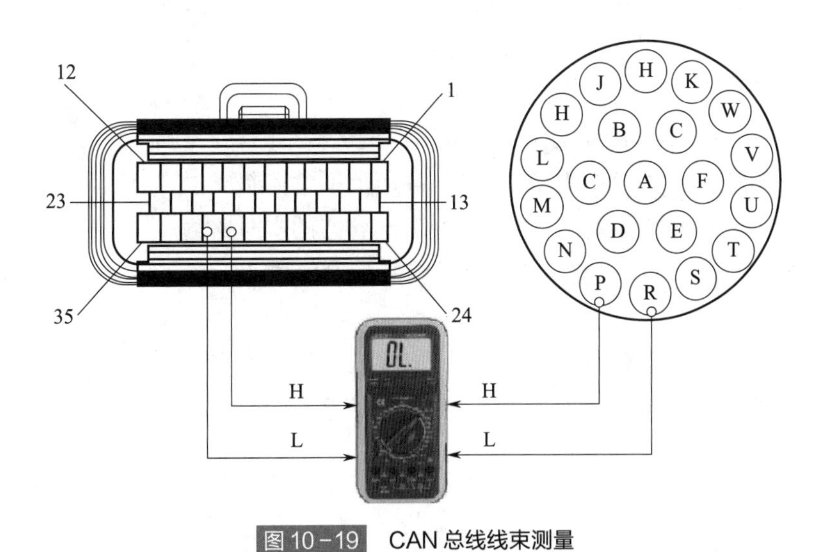

图 10－19　CAN 总线线束测量

如果导通则判定线束短路，需更换线束。如果不导通则使用万用表红、黑色表笔连接单根 CAN 线两端，检测导线是否存在断路情况，如果判定线束断路则需要更换线束。

思考与练习

一、判断题

1. 整车驱动控制策略的核心是根据驾驶员输入的信号和当前的车辆状态，在经过一系列的判断和计算后，给出驱动电机的驱动力矩，从而改变车辆运行状态，达到驾驶员期望的车速。 ( )

2. 在电动车辆的驱动系统上，开环控制系统应用十分广泛。 ( )

3. 自适应控制研究的被控制对象的数学模型和对象所处的环境类型不是完全确定的，其中包括一些未知因素和随机因素。 ( )

4. 自适应控制属于单输入、单输出控制系统，每个输入量都对应一个输出量，在系统中只有按顺序前进的通路，没有逆顺序反馈的回路。 ( )

5. 在整车网络管理中，整车控制器是信息控制的中心，负责信息的组织与传输、网络状态的监控、网络节点的管理以及网络故障的诊断与处理。 ( )

二、选择题

1. ( ) 是一种分布式并行处理的非线性系统，是以生物神经系统的简单神经元为基础组成的生物神经网络模型。

A. 闭环控制　　B. 神经元网络控制

C. 开环控制　　D. 模糊控制

2. 北汽 EV160 制动能量回馈的原则是 ( )

A. 能量回收制动不应该干预制动防抱死系统的工作

B. 当制动防抱死系统进行制动调节时，制动能量回收不应该工作

C. 当制动防抱死系统报警时，制动能量回收不应该工作

D. 以上都是

3. ( ) 负责整车的驱动力矩的输出，决定整车的动力性能。

A. 制动能量回馈控制策略　　B. 高压上下电控制

C. 整车驱动控制策略　　D. 车辆状态的实时监测

4. 在整车网络管理中，整车控制器是信息控制的中心，负责 ( ) 和网络故障的诊断与处理。

A. 信息的组织与传输　　B. 网络状态的监控

C. 网络节点的管理　　D. 以上都是

学习小结

1. 整车控制系统是两条总线的网络结构，分为高速 CAN 线和低速 CAN 线。

2. 在北汽 EV160 纯电动汽车动力系统控制网络中，最主要的控制模块是整车控制器、电池管理系统、电机控制单元。

3. 整车控制器是整个汽车的核心控制部件，它采集加速踏板信号、制动踏板信号及其他部件信号，并在做出相应判断后，控制下层控制器的动作。

4. 自动控制理论由经典控制理论和现代控制理论两部分组成。经典控制理论的研究方法是传递函数法理论，在频率域或复数域内，对单输入和单输出系统进行分析。现代控制理论的研究方法是状态空间法，在时间域内对多输入、多输出的复杂系统进行分析。

5. 开环控制属于“操作指导型”控制策略。开环控制系统属于单输入、单输出控制系统，每个输入量都对应一个输出量，在开环控制系统中只有按顺序前进的通路，没有逆顺序反馈的回路。

6. 闭环控制属于“直接控制型”控制系统。闭环控制系统属于多输入、多输出的控制系统，在闭环控制系统中有按顺序前进的回路，同时还有逆顺序反馈的回路。

7. 自适应控制研究的被控制对象的数学模型和对象所处的环境类型，不是完全确定的，其中包括一些未知因素和随机因素。

8. 由于纯电动汽车在行车时，动力总成系统的动态响应不能事先精确确定，所以模糊控制是依靠经验来确定的，它的隶属函数主要采用“试错法”来分析和“归纳法”来模拟。

9. 神经元网络控制是一种分布式并行处理的非线性系统，是以生物神经系统的简单神经元为基础组成的生物神经网络模型，通过大量形式相同的神经元相互连接组成神经元网络。

10. 纯电动汽车整车控制系统基本功能包括：驾驶员意图分析、整车驱动控制、制动能量回馈控制、整车能量优化管理、整车通信网络管理、高压上下电控制、充电过程控制、车辆状态的实时监测和显示以及故障诊断与处理等。

任务十一 纯电动汽车能量回收系统结构与控制原理

任务描述

纯电动汽车在发展过程中亟须解决的主要问题是延长行驶里程。在纯电动汽车行驶时，如果能够回收汽车的动能并将之转换为电能储存在电池组中，那么将会在很大程度上延长纯电动汽车的单次行驶里程。对于纯电动汽车来说，其电动机既拥有驱动功用，又具有发电功用，利用这个特征，可以完成纯电动汽车制动能量的回收利用。

纯电动汽车在制动时，将汽车车轮运动过程中产生的动能传递给电动机，从而带动电动机旋转。此时，电动机处于发电状态，向能量存储设备（电池或超级电容器）充电，即将制动时所产生的能量转化为电能储存起来，从而完成制动能量的回收。与此同时，电动机所提供的阻力力矩被作用到车轮上从而减缓了汽车的车速起到了制动作用。纯电动汽车能量回收系统如图 11－0 所示。

本任务主要介绍纯电动汽车的能量存储系统、能源管理系统、电池管理系统以及再生制动能量回收系统。

学习目标

1. 了解纯电动汽车能量储存系统。
2. 掌握能源管理系统的组成和功用。
3. 掌握电池管理系统的功能及组成。
4. 掌握再生制动能量回收系统的类型。
5. 掌握再生制动能量回收系统的应用和工作原理。

图 11－0 纯电动汽车能量回收系统

知识准备

一、能量存储系统

纯电动汽车的能量存储装置是蓄电池。蓄电池又包括铅酸蓄电池、镍镉蓄电池、镍氢蓄电池、纳硫蓄电池、钠氯化镍蓄电池和锂离子电池等。

衡量蓄电池特性常用的指标有比能量、能量密度、比功率、功率密度、循环寿命、快速充电性能、充放电时间以及价格。

(1) 比能量，又称质量能量 (W·h/kg)，它代表每千克质量的电池能够提供多少能量。

(2) 能量密度，又称体积能量 (W·h/L)，它代表每升容积的电池能够提供多少能量。

(3) 比功率，又称质量功率 (W/kg)，它代表每千克质量的电池能够提供多少功率。

(4) 功率密度，又称体积功率 (W/L)，它代表每升容积的电池能够提供多少功率。

(5) 循环寿命，表示储能器件的容量下降至某一规定数值 (有效使用数值) 时，电池在某一充放电制度下的充放电的次数。

(6) 快速充电性能，用充满 50%、80% 或 100% 能量所需的时间来表示。

各种储能器件性能见表 11-1。

表 11-1　各种储能器件性能

电池种类	比能量/(W·h/kg)	能量密度/(W·h/L)	比功率/(W/kg)	功率密度/(W/L)	循环寿命/次
铅酸蓄电池	20~50	65	40~70	120	500~700
镍镉蓄电池	40~55	85	70~250	130	600~1 000
镍氢蓄电池	70~80	80~220	100~600	250~800	600~1 200
锂离子电池	55~150	130~300	300~1 500	400	600~1 200
燃料电池	180~350	250	100~250	—	>500
飞轮电池	100~120	—	1 000	—	>50 000
超级电容器	1~10	—	<10 000	—	>500 000

1. 铅酸蓄电池

铅酸蓄电池是应用时间最长、技术最成熟的蓄电池。它的主要优点包括：电池容量可小至 1 A·h 大至几千 A·h；高倍率时放电性能良好；可在 -40~60℃的条件下工作，耐高温性能良好；具有蓄电池中最高的电池电压，电能效率可达 60%；易于浮充，没有记忆效应；易于识别荷电状态；价格低廉 (仅为镍镉蓄电池的 1/6~1/5)。但它也存在缺点，包括使用寿命较短、比能量很低 (一般只有 30~40 W·h/kg)、充电时间长、体积较大、长期保存会导致电极的铅化、存在爆炸危险等，在某些结构电池中，由于氢化锑、氢化砷的析出还可能会引起公害。

2. 镍镉蓄电池

镍镉蓄电池是一种碱性蓄电池。它的比能量可达 55 W·h/kg，比功率最高可达

225 W/kg；极板强度高，工作电压平稳，既可以浮充电，也可以快速充电；过充电和过放电性能好，有高倍率的放电特性，瞬时脉冲放电率很大，深度放电性能也好；循环使用寿命长，可达到2 000次或7年以上，是铅酸蓄电池的2倍。但是其价格较高，长时间处于过充电状态会缩短其使用寿命，而且在高温时性能低下，还会产生自放电现象。

3. 镍氢蓄电池

镍氢蓄电池也是一种碱性蓄电池。它的比能量可达到70～80 W·h/kg，比功率可达到600 W/kg；镍氢蓄电池具有高倍率的放电特性，瞬时脉冲放电率很大；过充电和过放电性能好，既可以浮充电，也可以快速充电，在15 min内可充至60%的容量，1 h可以完全充满；应急补充充电的时间短；在80%的放电深度下，循环寿命可达到1 000次以上，是铅酸蓄电池的3倍。但是镍氢蓄电池需要储氢合金，其造价较高，在充电时容易发热，要对电池进行有效的温度管理。

4. 锂离子电池

锂离子电池的比能量一般可达到100 W·h/kg，比功率高达1 500 W/kg，这一点是铅酸蓄电池和镍氢蓄电池所无法比拟的。锂离子单元电池的平均电压为3.6 V，相当于3个镍镉蓄电池串联起来的电压值。因此它能够减少蓄电池组的数目，从而降低因单元蓄电池电压差所造成的蓄电池故障发生的概率，延长蓄电池组的使用寿命。同镍镉蓄电池相比，锂离子电池的无记忆效应可以确保其在充电前不需要进行放电，不但大大提高了使用的方便性，而且也节省了电能。锂离子电池的自放电率很低，仅有5%～10%，稳定性好，不使用时其内部基本不会发生化学反应。此外，由于锂离子电池内部不含有害重金属，所以它具有很好的环保性，是绿色环保型蓄电池。锂离子电池的负极为硬石墨电极，通过测量端子电压就能准确地知道电池的剩余电量，因此它具有检验精度高的优点。但是锂离子电池在过充电状态下其内部会发生化学反应，导致锂离子电池内厚度仅有数微米的隔离膜刺穿而造成电池短路，从而引发更为剧烈的化学反应，短时间内即可释放出大量能量，引起锂离子电池爆炸。因此要特别关注其安全性。

二、能源管理系统

不同形式的能量混合后必须经过能源管理才能有效地给车辆提供动力。能源管理工作是纯电动汽车的核心工作，换言之，车辆行驶时的扭矩需求必须由能源管理模块，根据车辆动力混合方式、部件、策略的不同，合理地将能量需求分配到不同的驱动系中去。

1. 能源管理系统功用

对纯电动汽车动力系统能源转换装置的工作能量进行协调、分配和控制的软硬件系统称为能源管理系统。能源管理系统的硬件系统由一系列传感器、电子控制单元和执行元件等组成。能源管理系统的软件系统主要对传感器的信号进行分析处理，对能源转换装置的工作能量进行优化分析，并向执行元件发出指令。因此，可以说纯电动汽车能源管理系统的功能是在满足汽车基本技术性能（如动力性、驾驶平稳性等）和成本等要求的前提下，根据各部分的特性及汽车的运行工况，实现能量在能源转换装置（如发动机、电动机、储能装置、功率变换模块、动力传递装置、燃料电池等）之间按最佳路线流动，使整车的能源利用效率达到最高。

2. 能源管理系统组成

纯电动汽车能源管理系统的基本结构如图 11－1 所示。能源管理系统由电子控制单元的参数、各电池组的状态参数（如工作电压、放电电流和电池温度等）、车辆运行状态参数（如行驶速度、电动机功率等）和车辆操纵状态（如制动、启动、加速和减速等）等组成。能源管理系统具有对检测的状态参数进行实时显示的功能。电子控制单元对检测的状态参数按预定的算法进行推理与计算，并向电池、电动机等发出合适的控制和现实指令等，实现电池能量的优化管理与控制。

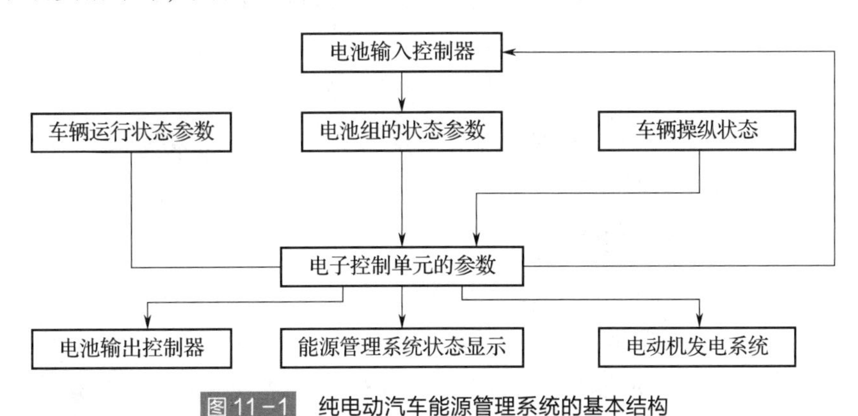

图 11－1　纯电动汽车能源管理系统的基本结构

三、电池管理系统

电池管理系统是能源管理系统的重要组成部分，肩负着优化电池使用和延长电池寿命的重要职责。纯电动汽车电池管理系统作为电池系统的重要组成部分，具有实时监控电池状态、优化使用电池能量、延长电池寿命和保证电池的使用安全等重要作用。电池管理系统对整车的安全运行、整车控制策略的选择、充电模式的选择以及运营成本都有很大影响。电池管理系统无论在车辆运行过程中还是在充电过程中都要可靠地完成电池状态的实时监控和故障诊断，并通过总线的方式告知车辆集成控制器或充电机，以便采用更加合理的控制策略，达到有效且高效使用电池的目的。

（一）电池管理系统的功能

电池管理系统采用集散式系统结构，每套电池管理系统由 1 台中央控制模块（或称主机）和 10 个电池测控模块（或称从机）组成。电池管理系统检测模块安装在电池箱前面板内；电池管理系统主控模块安装在车辆尾部高压设备仓内。电池管理系统的功能如下。

（1）电池单体电压检测。

（2）电池温度检测。

（3）电池组工作电流检测。

（4）绝缘电阻监测。

（5）冷却风机控制。

（6）充放电次数记录。

（7）电池组 SOC 估算。

（8）电池故障分析与在线报警。

（9）各箱电池充放电次数记录。

（10）各箱电池离散性评价。

（11）与车载设备通信（CAN1），为整车控制提供必要的电池数据。

（12）与车载监控设备通信（CAN2），将电池信息发送到面板显示。

（13）与充电机通信（RS-485），安全实现电池的充电。

（14）有简易的设备实现纯电动汽车电池管理系统的初始化功能，能满足电池快速更换以及电池箱重新编组的需要。

（二）电池管理系统的组成

电池管理系统最基本的作用是进行电池组管理。完善的电池管理系统还包括热（温度）管理和电压平衡控制。蓄电池管理系统主要执行以下工作：电压、电流与温度测量；计算电池 SOC；计算电池放电深度；计算最大允许放电电流；计算最大允许充电电流；预测蓄电池寿命指数和电池的健康度；故障诊断等。

电池管理系统主要有以下几个部分构成。

1. 电池组管理系统

电池组管理系统主要管理电池的工作情况，避免出现过放电、过充、过热，对出现的故障应能及时报警，以最大限度地利用电池的能量存储能力和循环寿命。包括电池组电压测试、电池组电流测试、电池组和单节电池的温度测试、SOC 估算及显示技术、电池组剩余电量显示、车辆在线可行驶里程显示、自动诊断系统和报警系统、安全防护系统。

2. 热（温度）管理系统

热（温度）管理系统主要对电池组组合方式、电池组分组和支架布置、通风管理系统和风扇、温度管理控制单元及温度传感器、热能进行管理与应用。

3. 电压平衡控制系统

电压平衡控制系统可以平衡各电池的充电量，延长电池寿命，并对更换后的新电池进行容量平衡。

世界各大汽车制造商的研究机构都在进行纯电动汽车车载电池能量管理系统的研究与开发。我国对纯电动汽车电池管理系统的研究还处于起步阶段，目前清华大学、北京理工大学、同济大学、北京航空航天大学在纯电动汽车的电池管理系统研究上取得了一定的成果。在锂离子电池被广泛关注之前，国内已经有学者针对铅酸电池和镍氢电池开展了电池管理系统的研究，这些研究包括数据采集、SOC 估算、实时通信、均衡控制、绝缘监测等。由于锂离子的物理特性相当活跃，过充、过放更容易造成锂离子电池的损坏，这就对电池保护系统的性能提出了更高的要求。纯电动汽车电池管理系统结构如图 11－2 所示。

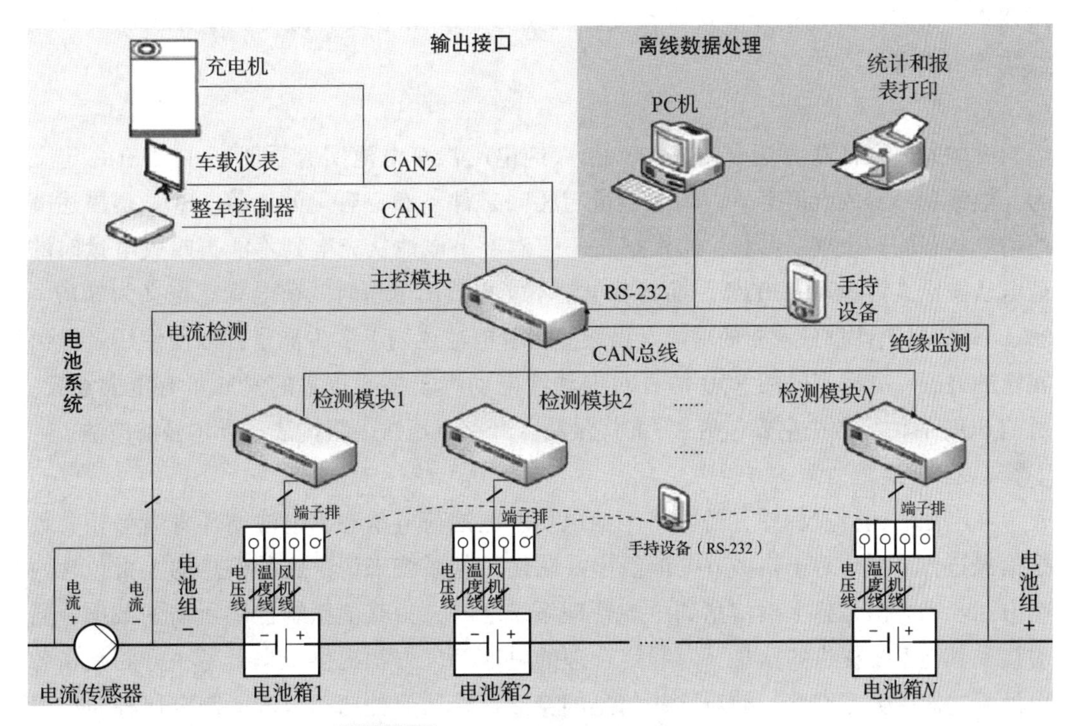

图 11－2　纯电动汽车电池管理系统结构

（三）纯电动汽车电池管理系统的关键功能

对于纯电动汽车电池管理系统而言，其最关键的功能如下。

1. 前端数据采集

在纯电动汽车系统中，前端数据采集是整个电池管理系统的基础和关键，尤其是对于锂离子电池而言，采集的精度和速度对电池的使用寿命乃至整个系统的安全可靠运行至关重要。采集的数据主要包括各电芯电压值、总电压值、充放电电流值以及温度信息。

2. 电池均衡管理

在电池组中，由于各单体电芯在生产过程中存在容量上的差异，在无均衡控制的情况下，这种差异会在长期使用下变得越来越大。在电流相同的情况下，容量大的电芯处于浅充浅放状态，容量衰减缓慢，有更长的使用寿命；而容量小的电芯总是处于过充过放状态，容量衰减加快，寿命缩短。电池组的寿命是由最差电芯寿命决定的，这就导致了电池组整体寿命随之下降。

作为减小电池组内电芯不一致性的有效方法，均衡充电得到了较为深入的研究，国内外都出现了一些巧妙的均衡充电方案。目前，适用于纯电动汽车的均衡方案是非耗散型均衡方案。非耗散型均衡方案采用电容或电感作为储能元件，利用常见的电源变换电路作为拓扑基础，采取分散或集中的结构，实现单向或双向的充电方案。非耗散型均衡方案的常见方案包括变流技术均衡方案和开关电容均衡方案，其中变流技术均衡方案又包括分散式直流变换均衡方案、集中式均衡变换器方案以及分流器均衡方案等。

3. SOC 电量计量

美国先进电池联合会（USABC）在《纯电动汽车电池实验手册》中将 SOC 定义为：电池在一定放电倍率下，剩余电量与相同条件下额定容量的比值。SOC 是描述电池荷电状态的一个重要参数，通常把在一定温度下电池从充电到不能再吸收电量时的荷电状态定义为 $SOC=100\%$，而将蓄电池不能再放出电量时的荷电状态定义为 $SOC=0\%$。SOC 电量计量最重要的功能是提醒使用者电池还剩下多少能量，以便使用者做出相应的处理。准确有效的 SOC 估算对推动纯电动汽车核心技术的发展具有重要意义。目前 SOC 的估算方法主要包括 A · h 计量法、开路电压法、阻抗法、卡尔曼滤波法。

4. 实时通信

在电池的运行过程中，需要将电池电压、电池荷电状态、电池循环寿命等相关数据信息进行上报。对于将多节电池组串并联使用的系统来说，这种信息的上报包含两个方面：一方面是指上报信息到电池管理系统之外，为其他系统提供所需的数据，同时接受其他系统提供的信息，为制定合理的电池管理方案提供依据；另一方面是指各电池组之间的数据交互。针对这些信息的交互，采用何种通信方式、制定何种通信协议对于实时了解电池的容量和性能、保证电池安全可靠的运行以及为电池系统提供可信的依据成为电池管理系统中存在的关键问题。目前，应用到电池管理系统中的主要通信手段有 CAN 总线、SMBUS 总线、RS-232、RS-485 总线等。其中，CAN 总线在汽车、电子领域中的广泛应用，使得 CAN 总线几乎成为纯电动汽车交换电池信息的主要方式。许多研究者也将 CAN 总线通信功能应用于智能电池管理方案。

5. 电池绝缘监测

纯电动汽车的电池管理系统往往需要将多套电池组串联或者并联使用，整个系统中的电芯数量多达几百个，电压根据不同的设计需求也在上百伏。在这样一种高压应用环境中，需要对电池绝缘性能进行监测，以保证驾驶员及乘客的人身安全。因此电池绝缘监测也是电池管理系统的重要功能。

为了满足纯电动汽车的实际运行需求，电池管理系统在功能、可靠性、实用性、安全性等方面都做出了重要努力。但是，电池的 SOC 估算和 SOH 评估还不能满足车辆和电池实际需求是电池管理系统最大的缺陷，这不仅极大地限制了电池容量的有效发挥，降低了电池均衡效果，使得电池过充电和过放电控制缺乏充足的依据，降低了电池使用的安全性和可靠性，而且直接影响到电池的性能和电池寿命以及纯电动汽车的驾驶性能和电动车事业的发展。

四、纯电动汽车再生制动能量回收系统

再生制动是指纯电动汽车在减速制动（刹车或者下坡）时将汽车的部分动能转化为电能，并将转化的电能储存在储能装置中，如各种蓄电池、超级电容和超高速飞轮，最终达到增加纯电动汽车的续驶里程的目的。如果储能装置已经被完全充满，再生制动就不能实现，所需的制动力就只能由常规的制动系统提供。纯电动汽车的制动系统结构如图 11－3 所示。

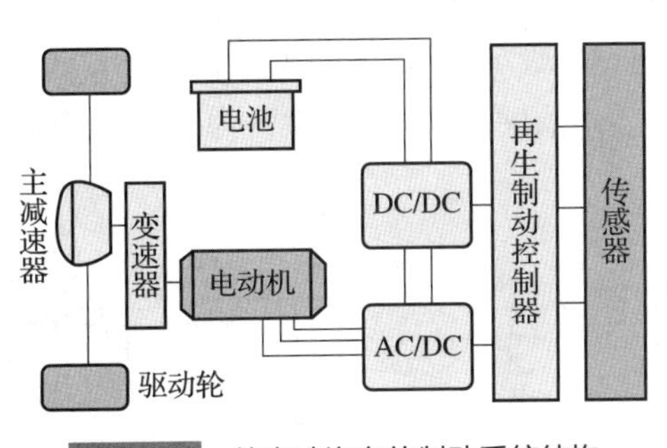

图 11－3　纯电动汽车的制动系统结构

汽车在制动或滑行过程中，根据驾驶员的制动意图，由制动控制器计算得到汽车需要的总制动力，再根据一定的制动力分配控制策略得到电动机应该提供的电动机再生制动力。电动机控制器计算需要的电动机电枢中的制动电流，并通过一定的控制方法使电动机跟踪需要的制动电流，从而较准确地提供再生制动力矩。在电动机的电枢中产生的电流经 AC/DC 整流再经 DC/DC 控制器被反充到储能装置中保存起来。

在城市循环工况下，汽车的平均车速较低，负荷率起伏变化大，需要频繁地启动和制动。汽车在制动过程中以热能方式消耗到空气中的能量约占驱动总能量的 50% 左右。如果可以将该部分损失的能量加以回收利用，汽车的续驶里程将会延长很多。具有再生制动能量回收系统的纯电动汽车，一次充电续驶里程至少可以增加 10% ~30% 。

（一）制动能量回收的方法和类型

制动能量回收的基本原理是先将汽车制动或减速时的一部分机械能（动能）经再生系统转换（或转移）为其他形式的能量（旋转动能、液压能、化学能等），并储存在储能装置中，同时产生一定的负荷阻力使汽车减速制动；当汽车再次启动或加速时，再生系统又将储存在储能装置中的能量转换为汽车行驶所需要的动能（驱动力）。

根据储能机理的不同，纯电动汽车制动能量回收的方法也不同，主要有 3 种，即飞轮储能、液压储能和电化学储能。

1. 飞轮储能回收系统

飞轮储能利用高速旋转的飞轮来储存和释放能量。飞轮储能的能量转换过程如图 11－4所示。当汽车制动或减速时，飞轮储能回收系统先将汽车在制动或减速过程中的动能转换成飞轮高速旋转的动能；当汽车再次启动或加速时，高速旋转的飞轮又将存储的动能通过传动装置转化为汽车行驶的驱动力。

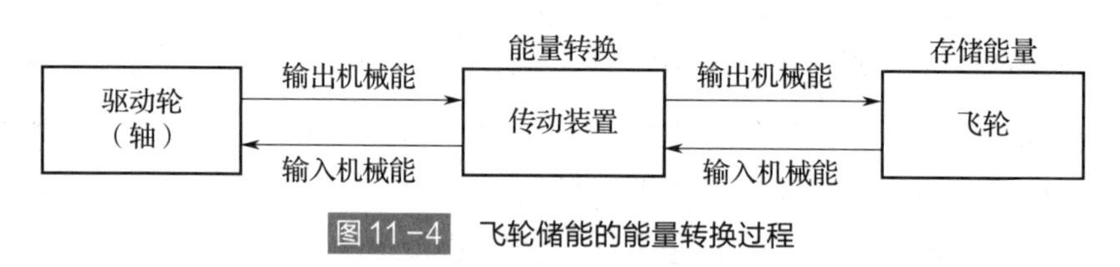

图 11－4 飞轮储能的能量转换过程

飞轮储能式制动能量回收系统主要由发动机、高速储能飞轮、增速齿轮、离合器和驱动桥等组成，如图 11－5 所示。发动机用来提供驱动汽车的主要动力。高速储能飞轮用来回收制动能量以及作为负荷平衡装置，为发动机提供辅助功率以满足峰值功率的要求。

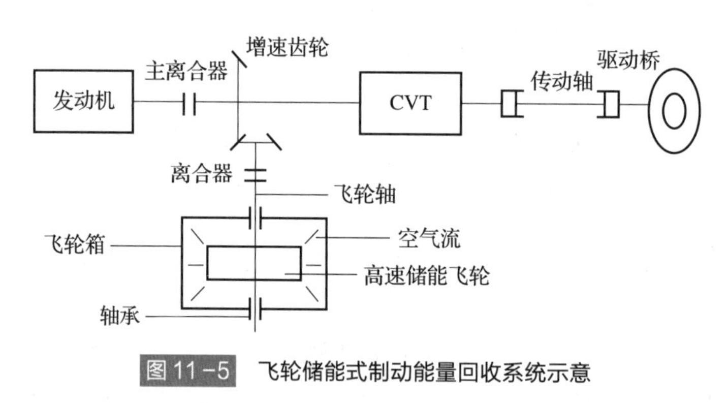

图 11－5 飞轮储能式制动能量回收系统示意

2. 液压储能回收系统

液压储能回收系统先将汽车在制动或减速过程中的动能转换成液压能，并将液压能储存在液压储能器中；当汽车再次启动或加速时，液压储能系统又将液压储能器中的液压能以机械能的形式反作用于汽车，以增加汽车的驱动力。液压储能的能量转换过程如图 11－6 所示。

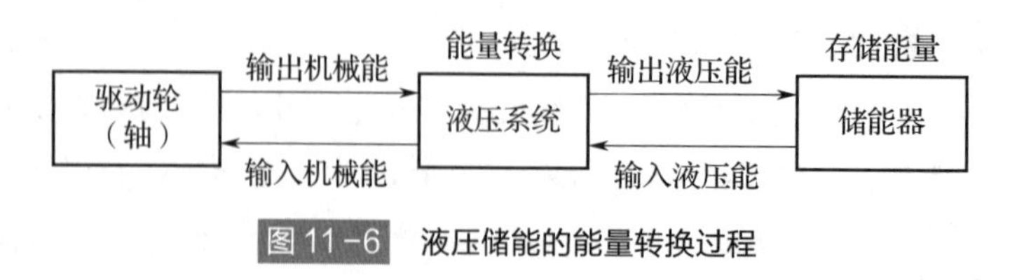

图 11－6 液压储能的能量转换过程

液压储能式制动能量回收系统由发动机、液压泵/马达、液压蓄能器、变速器、驱动桥、液控离合器和液压控制系统组成。汽车启动、加速或爬坡时，液控离合器接合，液压储能器与连动变速器连接，液压储能器中的液压能通过液压泵/电动机转化为驱动汽车的动能，用来辅助发动机满足驱动汽车所需要的峰值功率。减速时，电控元件发出信号，使系统处于储能状态，将动能转换为压力能储存在液压储能器内，这时汽车行驶阻力增大，车速降低直至停车。在紧急制动或初始车速较高时，能量再生系统不工作，不影响原车制动系统正常工作。液压储能式制动能量回收系统示意如图 11－7 所示。

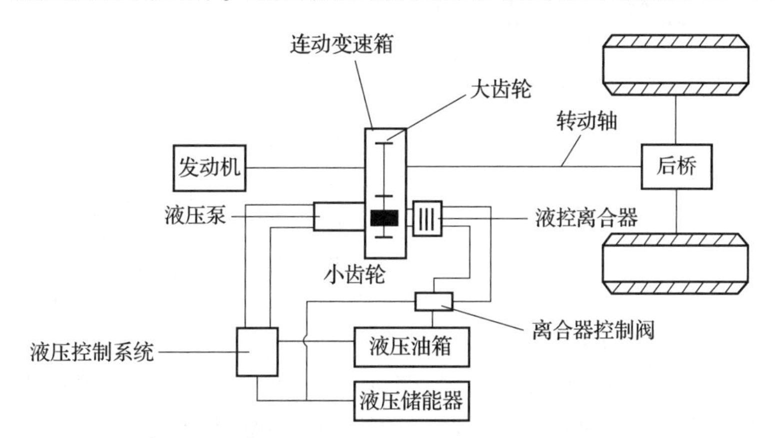

图 11－7　液压储能式制动能量回收系统示意

3. 电化学储能回收系统

电化学储能回收系统先将汽车在制动或减速过程中的动能，通过发电机转化为电能并以化学能的形式储存在储能器中；当汽车再次启动或加速时，再将储能器中的化学能通过电动机转化为汽车行驶的动能。储能器可采用蓄电池或超级电容，由发电机/电动机实现机械能和电能之间的转换。电化学储能回收系统还包括一个控制单元，用来控制蓄电池或超级电容的充放电状态，并保证蓄电池的剩余电量在规定的范围内。电化学储能的能量转换过程如图 11－8 所示。

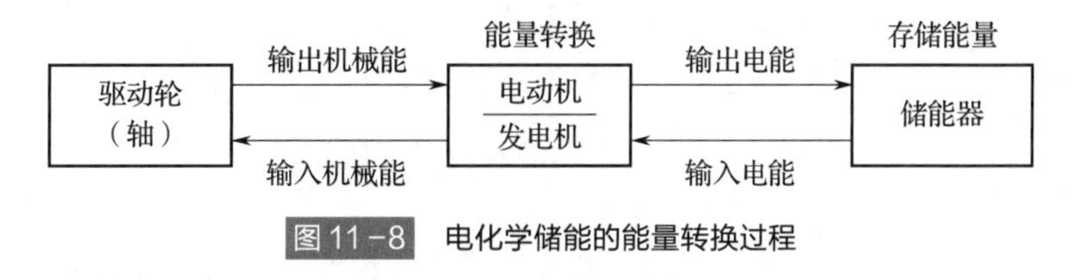

图 11－8　电化学储能的能量转换过程

当汽车以恒定速度或加速度行驶时，电磁离合器脱开。当汽车制动时，行车制动系统开始工作，汽车减速制动，电磁离合器接合，从而接通驱动轴和变速器的输出轴。这样，汽车的动能由输出轴、离合器、驱动轴、驱动轮和从动轮传到发动机和飞轮上。制动时的机械能由电动机转换为电能，存入储能器。前轮驱动汽车的电化学储能式制动能量回收示意如图 11－9 所示。

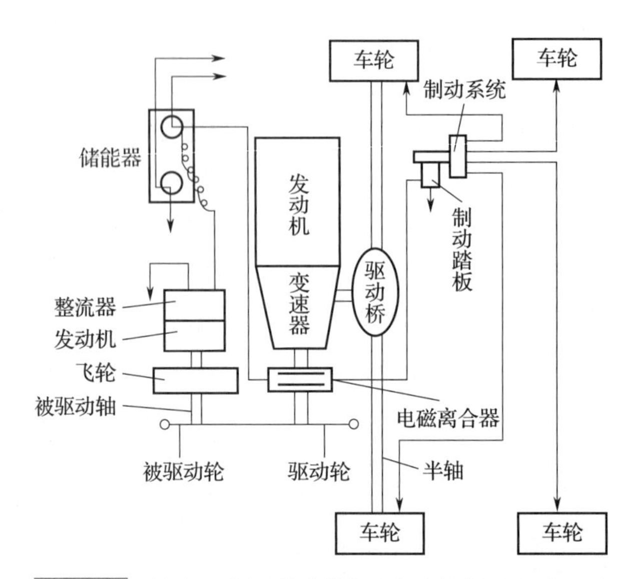

图 11-9　前轮驱动汽车的电化学储能式制动能量回收示意

当离合器再分离时，传到飞轮上的制动能驱动发电机产生电能，存入储能器，并在发电机和飞轮回收能量的同时，产生负载作用，作为前轮驱动的制动力。当汽车再次启动时，储能器中的化学能被转换成机械能用来使汽车加速行驶。

纯电动汽车一般采用在制动或减速时将驱动电机转化为发电机的方法实现再生制动能量回收。

（二）制动能量回收系统的应用

制动能量回收系统的类型因储能方法的不同可分为电能式、动能式和液压式。电能式主要由发电机、电动机和蓄电池或超级电容组成，一般在纯电动汽车上使用；动能式主要由飞轮、无级变速器构成，一般在公交汽车上使用；液压式主要由液压泵/液压马达、储能器组成，一般在工程机械或大型车辆上使用。

在纯电动汽车上采取制动能量回收方法的作用如下。

（1）在目前纯电动汽车的储能元件没有大的突破与发展的实际情况下，制动能量回收装置可以提高纯电动汽车的能量利用率，延长纯电动汽车的行驶里程。

（2）电制动与传统制动相结合，可以减轻传统制动器的磨损，延长其使用周期，达到降低成本的目的。

（3）可以减少汽车制动器在制动，尤其是缓速下长坡以及滑行过程中产生的热量，降低汽车制动器的热衰退，提高汽车的安全性和可靠性。

1. 本田 EV Plus 制动控制系统

本田 EV Plus 的制动控制系统与传统的液压（气压）制动系统有所区别，它使用电动真空泵给制动助力器提供动力，在制动过程中将回收能量传递到动力电池中。本田 EV Plus 制动控制系统如图 11－10 所示。

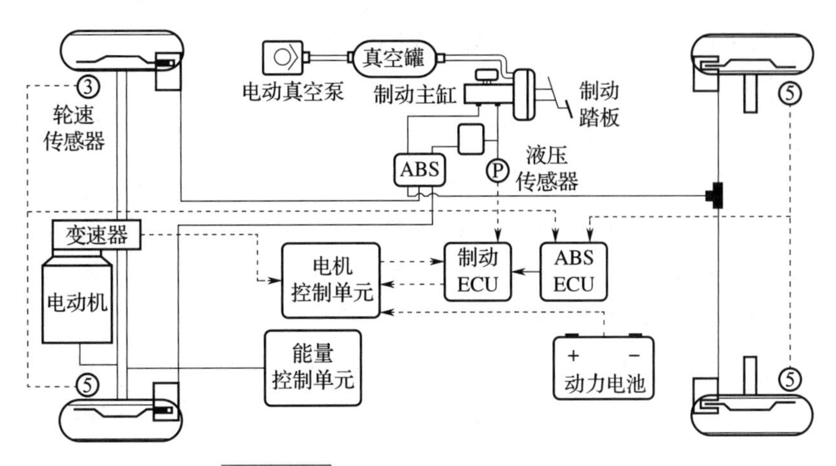

图 11－10　本田 EV Plus 制动控制系统

2. 再生－液压混合制动系统

再生－液压混合制动系统只在前轮上进行制动能量回收。前轮上的总制动力矩大小等于电动机产生的再生制动力矩与机械制动系统产生的摩擦制动力矩之和。再生－液压混合制动系统如图 11－11 所示。

踩下制动踏板后，电动泵使制动液压力增加以产生所需的制动力，制动控制器与电机控制单元协同工作以确定再生制动力矩和前后轮上的液压制动力矩大小。在电动机再生制动过程中，再生制动控制模块回收再生制动能量并输送到电池中，纯电动汽车上的 ABS 及其控制阀的作用都是产生尽可能大的制动力。

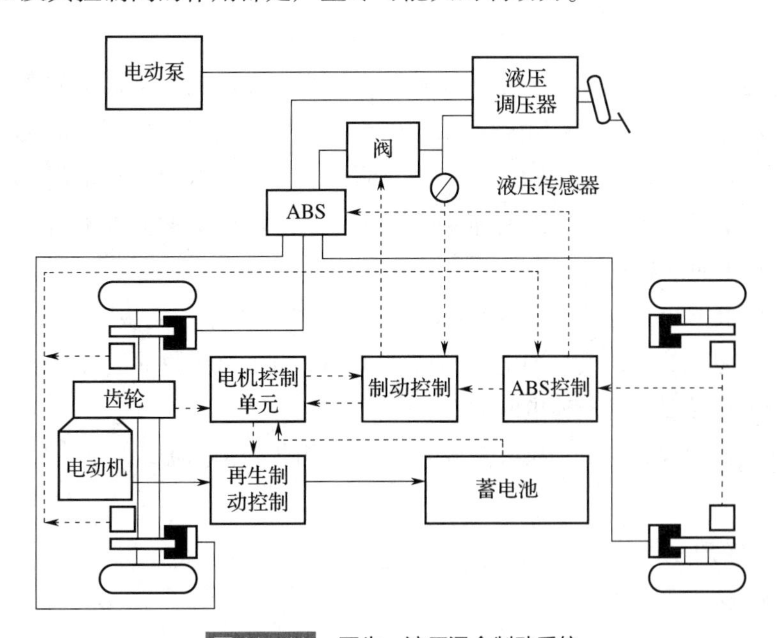

图 11－11　再生－液压混合制动系统

（三）纯电动汽车制动模式与能量回收的条件

1. 制动模式

根据制动车速与制动时间的不同，纯电动汽车制动可分为以下 3 种模式，针对不同情况应采用不同的控制策略。

（1）急制动：急制动对应于制动加速度大于 2 m/s^2 的制动过程。出于安全方面的考虑，急制动应以机械制动为主，电制动同时作用。在急制动时，可根据初始速度的不同，由 ABS 控制提供相应的机械制动力。

（2）中轻度制动：中轻度制动对应于汽车在正常工况下的制动过程，其中又可分为减速过程与停止过程。电制动负责减速过程，机械制动负责停止过程。两种制动形式的切换点由电动机的发电特性确定。

（3）下长缓坡时制动：汽车下长坡的情况一般发生在盘山公路下缓坡时。由于下长坡时制动力一般不大，可完全由电制动提供，其充电特点表现为回馈电流较小但充电时间较长。在这一过程中限制因素主要为电池 SOC 和接收能力。

2. 制动能量回收的条件

实用的制动能量回收系统，要满足以下几方面的要求。

（1）满足制动的安全要求，符合驾驶员驾驶时的制动习惯。一方面在制动过程中，对安全的要求是第一位的，需要找到电制动和机械制动的最佳结合点，并在确保安全的前提下，尽可能多地回收能量。另一方面应充分考虑纯电动汽车的驾驶员和乘客的感受，具有能量回收系统的纯电动汽车的制动过程应尽可能地与传统的制动过程近似，这将保证能量回收系统在实际应用中可以为大众所接受。

（2）考虑驱动电机的发电工作特性和输出能力。纯电动汽车常用的是永磁同步电机和感应异步电机，应针对不同的电动机的发电效率特性，采取相应的控制手段。

（3）确保电池组在充电过程中的安全，防止过充。纯电动汽车常用的电池为镍氢蓄电池、锂离子蓄电池和铅酸蓄电池。应深入考察不同电池的充放电特性，避免充电电流过大或充电时间过长。

由以上要求可知，能量回收系统受以下 3 个参数的约束。

（1）根据电池放电深度，即电池 SOC 的不同，电池可接收的最大充电电流。

（2）电池可接受的最长充电时间。

（3）能量回收停止时电动机转速及与此相对应的充电电流值。

思考与练习

一、判断题

1. 再生制动是指纯电动汽车在减速制动（或者下坡）时将汽车的部分动能转化为电能，并将转化的电能储存在储能装置中，最终达到增加纯电动汽车的续驶

里程的目的。（　　）

2. 镍镉蓄电池是应用历史最长、技术最成熟的蓄电池。（　　）

3. 镍氢蓄电池具有高倍率的放电特性，瞬时脉冲放电率很大。（　　）

4. 能源管理工作是新能源汽车的核心工作。（　　）

5. 在纯电动汽车系统中，电池均衡控制是整个电池管理系统的基础和关键。（　　）

二、单选题

1. 电能式制动能量回收系统主要由发电机、电动机和蓄电池或超级电容组成，一般在（　　）上使用。

A. 纯电动汽车　　B. 燃油汽车

C. 太阳能汽车　　D. 氢燃料汽车

2. 下列（　　）是再生制动能量回收系统的类型和储能方法。【多选】

A. 电能式　　B. 动能式　　C. 液压式　　D. 气压式

3.（　　）代表每千克质量的电池能够提供多少能量。

A. 功率密度　　B. 能量密度　　C. 比能量　　D. 比功率

4. 电池管理系统的功能有（　　）。【多选】

A. 检测电池单体电压　　B. 检测电池温度

C. 监测绝缘电阻　　D. 控制冷却风机

5. 能量回收系统受（　　）的约束。【多选】

A. 电池类型

B. 电池放电深度

C. 电池可接受的最长充电时间

D. 能量回收停止时电机转速

学习小结

1. 纯电动汽车能量存储装置是蓄电池。蓄电池又包括铅酸蓄电池、镍镉蓄电池、镍氢蓄电池、钠硫蓄电池、钠氯化镍蓄电池和锂离子电池等。

2. 衡量蓄电池特性常用的指标有比能量、能量密度、比功率、功率密度、循环寿命、快速充电性能、充放电时间以及价格。

3. 能源管理工作是纯电动汽车的核心工作。车辆行驶时的扭矩需求必须由能源管理模块，根据车辆动力混合方式、部件、策略的不同，合理地将能量需求分配到不同的驱动系中。

4. 再生制动是指纯电动汽车在减速制动（刹车或者下坡）时将汽车的部分动能转化为电能，并将转化的电能储存在储能装置中，如各种蓄电池、超级电容和超高速飞轮，最终达到延长纯电动汽车的续驶里程的目的。

5. 制动能量回收的基本原理是先将汽车制动或减速时的一部分机械能（动能经再生系统转换（或转移）为其他形式的能量，并储存在储能装置中，同时产生一定的负荷阻力使汽车减速制动；当汽车再次启动或加速时，再生系统又将储存在储能装置中的能量转换为汽车行驶所需要的动能（驱动力）。

6. 纯电动汽车制动可分为以下 3 种模式，针对不同情况应采用不同的控制策略。

（1）急制动：急制动对应于制动加速度大于 2 m/s^2 的制动过程。出于安全方面的考虑，急制动应以机械制动为主，电制动同时作用。

（2）中轻度制动：中轻度制动对应于汽车在正常工况下的制动过程，其中又可分为减速过程与停止过程。

（3）下长缓坡时制动：汽车下长坡的情况一般发生在盘山公路上。由于下长坡时制动力一般不大，可完全由电制动提供，其充电特点表现为回馈电流较小但充电时间较长。

任务十二 纯电动汽车制动系统结构与检修

任务描述

纯电动汽车的制动装置同其他汽车一样，是为汽车减速或停车而设置的，除了保留常规制动系统和ABS（由制动器及其操纵装置组成），在纯电动汽车上一般还有电磁制动装置。电磁制动装置可以利用驱动电机的控制电路实现电动机的发电运行，使减速制动时的能量转换成对蓄电池充电的电流，从而得到再生利用。纯电动汽车制动系统如图12－0所示。

本任务主要介绍纯电动汽车制动系统的作用、要求以及组成。

学习目标

1. 了解纯电动汽车制动系统的作用及要求。
2. 正确描述纯电动汽车制动系统的组成。
3. 掌握纯电动汽车制动系统的控制原理。
4. 完成纯电动汽车制动助力系统检测。

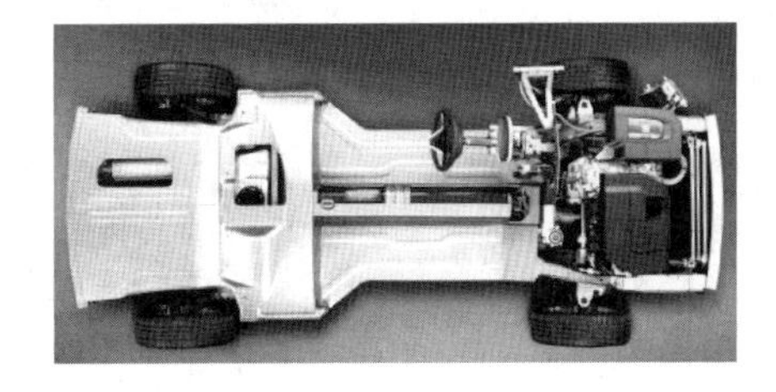

图12－0　纯电动汽车制动系统

知识准备

一、纯电动汽车制动系统的作用及要求

纯电动汽车制动系统是指在汽车上设置的一套（或多套）由驾驶员控制的，能产生与汽车行驶方向相反的外力装置。纯电动汽车制动系统的作用是使行驶中的汽车按照驾驶员的要求进行适时的减速、停车或驻车，以及在汽车下坡行驶时保持稳定的速度。要满足汽车在使用过程中的制动安全性要求，需要制动系统满足以下基本要求。

（1）具有良好的制动性能，包括制动效能、制动效能的恒定性、制动时方向的稳定性3个方面。

（2）操纵轻便。

（3）制动平顺性好，制动力矩能迅速而平稳地增加，也能迅速而彻底地解除。

（4）对有挂车的制动系统，还要求挂车的制动作用略早于主车，挂车自行脱钩时能自动进行应急制动。

二、纯电动汽车制动系统的组成

纯电动汽车采用的液压制动系统的基本结构与传统汽车区别不大，但是在液压制动系统的真空辅助助力系统上存在较大的差异。传统汽车制动系统无法做到能量回收，多余能量只能浪费；而纯电动汽车制动系统中加入了制动能量反馈系统，可有效利用能量，延长车辆续航里程。纯电动汽车制动系统的组成如图 12－1 所示。

（1）供能装置，包括供给、调节制动所需能量以及改善传能介质状态的各种部件。其中产生制动能量的部分称为制动能源。人的机体也可作为制动能源。

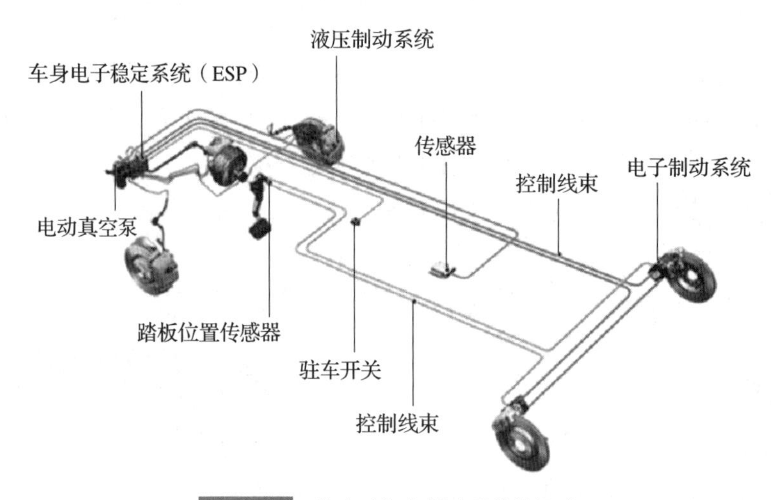

图 12－1　纯电动汽车制动系统的组成

（2）控制装置，包括产生制动动作和控制制动效果的各种部件，如制动踏板、制动阀等。

（3）助力装置，包括真空助力系统，如电动真空泵等。

（4）传动装置，包括将制动能量传输到制动器的各个部件，如制动主缸和制动轮缸等。

（5）制动器，产生制动摩擦力矩的部件。

较为完善的制动系统还具有制动力调节装置、报警装置、压力保护装置等附加装置。此外，纯电动汽车制动系统还必须带有制动能量回收系统。

绝大多数纯电动汽车采用真空助力系统，人力和助力并用。真空助力器利用前后腔的压差提供助力。传统汽车真空助力装置的真空源来自发动机进气歧管，真空度负压一般可达到 0.05～0.07 MPa。纯电动汽车由于没有发动机总成，也就没有了传统的真空源，仅由人力所产生的制动力无法满足行车制动的需要，通常需要单独设计一个电动真空泵来为真空助力器提供真空源。这个助力系统就是电动真空泵（Electric Vacuum Pump，EVP）系统。

（一）电动真空泵系统

1. 组成

电动真空泵系统由真空泵、真空罐、真空泵控制器（后期集成到整车控制器里）以及与传统汽车相同的真空助力器、12 V 电源组成，如图 12－2 所示。

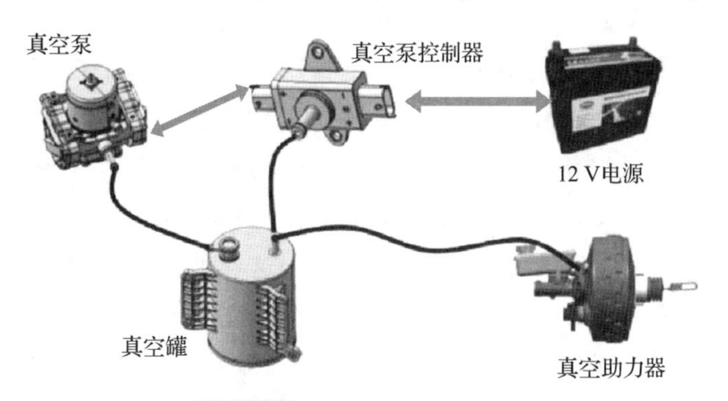

图 12－2　电动真空泵系统组成

1）真空泵

真空泵是指利用机械、物理、化学或物理化学的方法对被抽容器进行抽气而获得真空的器件或设备。通俗来讲，真空泵是用各种方法在某一封闭空间中改善、产生和维持真空的装置。汽车上通常采用的电动真空泵如图 12－3 所示。

2）真空罐

真空罐用于储存真空，通过真空压力传感器感知真空度并把信号发送给真空泵控制器。

3）真空泵控制器

真空泵控制器是电动真空泵系统的核心部件。真空泵控制器根据真空罐真空压力传感器发送的信号控制真空泵工作。

图 12－3　汽车上通常采用的电动真空泵

2. 工作过程

电动真空泵系统的工作过程为当驾驶员启动汽车时，车辆电源接通，真空控制器开始进行系统自检，如果真空罐内的真空度小于设定值，则真空罐内的真空压力传感器输出相应电压信号至真空泵控制器，此时真空泵控制器控制电动真空泵开始工作；当真空度达到设定值后，真空压力传感器输出相应电压信号至真空泵控制器，此时真空泵控制器控制真空泵停止工作；当真空罐内的真空度因制动消耗，真空度小于设定值时，电动真空泵再次开始工作，如此循环。

（二）线控制动系统

线控制动（Brake-By-Wire，BBW）系统分为两类，即电子液压式制动（Electro-Hydraulic Braking，EHB）系统和电子机械式制动（Electro-Mechanical Braking，EMB）系统。

电子液压式制动系统主要由带感觉模拟器的制动踏板、电子控制器、液压控制单元（HCU，包含电机、液压泵、高压蓄能器、方向控制阀等）、传感器（轮速、压力、温度传感器）等组成。带感觉模拟器的制动踏板将驾驶员踩下制动踏板的运动速度和踏板的行程信号传送到电子控制器，电子控制器再将这些信号与轮速传感器、压力传感器采集的信号进行比较，在判断出驾驶员的意图和汽车的当前状态后，确定当前制动属常规制动还是控制制动。若是常规制动，则电子控制器不向液压控制单元发送控制信号，在人力作用下由液压制动主缸提供的制动液将压力传递到制动轮缸，产生与操作制动系统一样的制动。若是控制制动，则电子控制器向液压控制单元发送控制信号，制动轮缸的高压制动液不是由液压制动主缸来提供的，而是由液压控制单元中的泵和高压蓄能器直接提供的，这样就大大缩短了制动系统的反应时间，减少了紧急制动的制动距离。电子液压式制动系统不是纯粹的线控制动系统，而是线控制动系统和传统制动系统的结合。

真正的线控制动系统是电子机械式制动系统。电子机械式制动系统去掉了整个液压系统，制动力由车轮制动模块中的电机执行器产生。其主要组成部分有：带有踏板感应器的电子踏板模块，包括位移传感器和力传感器；计算和控制用传感器组，包括车轮转速传感器、转向盘转角传感器、偏航角度传感器、加速度传感器等；电子控制单元；4 个独立的电机制动模块；电源模块和通信网络等。

汽车线控制动系统工作过程如图 12－4 所示。当驾驶员踩下制动踏板后，传感器检测出制动动作和制动力，经车载网络传给电子控制单元。电子控制单元结合其他传感器信号计算出最佳制动力，并将其输出到 4 个车轮上的独立制动模块，通过制动模块提供适当的控制量给电机执行器，使电机执行器完成必要的转矩响应，从而控制制动模块实现制动。此外，线控制动系统还能根据路面状况、车速和车载质量等信息有效控制制动距离，并能对驾驶员的动作意图做出反应。例如，若驾驶员突然将脚从加速踏板移到制动踏板，线控制动系统将直接进入紧急制动模式。

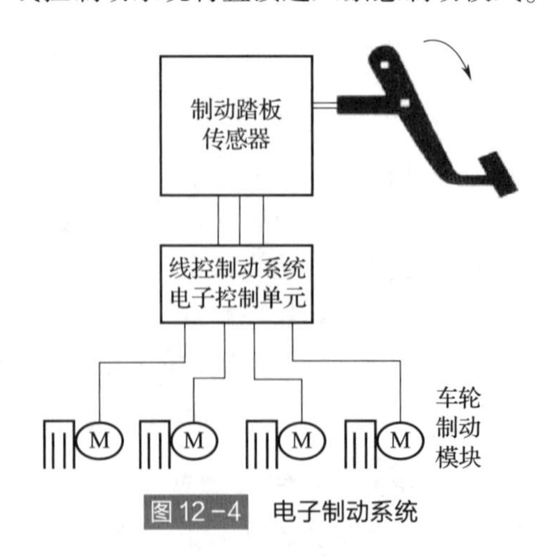

图 12－4　电子制动系统

从结构上可以看出，线控制动系统具有其他传统制动控制系统无法比拟的优点。整个制动系统结构简单，省去了传统制动系统中的制动油箱、制动主缸、助力装置、液压阀、复杂的管路系统等部件，使整车质量减轻；制动响应时间短，制动性能得以提高；因无制动液，维护简单，有利于环保；系统总成的制造、装配、调试和标定简单快捷，易于采用模块化结构；采用电路连接，系统耐久性能良好；有利于与未来的交通管理系统联网，并与其他功能快速集成。线控制动系统的上述优点，使其特别适合在纯电动汽车上应用，能够做到与能量回收系统有机地结合，大大提高了纯电动汽车能量回收的效率。

由于线控制动系统能够独立控制每个车轮的制动力，使每个车轮获得最佳的附着力，这意味着无须增加硬件，仅通过软件既能实现防抱死控制、稳定性控制、制动力分配等功能，也能实现与牵引力控制、主动悬架系统的无缝连接，未来更能应用于避让障碍物的紧急制动系统。

线控技术已成为汽车技术的发展方向，而安全性和可靠性是线控制动系统面临的最大挑战，因此从线控制动系统的结构到功能、从硬件到软件、从控制算法到通信网络都必须围绕着安全性要求进行设计和开发。

（三）制动能量回收系统

传统汽车的制动是通过摩擦将车辆的动能转化成热能，从而达到降低车速的目的，但这样能量就被浪费掉了。而纯电动汽车可以在制动过程中将驱动电机作为发电机，依靠车轮的反向拖动产生电能和车轮制动力矩，从而在减缓车速的同时将部分动能转化为电能以备再利用。因此，制动回收系统能够提高纯电动汽车的能量利用效率，有效地降低车辆的碳排放量并提高燃油经济性和延长车辆的续驶里程。

纯电动汽车对能源的高效利用是发挥其节能和环保优势的关键。纯电动汽车的关键部件是动力电池，动力电池的储能量是决定纯电动汽车续驶里程的重要因素。但是目前动力电池技术仍然是制约纯电动汽车发展的关键问题，未能取得突破性进展，纯电动汽车的续驶里程还不能满足用户的需求。研究表明，在城市行驶工况下，大约有50%甚至更多的驱动能量在制动过程中损失掉，在郊区工况下也有至少20%的驱动能量在制动过程损失掉。因此，制动能量回收是提高纯电动汽车能量利用效率的有效措施，对保持纯电动汽车的节能环保优势起着不可替代的作用。如果将车辆减速时的动能转化为电能，回收入动力电池，而不是摩擦浪费掉，这无疑相当于增加了蓄电池的容量。一般来讲，在动力电池充电效率为100%，电动机效率、制动回馈效率为50%，车辆总消耗能量的50%用于获得车辆动能的设定条件下，基于能量守恒而解析计算得到：采用再生制动能量回收，可使车辆延长33%的续驶里程。

1．制动能量回收系统的定义

制动能量回收系统是指一种应用在汽车或者轨道交通上的系统，能够将制动时产生的热能转换成机器能，并将其存储在电容器内，以便在使用时迅速将能量释放。

纯电动汽车的再生制动，就是利用驱动电机的电气制动产生反向力矩使车辆减速或停车。对于驱动电机来说，电气制动有反接制动、直流制动和再生制动等。其中，能实现将刹车过程中能量回收的只有再生制动。再生制动的本质是电动机转子的转动频率超过电机的电源频率，电动机工作于发电状态，将机械能转化为电能并通过逆变器的反向续流二极管给电池充电。

汽车行驶时能在短距离内停车且维持行驶方向稳定性和在长下坡时能够维持一定车速的能力，称为汽车的制动性能。制动性能是汽车的重要性能指标之一，直接关系到交通安全，再生能量回馈和利用的前提是保证汽车的安全性。再生制动能量回收的优点除可提高能量利用率外，还有减小机械、液压等制动方式的机械磨损，可实现更加精确的制动控制，以及降低传统汽车制动过程中因温度升高而产生的制动热衰退现象等。

2. 制动能量回收系统模式

纯电动汽车的制动能量回收系统可分为以下 3 种模式，不同模式应辅以不同的控制策略。

（1）紧急制动：对应制动加速度大于 2 m/s^2 的制动过程，出于安全性方面的考虑应以机械摩擦制动为主，电气制动仅起辅助作用。在急刹车时，可根据初始速度的不同，由 ABS 控制提供相应的机械摩擦制动力。

（2）中轻度制动：对应汽车在正常工况下的制动过程，如遇红灯或者靠站停车等，可分为减速过程与停止过程。电气制动负责减速过程，机械摩擦制动负责停止过程。

（3）汽车长下坡时制动：纯电动汽车长下坡一般发生在盘山公路下缓坡时，在制动力要求不大时，可在纯再生制动模式下工作。

3. 制动能量回收系统影响因素

在制动过程中，除去空气阻力和行驶阻力消耗掉的能量，一般希望最大限度地回收所有能量。然而，并不是所有的制动能量都可以回收。在纯电动汽车上，只有驱动轮的制动能量可以沿着与之相连接的驱动轴传送到驱动电机转换成电能后传递到能量存储系统，其他制动能量将由车轮上的摩擦制动以热的形式散失。同时，在制动能量回收过程中，能量传递环节和能量存储系统的各部件也会造成能量损失。另外，在再生制动时，制动能量通过电动机转化为电能，而电动机吸收制动能量的能力依赖于电动机的速度，在其额定转速范围内制动时，可再生的能量与车速基本上成正比。当所需要的制动能量超出能量回收系统的范围时，电动机可以吸收的能量保持不变，超出的这部分能量就要被摩擦制动系统所吸收。从另一个角度来看，在驱动电机额定转速内再生制动可以提供较大的制动转矩，而若转速进一步上升，则纯电动汽车再生制动所能提供的制动力受电机弱磁恒功率工作区特点的限制而减小。

4. 能量回馈

在切断电源之后，纯电动汽车的驱动电机不可能立即完全停止旋转，而是在其本身及所带负载的惯性作用下旋转一段时间之后才停止。因而，在能源供应紧张的今天，利用电动机制动过程中的剩余能源就成为必然。

电动机制动可分为机械制动和电气制动两大类。电气制动又可分为反接制动、能耗制动和回馈发电制动3种。纯电动汽车的制动方式为机械制动和电气制动两种类型的结合，尽可能多地用回馈发电方式取代机械式制动。在纯电动汽车制动和下坡滑行时，控制系统将电动机的状态改为发电状态，将发电机发出的电能存储于电池中，这样既可减小机械制动系统的损耗，又能提高整车能量的使用效率，从而达到节约能源和延长纯电动汽车续驶里程的目的。

一般而言，回馈发电制动只能起到限制电动机转子速度过高的作用，即不让汽车的速度比同步速度高出很多，但无法使汽车的速度小于同步转速。也就是说，回馈发电制动仅能起到稳定运行的作用。因此，回馈制动发电系统在工作时应根据汽车运行状况做出改变，如在制动、下坡滑行、高速运行和减速运行等不同情况下采用不同的策略。制动能量回馈发电系统的组成原理如图12－5所示。

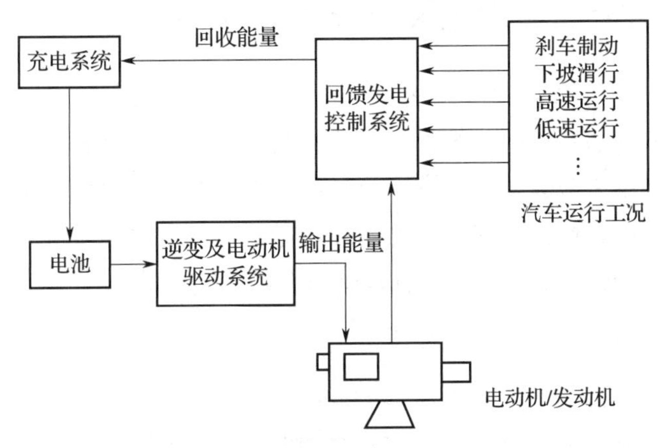

图12－5　制动能量回馈发电系统的组成原理

5. 制动能量回收路径

纯电动汽车作为一个能量系统，主要包括能量存储系统、主驱动系统、辅助电器系统。制动能量回收由车轮转速的变化经差速器传递到变速器，再由电动机把机械能转化为电能回收到动力电池。制动能量回收路径如图12－6所示。

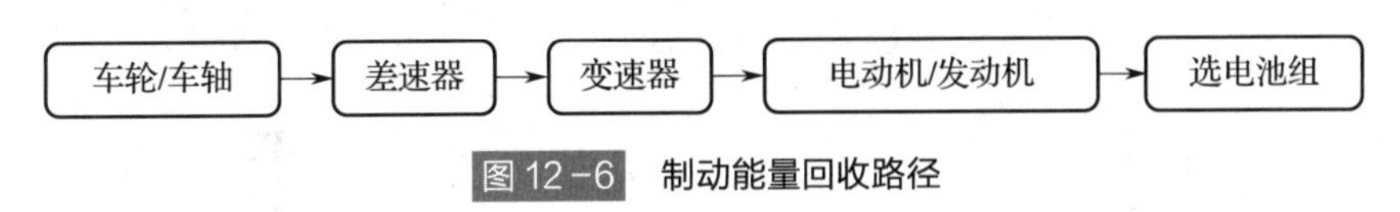

图12－6　制动能量回收路径

6. 制动能量回收控制方式

在图12－7所示的制动能量回收控制方式中，制动踏板提供制动信号，并将制动信号传递到整车控制器，整车控制器根据车辆运行状况及其他控制单元的状态，决定

是否进行制动能量回收，并分配制动能量回收时所需的辅助制动力矩。车辆在高速滑行或下坡滑行时，具有极大的动能，驾驶员通常会通过踩下制动踏板的方式对车辆进行机械制动，从而达到缩短滑行距离或限制车速的目的，但这部分动能以热量的形式散失掉了。采用图 12－7 所示的控制方式，可实现车辆处于滑行状态时减速能量的回收。

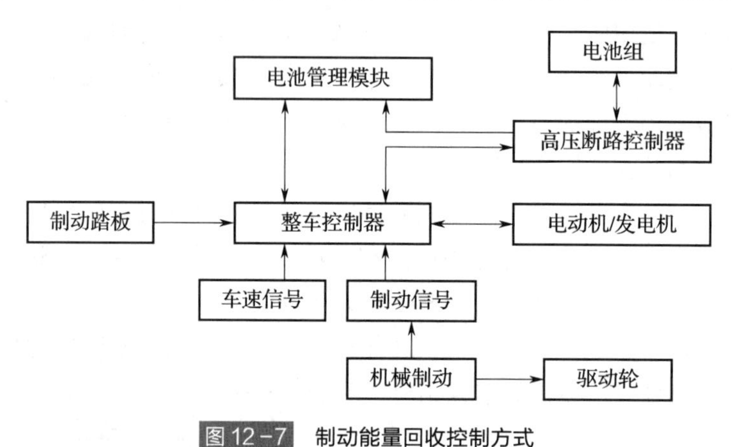

图 12－7 制动能量回收控制方式

7. 制动能量回收系统结构

纯电动汽车的制动系统同传统汽车一样，是为汽车减速或停车而设置的，通常由摩擦制动和再生制动 2 个子系统组成。纯电动汽车的制动系统利用驱动电机的控制电路实现电动机的发电运行，使减速制动时的能量回馈给动力电池充电，从而实现能量的再生利用。纯电动汽车制动能量回收系统原理如图 12－8 所示。

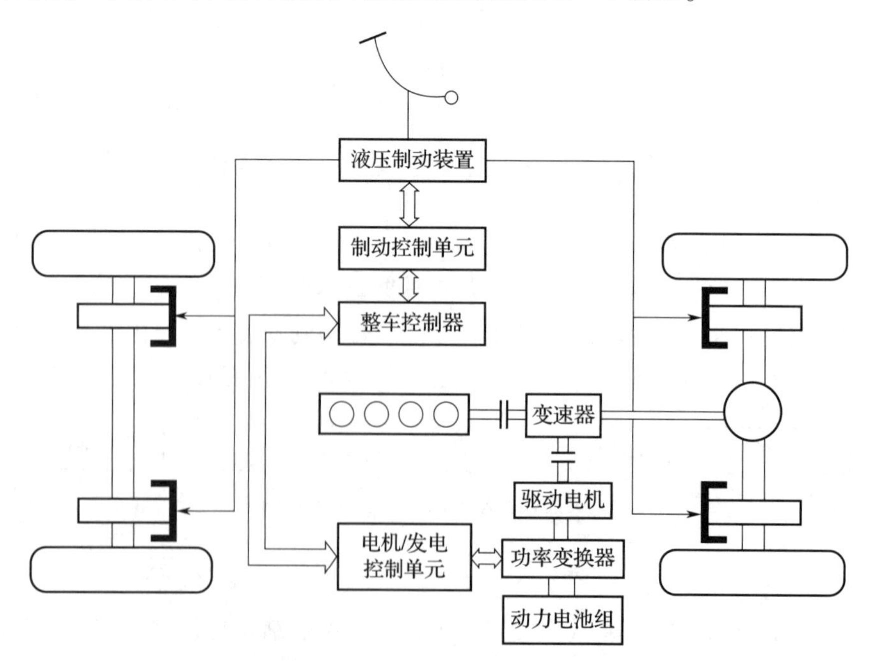

图 12－8 纯电动汽车制动能量回收系统原理

当电池 SOC 小于设定上极限值而且制动转矩要求较小时，回收制动系统单独工作，直到停车；当电池 SOC 小于设定上极限值而且制动转矩要求较大时，回收制动系统和机械制动系统同时工作，直到停车；当电池 SOC 不小于设定上极限值时，不管制动转矩要求是大还是小，均由机械制动系统单独工作，直到停车。

尽管各种制动能量回收系统的原理基本相同，即都是将车辆制动时的动能转化为电能，并给动力电池充电，但具体的装置及其工作特点却有所不同。纯电动汽车制动能量回收系统按照有无独立的发电机，可分为无独立发动机的制动能量回收系统和有独立发电机的制动能量回收系统。制动系统工作时，根据驾驶员的制动需求、电池 SOC 以及车辆和路面状况来分配回收制动扭矩和摩擦制动扭矩。

1）无独立发电机的制动能量回收系统

该系统通过控制系统，在车辆需要减速时，将驱动电机转换为发电机工作，在为车辆减速的同时带动发电机发电，将动能转化为电能回收到动力电池。该系统有两种制动能量回收系统：前轮驱动制动能量回收系统和全轮驱动制动能量回收制动系统。

（1）前轮驱动制动能量回收系统。前轮驱动制动能量回收系统原理是在制动时将汽车行驶的惯性能量通过传动系统传递给电动机，驱动电机以发电方式工作，驱动电机转子轴上的动能将转变为电能，此能量经过逆变器的反向二极管回馈到直流侧，为蓄电池充电，实现能量的再生利用。与此同时产生的电动机制动力矩又可以通过传动系统对驱动轮施加制动，产生制动力。前轮驱动制动能量回收系统如图 12－9 所示。

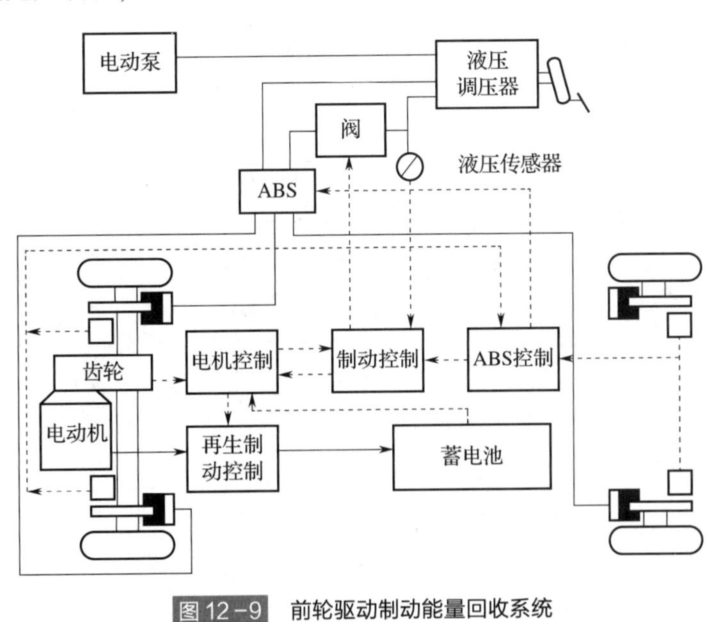

图 12－9　前轮驱动制动能量回收系统

电动机内部的变化过程：电动机转子的旋转速度超过给定频率下的同步转速，即超过电动机内部同步旋转磁场的转速，造成转子切割磁力线的方向反向，转子导体上感应电势及感应电流的方向反向。由于转子电流中的励磁分量不会发生变化（电动机不可能使励磁电流反向，因为它需要从变频器侧吸收励磁电流以建立电动机内部磁场，维持电动机的运转)，所变化的只是转子电流中的转矩分量，而转子电流转矩分量的变化又引起了定子电流转矩分量的变化。这种变化的结果是：定子电流的合成量（即平时所说的定子电流）和电动机的转矩反向，能量由电动机侧回馈至变频器直流环节。

（2）全轮驱动能量回收制动系统

全轮驱动制动能量回收系统由液压制动系统来调节控制。由于驱动电机在较低车速下无法回收能量，因此该系统在车速低于 5 km/h 时不起作用，此时只有液压制动系统工作。当车速高于 5 km/h 时，若驾驶员踩下制动踏板，则制动主缸中的压力传感器产生一个与制动系统压力成正比的电信号。当制动系统压力未上升到计量阀导通压力时，电信号输入驱动电机的电机控制单元，主电子控制单元触发旁通阀导通，此时电子控制单元制动能量回收系统将每个车轮的驱动电机变成发电机，产生与传感器信号值成正比的反扭矩，阻止车轮运转。驾驶员通过调节制动踏板力来调节控制转矩及车速。这时汽车处于“电力制动”状态。随着制动踏板力的增大，该系统最后达到最大制动能量回收状态，这时压力增大到一个值，使计量阀开启，制动液进入液压制动系统，液压制动和电力制动共同作用。当汽车减速至 5 km/h 以下时，电子控制单元切断旁通管路，断开制动能量回收系统，液压制动系统以全压力工作，此时为纯液压制动，制动踏板放松，电子控制单元不再起作用。全轮驱动制动能量回收系统如图 12－10 所示。

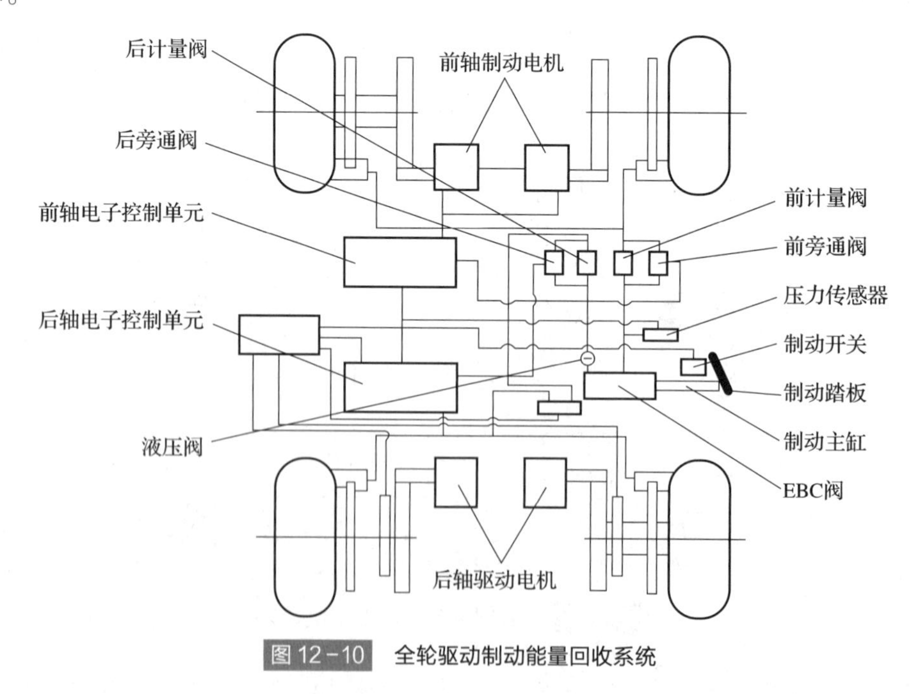

图 12－10　全轮驱动制动能量回收系统

2）有独立发电机的制动能量回收系统

该系统带有发电机，且发电机与驱动电机是分别安装的，即将独立的发电机连接到纯电动汽车的驱动系统中。该系统的工作特点如下。当车辆行驶时，驱动电机工作，通过变速器和差速器、驱动轴、驱动轮驱动车辆行驶，这时发电机空转不工作。当车辆需要减速时，控制系统使驱动电机停止工作，车辆的惯性动能拖动车轮、驱动轴、变速器和差速器、驱动电机转动，也强制带动连接的发电机转动，这时控制系统使发电机通电工作，开始发电，产生一个与车辆运动方向相反的电磁力矩，作用于运动系统，使车辆开始减速；当车辆速度较低或紧急制动时，仍需要液压制动。在上述过程中，可通过控制系统调节发电机工作电流的大小来控制制动力矩，同时把发电机所发电能回收入动力电池，这样就完成了制动能量的有效回收。这种方式控制可靠、经济实用，但结构较复杂。有独立发电机的制动能量回收系统如图 12－11 所示。

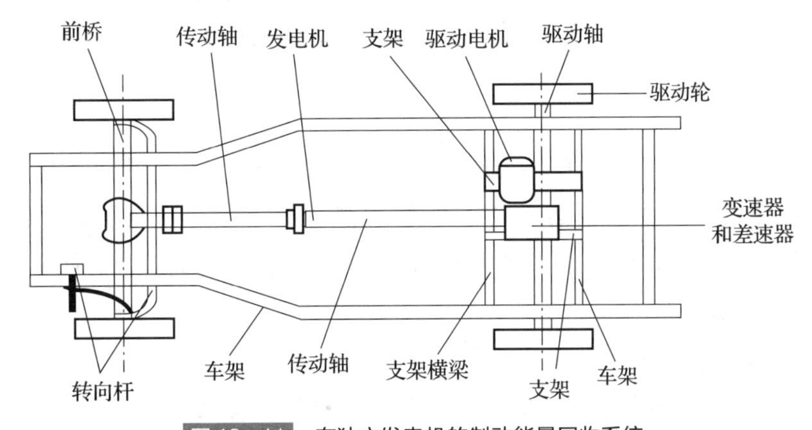

图 12－11 有独立发电机的制动能量回收系统

8. 制动能量回收控制策略

制动过程中，制动能量回收系统的制动控制单元通过检测传感器信号识别出驾驶人的制动意图及所期望的制动强度，并从整车控制器接收车速、蓄电池 SOC 等信息；再生制动控制策略根据当前的电动机状态、动力电池状态和车辆状态计算出最佳的再生制动力和摩擦制动力，同时根据分配得到的摩擦制动力调节液压控制单元，并将分配得到的再生制动力发送给电机控制单元。制动能量回收系统控制逻辑如图 12－12 所示。

制动力分配是制动能量回收控制策略中最核心的部分。制动力分配直接关系到汽车制动能量回收和制动效能。

从制动能量回收的角度来讲，越多的再生制动力参与制动则可回收的制动能量就越多；但前、后制动力分配线偏离理想制动力分配线（*I* 曲线）也会越多。因此，制动力分配既要保证汽车的制动效能还要尽可能多地回收制动能量。制动力分配会受到很多限制，最主要的是电功率限制和欧盟经济委员会（ECE）法规限制等。

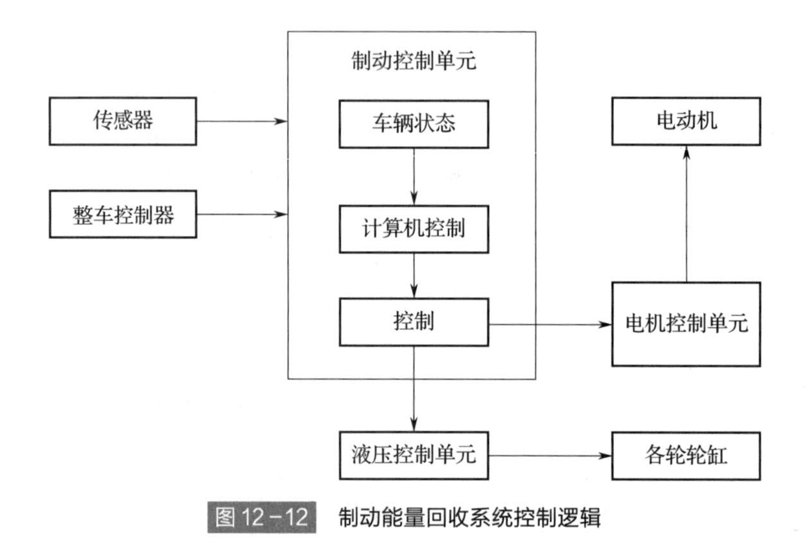

图 12-12 制动能量回收系统控制逻辑

1）电功率限制

理论上，汽车完全由再生制动力进行制动，便可最大限度地回收制动能量。但是，电动机的发电能力和动力电池的充电能力都是有限的，因此，电动机的发电功率和动力电池的充电功率共同限制了可回收制动功率，即限制了再生制动力的最大值。

2）ECE 法规限制

由于再生制动力只能施加在前轴上，再生制动力较大很容易使前、后制动力分配线超过 ECE 法规线。因此，为了保证制动时汽车方向的稳定性和有足够的制动效能，必须由 ECE 法规对制动力分配进行约束。

ECE 法规线是指中国汽车强制性标准的制动力分配曲线，f 曲线是前轮抱死曲线。从保证汽车制动稳定性及其制动效能的角度出发，制动力的分配点应处于由 I 曲线、f 曲线和 ECE 法规线围成的阴影面积内。

由以上的分析可以得出制动力分配的过程。具体步骤如下：

（1）由于驾驶员的制动踏板感觉不变，因此制动控制单元可根据传感器信号实时计算出驾驶员当前的制动需求和制动减速度，并进一步得到车辆前、后轴的载荷，以及当前状态下 f 曲线和 ECE 法规线的临界值。同时，根据动力电池储能系统的状态、车辆状态和电功率限制，可计算出当前再生制动力的最大值。

（2）比较制动需求和最大再生制动力，若制动需求低于最大再生制动力，则初步制动力分配完全由再生制动力实施，但仍需通过 ECE 法规线和 f 曲线进行检验。制动力分配方案如图 12-13 所示。

①若制动需求在图 12-13 阴影区域外，则重新分配以满足 ECE 法规要求。

②若制动需求在阴影区域内，则继续实施初步分配方案。

③若制动需求高于最大再生制动力，则初步分配再生制动力取最大值，其余的制

动需求由前、后摩擦制动力按照一定的比值分配。

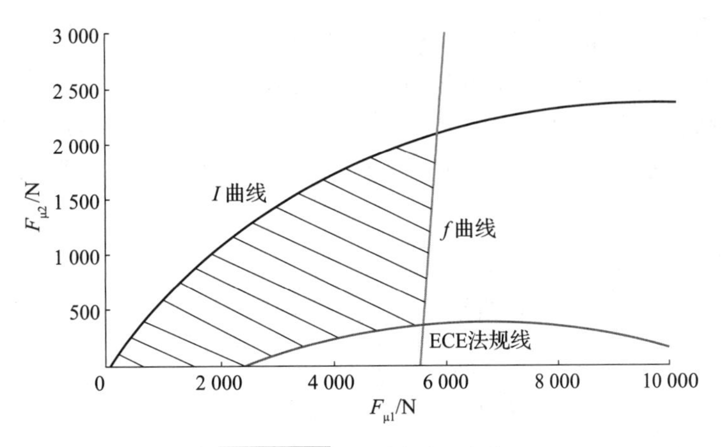

图 12－13　制动力分配方案

实训技能

实训一　北汽 EV160 纯电动汽车制动助力系统检测

实训目的

(1) 掌握纯电动汽车制动助力系统检修相关内容。

(2) 掌握纯电动汽车制动助力系统检测的方法。

实训要求

(1) 车辆处于空挡，并拉起手刹。

(2) 关闭启动开关，取下钥匙。

实训器材

(1) 实训设备：北汽 EV160。

(2) 材料准备：防护手套。

实训一设备、材料如图 12－14 所示。

北汽 EV160

防护手套

图 12－14　实训一设备、材料

操作步骤

(1) 检查制动液储液罐内的制动液量。液面应在制动液储液罐侧面 MAX 与 MIN 标记之间。若低于 MIN 标记，需补充制动液，如图 12-15 所示。

(2) 检查制动总泵与储液壶周围有无泄漏，如发生泄漏，应立即修理。

(3) 检查制动液软管是否有扭曲、磨损、裂纹，表面有无凹痕或其他损伤。

(4) 检查电动真空泵。

①检查电动真空泵是否存在松动或漏气。

②检查真空罐单向阀连接管路是否漏气，真空罐单向阀胶圈是否损坏，如图 12-16 所示。

③检查真空助力器及连接管路有无漏气。

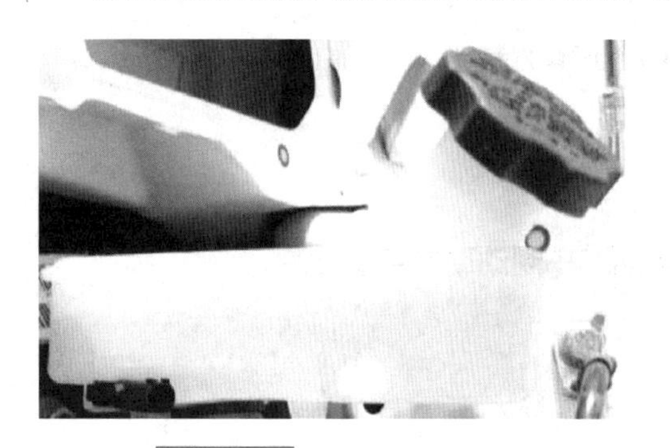

图 12-15 制动液液位检查

图 12-16 检查真空罐

思考与练习

一、判断题

1. 纯电动汽车采用的液压制动系统的基本结构与传统汽车区别较大。 ( )

2. 纯电动汽车的再生制动，就是利用电动机的电气制动产生反向力矩使车辆减速或停车。 ( )

3. 线控制动系统能够独立控制每个车轮的制动力，使每个车轮获得最佳的附着力。 ( )

4. 制动能量回收系统控制方案可以分成制动力分配、电功率限制和 ECE 法规限制。 ( )

5. 纯电动汽车与传统汽车在制动系统上存在的最大区别在于制动系统执行器不同。 ( )

二、选择题

1. 制动系统需要满足（ ）的基本要求。【多选】

A. 良好的制动性能　　B. 操纵轻便

C. 制动平顺性好　　D. 制动作用略早于主车

2. (　　) 是产生制动摩擦力矩的部件。

A. 控制装置　　B. 助力装置
C. 制动器　　D. 传动装置

3. (　　) 是用各种方法在某一封闭空间中改善、产生和维持真空的装置。

A. 真空泵控制器　　B. 真空泵
C. 真空助力器　　D. 真空罐

4. 纯电动汽车制动可分为 (　　) 模式。【多选】

A. 紧急制动　　B. 中轻度制动
C. 汽车长下坡时制动　　D. 驻车制动

5. 电气制动分为 (　　)。【多选】

A. 正接制动　　B. 反接制动
C. 能耗制动　　D. 回馈发电制动

学习小结

1. 制动系统的作用和组成。制动系统的作用是使行驶中的汽车按照驾驶员的要求进行适时的减速、停车或驻车，以及在汽车下坡行驶时保持稳定的速度。制动系统由供能装置、控制装置、助力装置、传动装置及制动器组成。

2. 纯电动汽车采用的液压制动系统的基本结构与传统汽车区别不大，但是在液压制动系统的真空辅助助力系统上存在较大的差异。

3. 电动真空助力系统由真空泵、真空罐、真空泵控制器（后期集成到整车控制器里）以及与传统汽车相同的真空助力器、12 V 电源组成。

4. 电动真空助力系统的工作过程为当驾驶员启动汽车时，车辆电源接通，真空控制器开始进行系统自检，如果真空罐内的真空度小于设定值，则真空罐内的真空压力传感器输出相应电压信号至真空控制器，此时真空控制器控制电动真空泵开始工作；当真空度达到设定值后，真空压力传感器输出相应电压信号至真空控制器，此时真空控制器控制真空泵停止工作；当真空罐内的真空度因制动消耗，真空度小于设定值时，电动真空泵再次开始工作，如此循环。

5. 线控制动系统分为两类，即电子液压式制动系统和电子机械式制动系统。电子液压式制动系统主要由带感觉模拟器的制动踏板、电子控制器、液压控制单元、传感器等组成。电子机械式制动系统去掉了整个液压系统，制动力由车轮制动模块中的电动机产生。

6. 制动能量回收系统是指一种应用在汽车或者轨道交通上的系统，能够将制动时产生的热能转换成机器能，并将其存储在电容器内，以便在使用时迅速将能量释放。

7. 纯电动汽车的制动能量回收系统可分为紧急制动、中轻度制动、汽车长下坡时制动 3 种模式，不同模式应辅以不同的控制策略。

任务十三 纯电动汽车电动空调系统结构与检修

任务描述

汽车空调系统能对车厢内的空气进行制冷、制热、通风，以满足人们对车辆乘坐环境的舒适要求。那么，制冷系统的“冷源”及供暖系统的“热源”是如何获取的？纯电动汽车“冷源”和“热源”的获取与传统汽车有一定区别，本任务主要对两者的区别进行讲解。纯电动汽车电动空调系统如图 13－0 所示。

本任务主要介绍纯电动汽车电动空调系统的特点、制冷系统及制暖系统。

学习目标

1. 了解电动空调系统的特点。
2. 掌握制冷系统的结构与工作原理。
3. 掌握电动压缩机的结构与工作原理。
4. 掌握供暖系统的结构与工作原理。
5. 完成制冷系统与供暖系统的检测。

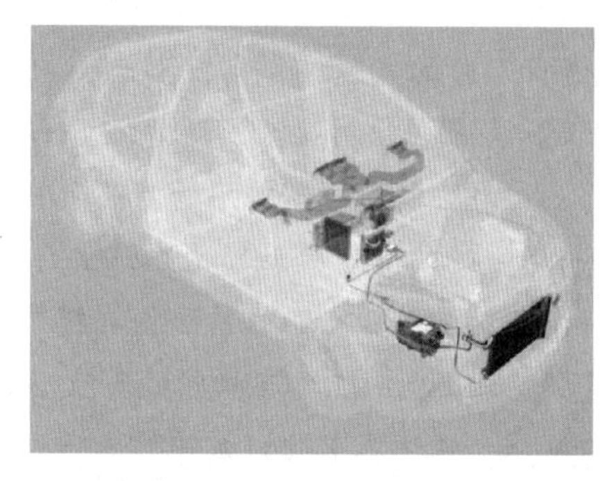

图 13－0 纯电动汽车电动空调系统

知识准备

纯电动汽车空调系统由于能量效率高、调节方便、舒适性好等优点逐步成为车辆空调研发和应用的热点。与传统汽车相比，纯电动汽车没有发动机的余热可以利用或不能完全利用发动机的余热，需采用热泵型空调系统或辅助加热器；电动空调压缩机可以采用电动机直接驱动，但对压缩机高转速型和密封性的要求较高。

一、纯电动汽车空调特点

纯电动汽车与传统汽车在系统构成上存在着差别，不同类型的纯电动汽车又有不同的特点。纯电动汽车既没有发动机作为空调压缩机的动力源，也没有发动机余热可以利用以达到取暖、除霜的效果。虽然燃料电池纯电动汽车也没有发动机作为空调压缩机的动力源，但是燃料电池发动机可以产生比较稳定的余热。

与传统汽车的空调系统相比，纯电动汽车的空调系统在环境保护、前舱结构布置以及车厢舒适性等等方面均占有优势，其主要优点如下。

(1) 电驱动压缩机空调系统可以采用全封闭的 HFC134a 系统及制冷剂回收技术，其整体的高度密封性可以减少正常运行和修理维护时制冷剂的泄漏损失，从而减少了对环境的污染。

(2) 纯电动汽车电动空调的压缩机靠电动机驱动，因此可以通过精确地控制以及在常见热负荷工况下的高效率运行来降低空调系统的能耗，从而提高整车经济性。

(3) 采用电驱动，噪声小、可靠性高、使用寿命长、故障率低。一体式电动压缩机，取消了发动机与压缩机之间的传动带，因此相对于传统汽车而言，整车质量减小了。

(4) 可以在上车之前预先通过遥控启动电动空调，对纯电动汽车车厢内的空气进行预先调节，与传统空调相比，可提高乘客的舒适性。

二、纯电动汽车制冷系统

纯电动汽车制冷系统与传统汽车制冷系统的原理大致相同，唯一的区别是压缩机驱动方式不同。纯电动汽车空调压缩机采用电驱动的方式，而传统汽车大多采用发动机皮带驱动的方式，因此两者所使用的压缩机在结构及工作原理上有很大不同。

(一) 纯电动汽车制冷系统结构

纯电动汽车制冷系统主要由电动压缩机、冷凝器、储液干燥器、膨胀阀、蒸发器、制冷管路、散热风扇等组成，如图 13－1 所示。各部件之间通过铝管和高压橡胶管连接成一个密闭的循环系统。制冷系统的基本原理是利用系统管路中制冷剂物理状态的变化（汽化、液化）达到吸热和放热的目的，从而实现热量交换。

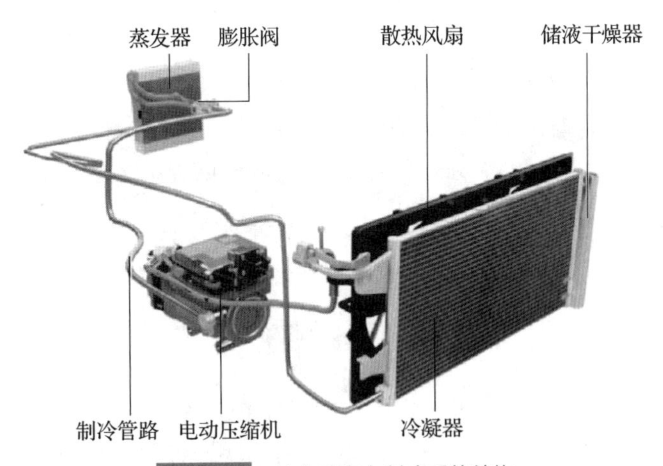

图 13－1　纯电动汽车制冷系统结构

1. 电动压缩机结构

电动压缩机是纯电动汽车制冷系统的心脏，其主要作用是将从蒸发器出来的低温、低压的气态制冷剂压缩为高温、高压的气态制冷剂，并为整个制冷循环提供源动力。电动压缩机和膨胀阀是制冷系统中低压和高压、低温和高温的分界处。

以北汽 EV 系列汽车的电动压缩机为例进行讲解。北汽 EV 系列汽车采用的是同轴独立式驱动的电动压缩机，其结构类型为涡旋式，位于蒸发器和冷凝器之间。该压缩机的电能来自汽车动力电池输出的直流电。该压缩机靠单独电机驱动，转速单独可控，因此可以通过精确地控制和在常见热负荷工况下的高效率运转来降低空调系统的能耗，从而提高整车的经济性。

电动压缩机总成主要由驱动控制器（压缩机控制器）、驱动电机（电机定子和电机转子）、涡盘泵体总成（涡轮静盘和涡轮动盘）、轴承、密封圈、支架及壳体等组成，如图 13－2 所示。其中驱动电机和驱动控制器均通过吸入的制冷剂进行冷却。

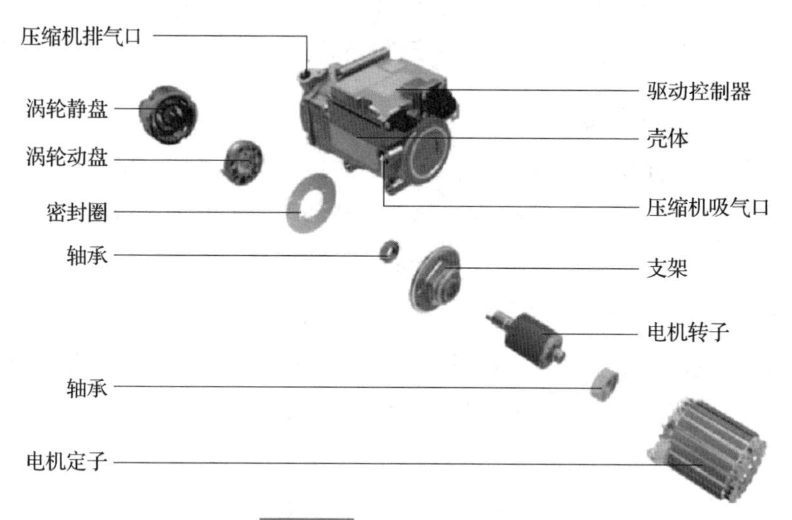

图 13－2　电动压缩机结构

1）驱动电机

驱动电机是电动压缩机的动力来源，位于压缩机壳体内部，与涡盘泵体总成中的涡轮动盘同轴转动，如图 13－3 所示。驱动电机参数见表 13－1。北汽 EV 系列选用的驱动电机是无刷直流电机。

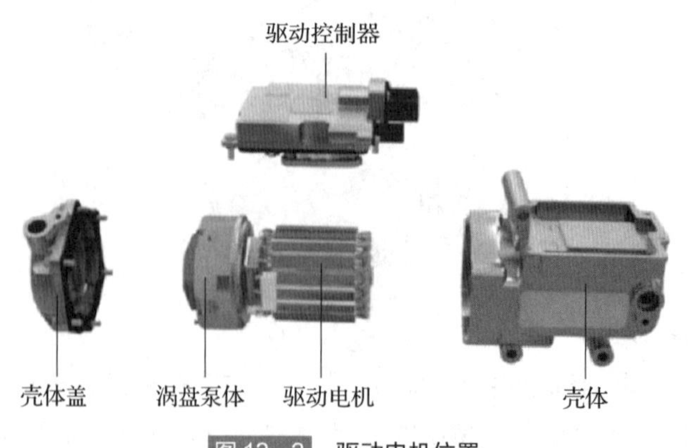

图 13－3　驱动电机位置

表 13－1　驱动电机参数

项目	参数
最大使用转速	3 500 r/min
最小使用转速	1 500 r/min
转速误差	<1%
排量	27 ml/r
制冷剂	R134a
冷冻油	RL68H（POE68）
最大使用制冷量	2 500 W

2）驱动控制器

无刷直流电机的驱动控制器是一种对无刷直流电机的运行过程进行综合控制的电气装置，又可称为变频控制器。驱动控制器安装位置如图 13－4 所示。驱动控制器参数见表 13－2。驱动控制器的外部有 2 个插接器接口：高压电源供给插接器接口，低压控制插接器接口。驱动控制器插接器接口引脚定义见表 13－3。

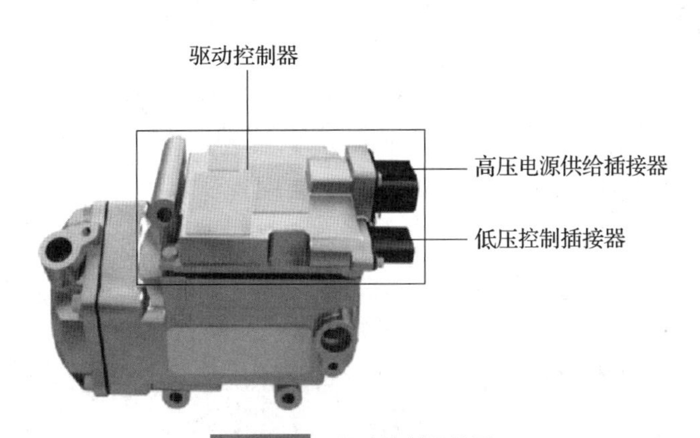

图 13－4　驱动控制器位置

表 13－2　驱动控制器参数

项目	参数
工作电压范围	220 ~ 420 V DC
额定输入电压	384 V DC
实际输入功率	1 000 ~ 1 500 W
控制电源电压范围	9 ~ 15 V DC
控制电流最大输入电流	500 mA

表 13-3　驱动控制器插接器接口引脚定义

插接器	引脚端口	接口定义	备注
高压两芯（动力接口）	A	高压正	控制器与动力电池连接
	B	高压负	
低压六芯（控制信号接口）	1	12 V DC 正极	控制器与低压控制系统连接
	2	高低压互锁信号	
	3	高低压互锁信号	
	4	低压蓄电池接地	
	5	CAN_H	
	6	CAN_L	

压缩机转速的调节是通过驱动控制器改变无刷直流电机的供电频率实现的。驱动控制器通过 CAN 总线与空调控制器及整车控制器进行通信，从而可按实际负荷工况需求控制空调压缩机的运行速度。

3）涡盘泵体总成

涡旋式压缩机涡盘泵体是由涡轮动盘、涡轮静盘相互啮合而成的。涡盘泵体啮合示意如图 13-5 所示。

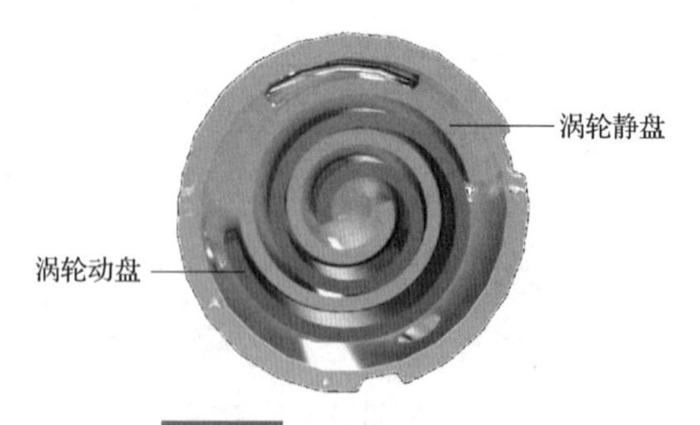

图 13-5　涡盘泵体啮合示意

在压缩机吸气、压缩、排气的工作过程中，涡轮静盘通过支架固定在壳体上；涡轮动盘由偏心轴驱动并由防自转机构制约，围绕涡轮静盘基圆中心做小半径的平面转动。来自蒸发器的低温、低压的气态制冷剂被吸入涡轮动盘的外围。随着偏心轴的旋转，气态制冷剂在涡轮动盘、涡轮静盘贴合所组成的若干个月牙形压缩腔内被逐步压缩，并由涡轮静盘中心部件的轴向孔连续挤出至冷凝器。涡盘泵体工作原理示意如图 13－6 所示。

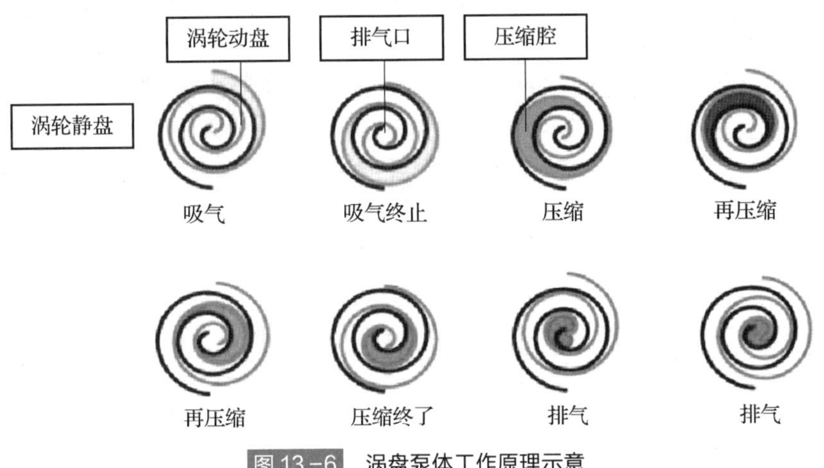

图 13－6　涡盘泵体工作原理示意

2. 电动压缩机原理

对于纯电动汽车来说，如果在行驶过程中采用电动空调制冷，那么其电驱动系统和电动空调系统无疑是耗电量最多的两个系统。为了提高电动空调系统的效率，北汽 EV 系列电动压缩机的控制方式是变频控制。在电动空调系统工作的情况下，压缩机驱动电机的转速可以按实际负荷工况需求调节，以适应整车行驶工况并达到节约车载能源的目的。

电动压缩机在工作时，其电能转换为机械能的能量传递路线为电源（动力电池→高压配电模块）→驱动控制器→电机定子→电机转子→涡轮动盘，如图 13－7 所示。

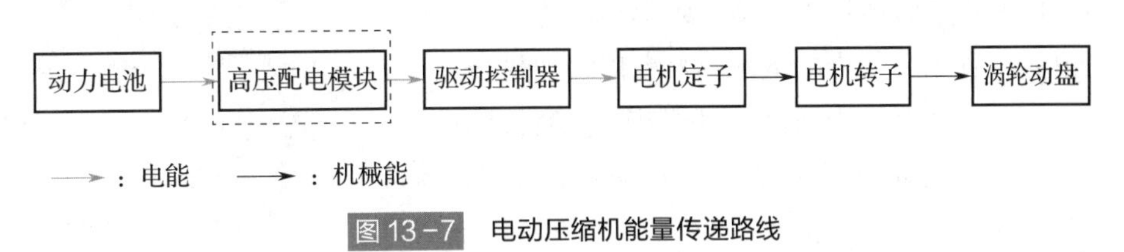

图 13－7　电动压缩机能量传递路线

（二）纯电动汽车制冷系统控制原理

纯电动汽车制冷系统控制原理如图 13－8 所示（以北汽 EV 系列电动汽车为例）。

整车控制器控制空调的开启与关闭。空调控制面板根据驾驶员的操作指令，发送 A/C 信号、冷暖选择信号、鼓风机信号到整车控制器，整车控制器同时接收空调压力开关、温度信号，并通过 CAN 总线传输系统指令到压缩机控制器，驱动压缩机工作；同时，整车控制器也控制冷凝风扇运转。

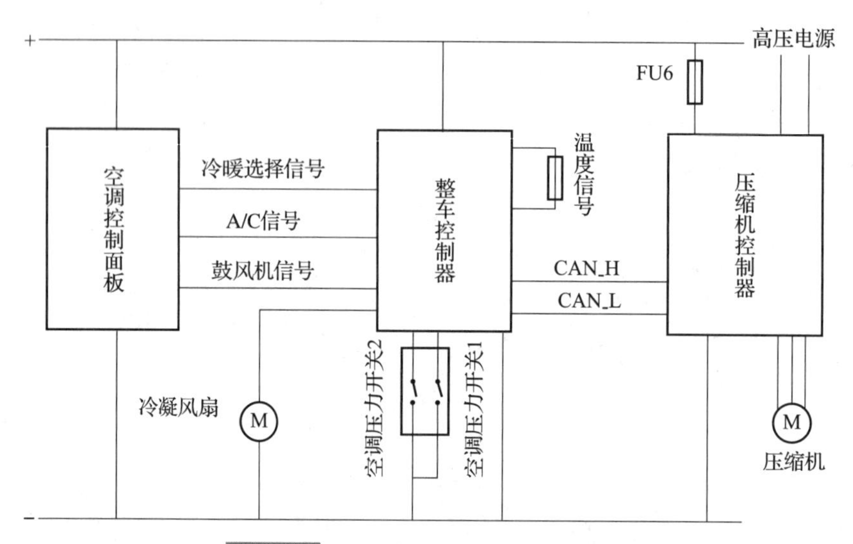

图 13-8　纯电动汽车制冷系统控制原理

三、纯电动汽车供暖系统

纯电动汽车供暖系统用于对车内的空气进行加热，以便达到供暖、除雾、除霜的目的。供暖是指汽车空调可以向车厢内提供暖气，以提高车厢内的温度，让驾乘员感到舒适。车窗玻璃除雾、除霜是指在气温较低的环境中，车窗玻璃内侧易起雾，甚至出现冰霜，容易干扰驾驶员视线，严重影响行车安全。

（一）纯电动汽车供暖系统组成

纯电动汽车供暖系统由 PTC（Positive Temperature Coefficient，正温度系数）加热器、PTC 温度传感器、PTC 控制器等部件组成。

1. PTC 加热器

PTC 加热器具有体积小、制热效率高的优点，是一种自动恒温、省电、安全的电加热器。PTC 加热器的突出特点在于安全性高。当遇鼓风机停转故障时，PTC 加热器因得不到充分散热，其功率会自动急剧下降，但其表面温度维持在居里温度左右（一般在 250 ℃左右），不会产生像电热管加热器表面“发红”现象，从而消除了因温度过高而引起火灾等安全隐患。PTC 加热器如图 13-9 所示。

图 13-9　PTC 加热器

（1）PTC 加热器组成

PTC 加热器由 PTC 发热单体和铝制散热器组成。在 PTC 加热器中共有 7 根 PTC 发热单体，它们通过内部电路的连接形式分成 2 个功率不同的加热模块，如图 13-10 所示。一个是由 3 根发热单体并联组成的功率为 1.5 kW 的加热模块，另外一个是由 4 根发热单体并联组成的功率为 2 kW 的加热模块，它们的工作状态及工作方式均由 PTC 控制器控制。

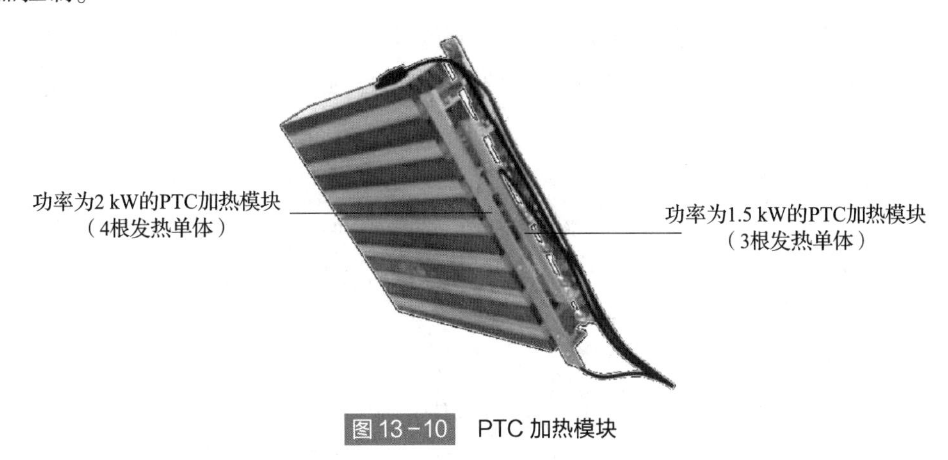

图 13－10　PTC 加热模块

PTC 加热器安装于通风系统的风道中，从空气进入通风管道的流动方向来看，其位于蒸发器后方。流经 PTC 加热器的空气流量受冷暖风门翻板控制。

PTC 加热单体是一种用于恒温加热的正温度系数热敏电阻器，其恒温发热特性是由材料特性决定的。当 PTC 加热单体通上电后，电能转化成热能使得元件本体温度上升。随着温度的增加，PTC 加热单体自身的电阻值也急剧增大。在正常的工作范围内，流过元件的电流越大，电功率就越大。元件的温度升高使阻值增大、电流减小、电功率减小。当电功率引起的温升与散热量达到平衡时，元件本体的自身温度、阻值都趋于稳定，发热量处于恒温发热的状态。

元件自身的阻值变化与自身的温度成正比。若某种原因造成流过元件的电流突然增大，则突然增大的电功率会使元件的自身电阻很快呈高阻状态，电流降至接近于零，从而起到限流保护作用。PTC 加热器单体“温度－电阻”特性曲线如图 13－11 所示。

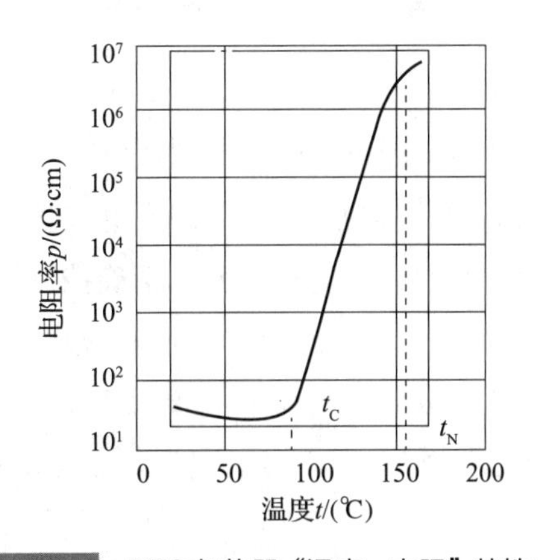

图 13－11　PTC 加热器“温度－电阻”特性曲线

(2) PTC 加热器工作过程

当空调系统处在制冷/通风换气工况时，PTC 加热器受 PTC 控制器控制处于断电状态，冷暖风门翻板将关闭流向 PTC 加热器的通风管道入口（PTC 加热器自身不发热），空气流穿过蒸发器后直接经相应的模式风门进入车厢，此时从出风口吹出的风为冷风/自然风。

当空调系统处于供暖工况时，冷暖风门翻板开启一定角度将一部分来自蒸发器的空气流引入 PTC 加热器，PTC 控制器控制 PTC 加热器通电产生热量。经过加热的部分空气流从加热腔室流出后与从蒸发器流出的空气混合形成温度适宜的空气流，并从相关模式风门吹出进入车厢进行供暖。

2. PTC 温度传感器

PTC 温度传感器是一个负温度系数的热敏电阻器，如图 13－12 所示。该温度传感器用于将 PTC 加热器的实时温度数值转换成电压信号传送至 PTC 控制器。根据 PTC 温度传感器的反馈信号，PTC 控制器可对加热器的发热量进行有效控制。

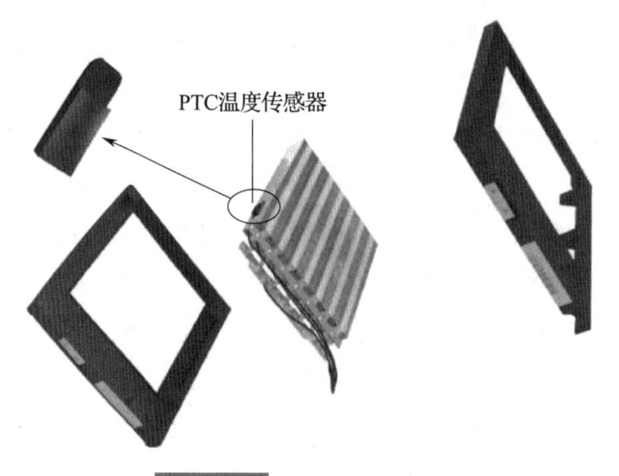

图 13－12　PTC 温度传感器

3. PTC 控制器

PTC 控制器安装在车舱电源分配单元内部。PTC 控制器安装位置如图 13－13 所示。PTC 控制器对 PTC 加热器进行供电控制（通电模式、电流导通时间），接收空调控制单元的制热触发指令并根据系统对热量的需求情况，精确控制 PTC 加热器的发热量。

换句话说，在控制方面 PTC 控制器通过 PTC 控制模块接收加热请求信号，同时根据集成控制器控制信号、PTC 总成内部传感器温度反馈等信号综合控制 PTC 加热器通断。PTC 控制模块采集的信息包括风速、冷暖程度设置、出风模式、加热器启动请求、环境温度。

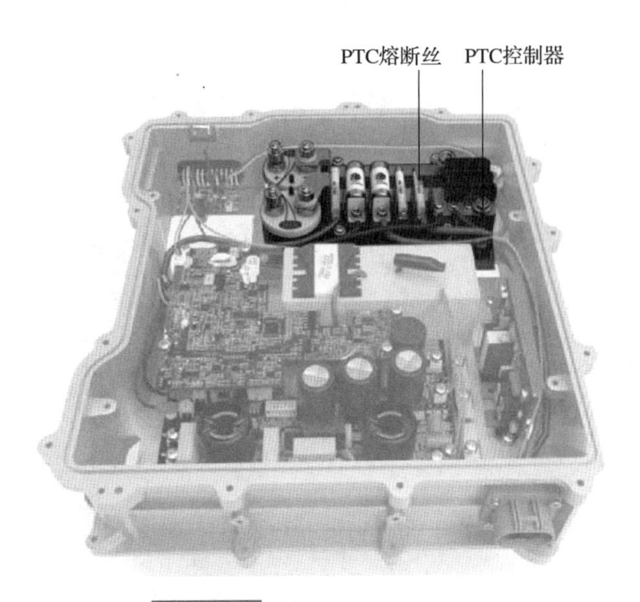

图 13－13　PTC 控制器安装位置

（二）纯电动汽车供暖系统的工作原理

供暖系统根据驾乘员对车厢温度的需求，通过空调控制器采集空调操作面板上的温度调节旋钮的具体指示位置以初步判定驾乘人员对车厢内部温度的期望值，并参考环境温度传感器反馈的实时车厢外温度值和蒸发器温度传感器的温度信号，综合计算出供暖系统所需的制热量以及冷暖风门翻板的开启度。北汽 EV 系列通过空调控制器内的 CAN 总线收发模块将控制指令发送给 PTC 控制器。PTC 控制器接收该信号后进行解析处理，并依据内部程序存储器中的控制程序控制加热模块 1. 5 kW 或加热模块2 kW或者两者同时接地使加热模块工作，同时通过 PTC 温度传感器的温度反馈信息监控 PTC 加热器的状态。北汽 EV 系列空调供暖系统电气控制原理如图 13－14 所示。

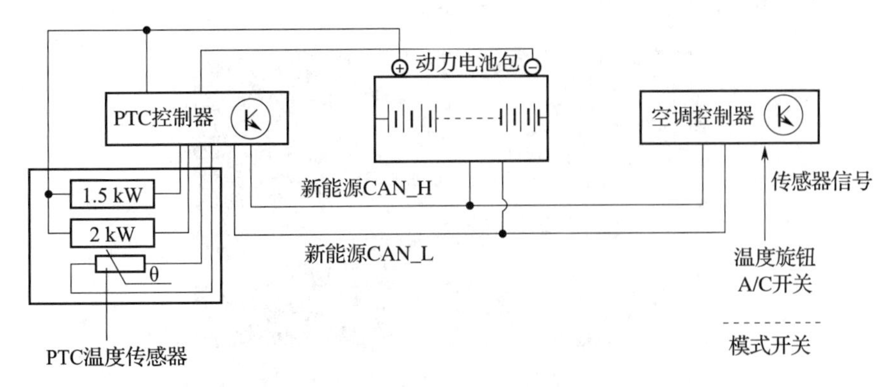

图 13－14　北汽 EV 系列空调供暖系统电气控制原理

实训技能

实训一 制冷系统检测

实训目的

(1) 掌握制冷系统的检测内容。

(2) 掌握制冷系统的检测方法。

实训要求

(1) 检测制冷系统前，须佩戴防护装备。

(2) 检测制冷系统前，须断开高压电池维修塞。

实训器材

设备准备：北汽 EV160、举升机。实训一设备、工具如图 13－15 所示。

北汽 EV160

举升机

图 13－15 实训设备、工具

操作步骤

1. 前期准备

(1) 断开蓄电池负极，如图 13－16 所示。

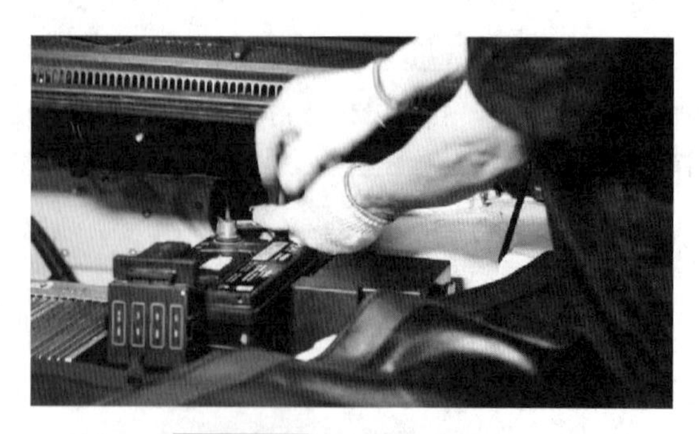

图 13－16 断开蓄电池负极

(2) 电路分析。空调压缩机控制器电路如图 13－17 所示。

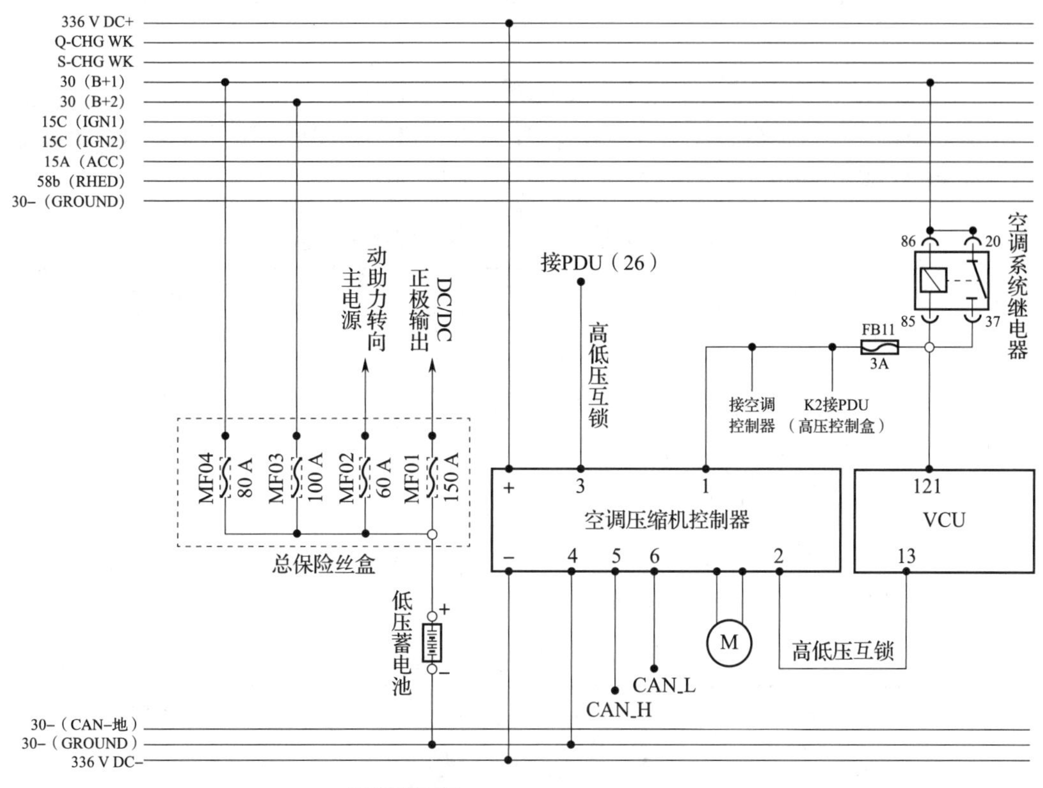

图 13-17　空调压缩机控制器电路

2. 检测 MF03 保险丝至供电正极线束

取下 MF03 保险丝，使用万用表 20 Ω 电阻挡检测 MF03 保险丝至继电器供电正极之间的线束是否断路，见表 13-4。

表 13-4　检测供电正极线束

检测连接	条件	规定范围
MF03 保险丝至继电器供电正极	始终	小于 1 Ω

若检测值不在规定范围内，则更换 MF03 保险丝至蓄电池供电正极之间的线束；若检测值正常，则进行下一步检测。

3. 检测 MF03 保险丝

取下 MF03 保险丝，使用万用表 20 Ω 电阻挡检测 MF03 保险丝是否断路，见表 13-5。

表 13-5　检测 MF03 保险丝

检测连接	条件	规定范围
MF03 保险丝	始终	小于 1 Ω

若检测值不在规定范围内，则更换 MF03 保险丝；若检测值正常，则进行下一步检测。

4. 检测 MF03 保险丝至空调系统继电器线束

取下空调系统继电器，使用万用表 20 Ω 电阻挡检测 MF03 保险丝至空调系统继电器之间的线束是否断路，见表 13－6。

表 13－6　检测 MF03 保险丝至空调系统继电器线束

检测连接	条件	规定范围
MF03 保险丝至空调系统继电器	始终	小于 1 Ω

若检测值不在规定范围内，则更换 MF03 保险丝至空调系统继电器之间的线束；若检测值正常，则进行下一步检测。

5. 检测空调系统继电器

拆卸空调系统继电器，使用万用表检测空调系统继电器，若检测值不在规定范围内，则更换空调系统继电器，见表 13－7。

表 13－7　检测空调系统继电器

检测连接	条件	规定范围
30－87	始终	小于 1 Ω
30－87	加蓄电池电压	10 kΩ 或更大

6. 检测空调系统继电器至 FB11 保险丝线束

取下空调系统继电器，使用万用表 20 Ω 电阻挡检测空调系统继电器至 FB11 保险丝之间的线束是否断路，见表 13－8。

表 13－8　检测空调系统继电器至 FB11 保险丝线束

检测连接	条件	规定范围
空调系统继电器至 FB11 保险丝	始终	小于 1 Ω

若检测不在规定范围内，则更换空调系统继电器至 FB11 保险丝之间的线束；若检测值正常，则进行下一步检测。

7. 检测 FB11 保险丝至空调压缩机正极线束

使用万用表 20 Ω 电阻挡检测 FB11 保险丝至空调压缩机正极之间的线束是否断路，见表 13－9。

表 13－9　检测 FB11 保险丝至空调压缩机正极线束

检测连接	条件	规定范围
FB11 保险丝至空调压缩机正极	始终	小于 1 Ω

若检测值不在规定范围内，则更换 FB11 保险丝至空调压缩机正极之间的线束；若检测值正常，则进行下一步检测。

8. 检测空调压缩机负极至车身搭铁线束

使用万用表 20 Ω 电阻挡检测空调压缩机负极至车身搭铁之间的线束是否短路，见表 13 - 10。

表 13 - 10　检测空调压缩机负极至车身搭铁线束

检测连接	条件	规定范围
空调压缩机负极至车身搭铁	始终	10 kΩ 或更大

若检测值不在规定范围内，则更换空调压缩机负极至车身搭铁之间的线束；若检测值正常，则更换空调压缩机控制器。

实训二　供暖系统检测

实训目的

(1) 掌握供暖系统的检测内容。

(2) 掌握供暖系统的检测方法。

实训要求

(1) 检测供暖系统前，须佩戴防护装备。

(2) 检测供暖系统前，须断开动力电池维修塞。

实训器材

设备准备：北汽 EV160、举升机。实训二设备、工具如图 13 - 18 所示。

北汽 EV160

举升机

图 13 - 18　实训二设备、工具

操作步骤

1. 前期准备

(1) 断开蓄电池负极，如图 13 - 19 所示。

（2）电路分析。PTC 加热器的电路如图 13－20 所示。

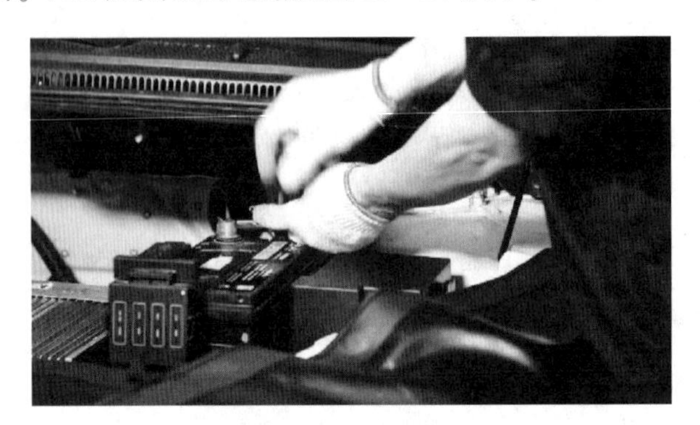

图 13－19 断开蓄电池负极

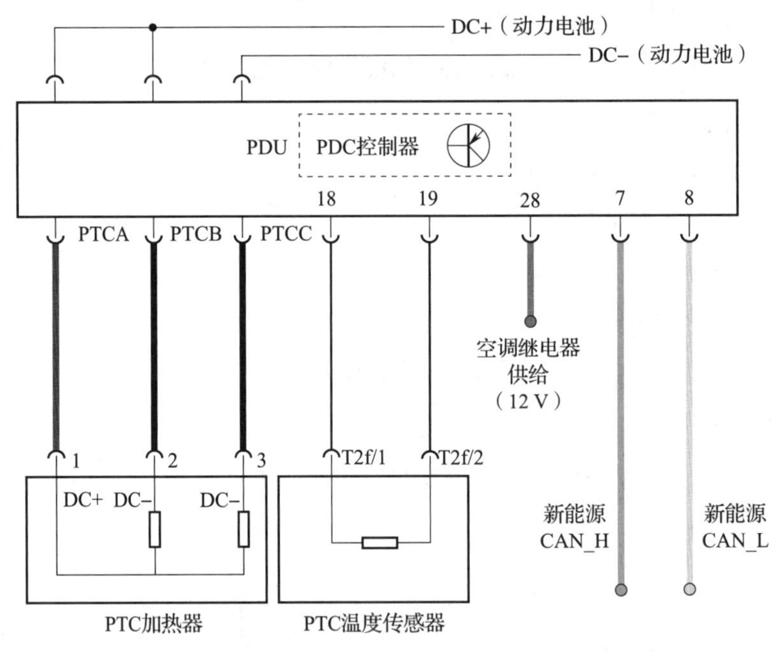

图 13－20 PTC 加热器的电路

2. 检测 PTC 高压线束是否断路

（1）拔下 PTC 的高压插接器和 PDU35 芯的低压插接器，使用万用表检测 PDU 高压插接器 1 和 PTCA 的电阻值，观察其是否在规定范围内，见表 13－11。若检测值不在范围内，则更换 PDU 高压插接器 1 至 PTCA 之间的线束。

表 13－11 规定电阻范围 1

检测连接	条件	规定范围
PTC 高压插接器 1 至 PTCA	始终	小于 1 Ω

（2）使用万用表检测 PDU 高压插接器 2 和 PTCB 的电阻值，观察其是否在规定范围内，见表 13－12。若检测值不在规定范围内，则更换 PDU 高压插接器 2 至 PTCB 之间的线束。

表 13－12　规定电阻范围 2

检测连接	条件	规定范围
PTC 高压插接器 2 至 PTCB	始终	小于 1 Ω

（3）使用万用表检测 PDU 高压插接器 3 和 PTCC 的电阻值，观察其是否在规定范围内，见表 13－13。若检测值不在规定范围内，则更换 PDU 高压插接器 3 至 PTCC 之间的线束。

表 13－13　规定电阻范围 3

检测连接	条件	规定范围
PTC 高压插接器 3 至 PTCC	始终	小于 1 Ω

3. 检查空调 PTC 是否短路

（1）拆卸 PTC 高压插接器，使用万用表检测 PTC 高压插接器 1 和 2，见表 13－14，观察其是否在规定范围内，如不在规定范围内则更换 PTC 加热器。

表 13－14　检测 PTC 高压插接器 1 和 2

检测连接	条件	规定范围
PTC 高压插接器 1 和 2	始终	20 MΩ 或更大

（2）使用万用表检测 PTC 高压插接器 1 和 3，见表 13－15，观察其是否在规定范围内，若不在规定范围内则更换 PTC 加热器。

表 13－15　检测 PTC 高压插接器 1 和 3

检测连接	条件	规定范围
PTC 高压插接器 1 和 3	始终	20 MΩ 或更大

思考与练习

一、判断题

1. 电动压缩机总成主要由驱动控制器、驱动电机、涡盘泵体总成、轴承、密封圈、支架及壳体等组成。（　　）

2. 北汽 EV 系列电动压缩机的控制方式是变频控制。（　　）

3. 北汽 EV 系列选用的驱动电机是有刷直流电机。（　　）

4. 压缩机转速的调节是通过驱动控制器改变无刷直流电机供电频率的大小实现的。（ ）

5. 纯电动汽车空调供暖系统由PTC加热器、PTC温度传感器、PTC控制器部件组成。（ ）

二、选择题

1. 纯电动汽车制冷系统主要由（ ）组成。【多选】

A. 电动压缩机　　B. 冷凝器　　C. 膨胀阀　　D. 蒸发箱

2. 北汽EV系列汽车采用的压缩机类型是（ ）。

A. 往复活塞式压缩机　　B. 旋转叶片式压缩机

C. 电控可变排量空调压缩机　　D. 电动式压缩机

3. 纯电动汽车的供暖系统加热器的特点是（ ）。【多选】

A. 体积小　　B. 制热效率高　　C. 自动恒温　　D. 省电

4. 纯电动汽车供暖系统加热器通过内部电路的连接形式分成（ ）个功率不同的加热模块。

A. 1　　B. 2　　C. 3　　D. 4

学习小结

1. 与传统汽车空调系统相比，纯电动汽车空调系统在环境保护、前舱结构布置以及车厢舒适性等方面均占有优势。

2. 纯电动汽车制冷系统与传统汽车制冷系统的原理大致相同，唯一的区别是压缩机驱动方式不同。纯电动汽车的空调压缩机采用电驱动的方式。

3. 纯电动汽车制冷系统主要由电动压缩机、冷凝器、储液干燥器、膨胀阀、蒸发器、制冷管路、散热风扇等组成。

4. 电动压缩机总成主要由驱动控制器、驱动电机、涡盘泵体总成、轴承、密封圈、支架及壳体等组成。

5. 电动压缩机在工作时，其电能转换为机械能的能量传递路线为电源（动力电池→高压配电模块）→驱动控制器→电机定子→电机转子→涡轮动盘。

6. 纯电动汽车供暖系统由PTC加热器、PTC温度传感器、PTC控制器等部件组成。

7. PTC加热器是一种自动恒温、省电、安全的电加热器，由PTC发热单体和铝制散热器组成。

8. PTC温度传感器是一个负温度系数的热敏电阻器，用于将PTC加热器的实时温度数值转换成电压信号传送至PTC控制器。

9. PTC控制器对PTC加热器的供电控制，接收空调控制单元的制热触发指令并根据系统对热量的需求情况，精确控制PTC加热器的发热量。

任务十四 纯电动汽车常见故障诊断与排除

任务描述

纯电动汽车的发展前景良好，但目前相关技术尚不成熟。纯电动汽车仍然存在整车没电，充电机不充电，电动机运行时局部过热、抖动，电动机异响，电动机不转，制动效果不佳，转向不灵活等常见故障。因此学会诊断并且排除这些故障显得尤为重要。

本任务主要介绍纯电动汽车驱动系统、电池系统、电控系统以及整车的故障诊断与排除。

学习目标

1. 正确描述纯电动汽车电池系统常见故障。
2. 正确描述纯电动汽车驱动系统常见故障。
3. 正确描述纯电动汽车电控系统常见故障并进行故障检测。
4. 掌握纯电动汽车故障诊断及排除方法。

知识准备

一、纯电动汽车驱动系统故障诊断与排除

（一）驱动系统常见故障

纯电动汽车驱动系统与整车运行性能有很大关系。驱动系统的任何故障都可能进一步扩大，并导致上层系统状态发生变化。准确、可靠、快速地对纯纯电动汽车驱动系统常见故障进行故障排除是提高纯电动汽车运行效能的有效途径。纯电动汽车驱动系统常见故障包括以下几个方面。

（1）接插器损坏、松动。

（2）电机控制单元短路损坏。

（3）高压互锁失效。

当驱动系统出现这些常见故障后，纯电动汽车会出现动力不足、无法上电、故障灯常亮等现象。

（二）驱动系统故障诊断

1. 驱动电机检测

纯电动汽车驱动电机是整个驱动系统的核心所在，驱动电机的运行状况决定驱动系统能否正常运行。驱动系统发生故障时，驱动电机可能无法正常运行，因此可以对驱动电机的运行状态进行静态检测。静态检测内容主要包括驱动电机三相绕组电阻值测量、电感值测量、驱动电机绝缘性测量、驱动电机三相绕组脉冲测试、驱动电机耐压测试等。

2. 电机控制单元检测

电机控制单元是驱动电机运转控制的关键，但由于电机控制单元中集成电路较多，一般情况下难以检修。因此电机控制单元的检修基本以传感器检测及绝缘性检测为主。电机控制单元检测包括检测电机控制单元电源母线绝缘情况、检查电机控制单元输出控制波形等。

3. 驱动系统高压互锁检测

为保证驱动系统中高压电路的可靠连接，在驱动电路接通之前电机控制单元会对驱动高压电路的完整性进行检测，若高压电路连接不良则无法进行高压驱动上电。因此当驱动系统产生故障之后，还需要检查驱动系统高压互锁装置工作情况是否良好。

4. 温度检测

电机控制单元在输出功率的同时，自身也要消耗功率，主要包括导通损耗和开关损耗，这些损耗通常的表现为热。随着热量的累积，电机控制单元的基板温度和工作结温会随之升高。如果温度过高，则可能造成电机控制单元过热损坏。电机控制单元通常使用水冷的方式通过冷却液循环来散发热量，如果驱动冷却系统存在故障，那么电机控制单元甚至驱动电机都可能发生故障。在诊断驱动系统故障时，需要检测驱动冷却系统的工作情况。

二、电池系统故障诊断与排除

（一）电池管理系统基本功能及引脚定义

电池管理系统是集监测、控制与管理为一体的复杂电气测控系统，与动力电池紧密结合在一起，是保护和管理动力电池组的核心部件。电池管理系统不仅要保证动力电池安全可靠使用，而且要充分发挥动力电池的性能并延长动力电池使用寿命。作为动力电池和整车控制器以及驾驶者沟通的桥梁，电池管理系统通过控制继电器控制动力电池组的充、放电，并向整车控制器上报动力电池组的基本参数及故障信息。

电池管理系统将采集到的每个单体电芯的实时电压、电流、温度状况传送至主控盒，同时高压控制盒将高压回路状态信息传送至主控盒；主控盒通过 CAN 总线与整车控制器和电机控制单元等控制子系统相连，将信息进行综合分析、计算处理后将新的控制指令传送至高压控制盒和电池管理系统及其他子系统。

电池管理系统通过对动力电池电压、电流及温度的监测实现对动力电池的过压、欠压、过流、过高温和过低温保护；电池管理系统具有继电器控制、SOC 估算、充放电管理、均衡控制、故障报警及处理、与其他控制器通信等功能。此外，电池管理系统还具有高压回路绝缘监测功能，以及为动力电池组件加热的功能。动力电池低压线束插接器（T21 插接器）针脚含义见表 14－1。

表 14－1　动力电池低压线束插接器针脚含义

<table>
<tr><td rowspan="22">
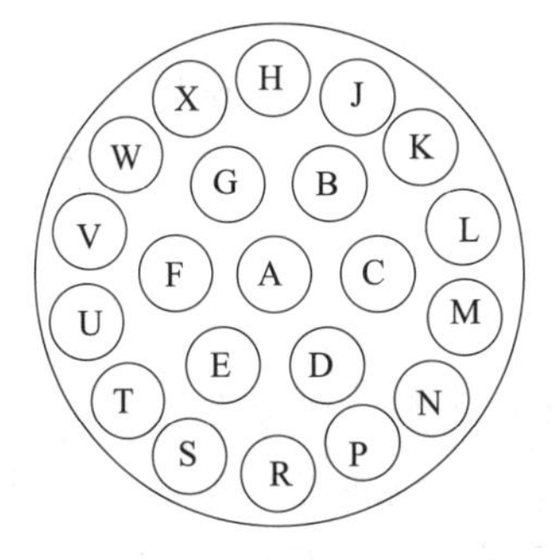
</td><td>A：空脚</td></tr>
<tr><td>B：电池管理系统供电正极</td></tr>
<tr><td>C：ON 挡信号线（电池管理系统唤醒）</td></tr>
<tr><td>D：空脚</td></tr>
<tr><td>E：空脚</td></tr>
<tr><td>F：负极继电器输出</td></tr>
<tr><td>G：电池管理系统供电负极</td></tr>
<tr><td>H：空脚</td></tr>
<tr><td>J：空脚</td></tr>
<tr><td>K：空脚</td></tr>
<tr><td>L：高压互锁信号</td></tr>
<tr><td>M：空脚</td></tr>
<tr><td>N：新能源 CAN 屏蔽</td></tr>
<tr><td>P：新能源 CAN_H</td></tr>
<tr><td>R：新能源 CAN_L</td></tr>
<tr><td>S：快充 CAN_H</td></tr>
<tr><td>T：快充 CAN_L</td></tr>
<tr><td>U：内部 CAN_H</td></tr>
<tr><td>V：内部 CAN_L</td></tr>
<tr><td>W：充电屏蔽</td></tr>
<tr><td>X：空脚</td></tr>
</table>

（二）北汽 EV160 电池管理系统故障分析

北汽 EV160 电池管理系统的主要故障是电池管理系统主控盒故障、2 个电池管理系统控制盒（信息采集器）故障和电池信息采集线束故障，如图 14－1。

（1）电池管理系统主控盒故障：电源线路故障、器件本身故障、通信线路故障。

（2）高压互锁故障：高压互锁信号线断路。

（3）电池管理系统控制盒故障：电池管理系统控制盒自身故障。

（4）电池信息采集线束故障：电池信息采集线束破损。

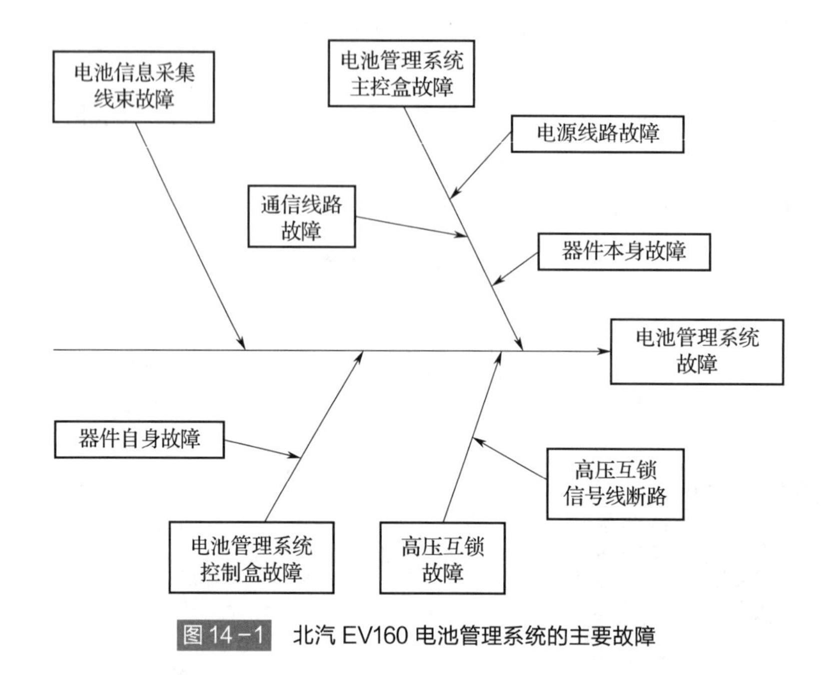

图 14－1 北汽 EV160 电池管理系统的主要故障

三、纯电动汽车电控系统常见故障

1. 充电机及 DC/DC 变换器常见故障

充电机及 DC/DC 常见故障包括输入欠压、输入过压，输出欠压/输出过压、输出未接电池、过温、短路、正负极反接。以上故障需到专业纯电动汽车维护站请专业人员处理，视情况维修或更换。

2. 动力电池异常断开

动力电池异常断开的原因：绝缘监测电路故障，更换电池管理系统主控盒；绝缘阻抗过低，检查高压线束绝缘状况和中控盒绝缘状况；动力电缆母线折断，更换动力电缆；高压继电器不吸合，更换高压继电器；熔断器熔断，适时更换熔断器；电池管理系统故障，更换电池管理系统主控盒。

3. 动力电池不能正常断开

动力电池不能正常断开可能是高压继电器粘连造成的，需要更换高压继电器。

4. 电池单体电压问题

电池单体电压过高、过低及不均衡，可能由于电池单体受损，也可能由于电池单体连接条松接或松脱。若电池单体受损则需到纯电动汽车维护站维修或更换；若电池单体连接条有问题，则需及时紧固。

5. 电池包温度异常

电池包温度过高，可能由于冷却风扇或温度传感器故障，应检查车辆后部风扇及温度传感器并及时更换；电池包温度过低，可能由于周遭气温过低或温度传感器故障，需开启电池加热装置进行加热，并适时检查更换温度传感器；电池包温度不均衡，可能由于电池箱间连接风管松脱，需要及时紧固连接风管。

6. SOC 异常

电池 SOC 过高或过低，可能由于电池 SOC 显示异常或动力电池电量过饱或过少。这时需要及时检查更换显示屏或电池管理系统主控盒，及时检查动力电池并进行充放电处理。

7. 电流显示异常

电流显示异常可能由于电流传感器、显示屏以及电池管理系统发送数据故障，处理需要及时检查维修，并据需要更换相关配件。

8. 空调异常

空调异常可能由于高压继电器不能吸合，参照动力电池异常断开方法处理即可。

9. 车辆及其暖风设备不能正常启动

车辆及其暖风设备不能正常启动可能由于高压继电器不能吸合造成 DC/DC 变换器不能正常工作，参照动力电池异常断开处理方法处理即可。

四、纯电动汽车电控系统故障检测

根据纯电动汽车安全管理策略要求并结合车载储能装置、功能安全和人员触电防护以及故障防护等几个方面，纯电动汽车高压电气系统的安全检测和保护主要包括以下 8 个方面。

1. 预充电保护电路

由于纯电动汽车高压电气系统的供电回路中存在着大量的容性负载，可能出现设备故障（如短路），如果在高压电路接通过程中不采取有效的防范措施，高压电路接通瞬间会对整个高压系统电路造成瞬时电冲击，甚至损毁设备，危及车辆和人身安全。为了安全接通高压电路，需要针对高压电路进行防电流瞬态冲击保护的预充电设计。

2. 电流检测电路

由于高压供电电路电流变化迅速，如果控制系统不能做出有效地检测主电路电流，则可能造成功率器件损坏，并危及高压电气系统安全。因此一旦检测到过流，就表明高压供电电流超过了设定的允许范围，应立即进入故障断开控制流程，断开供电主接触器，并发出故障报警信号，以提醒驾驶员。

3. 主电路互锁检测

为保证高压供电电路的可靠连接，在高压电路接通之前需要对供电电路的完整性进行检测。

4. 触点检测

为满足整车功能控制和高压电气自动切断保护的需求，纯电动汽车的高压电气系统必须配置可自动切断主回路的接触器。如果纯电动汽车在行驶过程中高压电气接触器闭合或断开失效，且不能及时采取有效的处理措施，轻者会发生高压电气系统失控的情况，重者危及车辆和人身安全甚至产生重大安全事故。

5. 绝缘检测

高电压系统主要由动力电池、电源变换器、电动机控制器和电动机等电气设备组成。动力电池的工作电压一般在直流 300 V 以上，采用较高的电压规范，可减小电气设备的工作电流，减轻电气设备和整车的重量。但是，较高的工作电压对高电压系统与车辆底盘之间的绝缘性能提出了更高的要求。为了消除高压系统对人员和车辆的潜在威胁，只有定量地分别检测直流“直流正极母线 – 底盘”和“直流负极母线 – 底盘”的绝缘性能，才能保证纯电动汽车高压电气系统安全性。

6. 余电泄放保护

由于纯电动汽车高压电气系统的供电回路中存在着大量的容性负载，在动力电池断开后，供电回路中仍会残留很高的电压和电能，如果不采取有效的泄放措施，将会危及车辆和人身安全。为了避免剩余电能可能带来的危害，高压电气系统在高压电源切断后要进行余电泄放。

7. 电压检测

动力电池的电压与动力电池的放电能力和放电效率有很大的关系，如果在动力电池电压较低的情况下仍以额定放电电流或更大的电流放电，则将损坏动力电池和高压用电设备。因此，为了保障纯电动汽车在动力蓄电池低压时用电器件及动力蓄电池的安全，需要设计电压检测电路对高压电路系统工作电压进行实时准确的检测并进行供电保护。

8. 温度检测

驱动功率器件在输出功率的同时自身也要消耗功率，主要包括导通损耗和开关损耗，这些损耗通常表现为热。随着热量的累积，驱动功率器件的基板温度和工作结温也随之升高。如果温度过高，则可能会造成驱动器件过热损坏。为了使驱动功率器件可靠、稳定地工作，必须采取行之有效的散热措施把这些热量从功率器件导到外部环境，同时加强驱动功率器件的温度监测和过热保护。因此需要设计过温检测电路以对高压电气安全控制系统进行温度检测和实现过热保护功能。

通过以上检测可判断高压电路故障，若监测到高压电路发生故障，则控制器将封锁输出信号，同时高压电气管理系统断开高压电路。

五、纯电动汽车整车故障检测与诊断

整车控制器通过相应的控制软件来对采集到的信息进行判断、分析和计算，并将最终生成控制指令发送给纯电动汽车的其他控制单元。控制整车的各个部件协调工作，使车辆安全平稳行驶。因此，整车控制器的性能好坏直接影响纯电动汽车控制系统的控制效果。无论纯电动汽车的其他总成性能如何完好，如果整车控制器出现了问题，车辆就无法正常行驶，无法实现能量回馈，甚至出现安全事故。下面以北汽 EV200 的整车故障为例，阐述纯电动汽车整车故障等级、整车故障诊断流程，以及整车通信故障的检测方法及解决方案，以期让学习者更好地了解纯电动汽车整车故障的检测与诊断的知识。

（一）纯电动汽车整车故障等级

整车控制器根据电机、电池、电动助力转向系统（EPS）、DC/DC 等零部件故障，整车 CAN 网络故障及整车控制器硬件故障进行综合判断，确定整车故障等级，并进行相应的控制处理。

北汽 EV200 整车故障等级见表 14－2。

表 14－2　北汽 EV200 整车故障等级

故障级别	故障名称	故障后处理
一级故障	致命故障	紧急断开高压
二级故障	严重故障	二级电机故障零扭矩，二级电池故障 20 A 放电电流限功率
三级故障	一般故障	进入坡行工况/降功率
四级故障	轻微故障	仅通过仪表盘显示，四级故障属于维修提示，但是整车控制器不对整车进行限制。 四级能量回收故障，仅停止能量回收，行驶不受影响

（二）纯电动汽车整车故障检测与诊断流程

当仪表盘显示整车故障时，整车故障检测与诊断的流程如下。

（1）读取故障码。

（2）读取冻结帧。

（3）读取数据流。

（4）维修。

（5）清除故障码。

（6）关闭钥匙，再将钥匙旋至 ON 挡，再次读取故障码，确定故障不存在，维修完成。整车故障检查与诊断流程如图 14－2 所示。

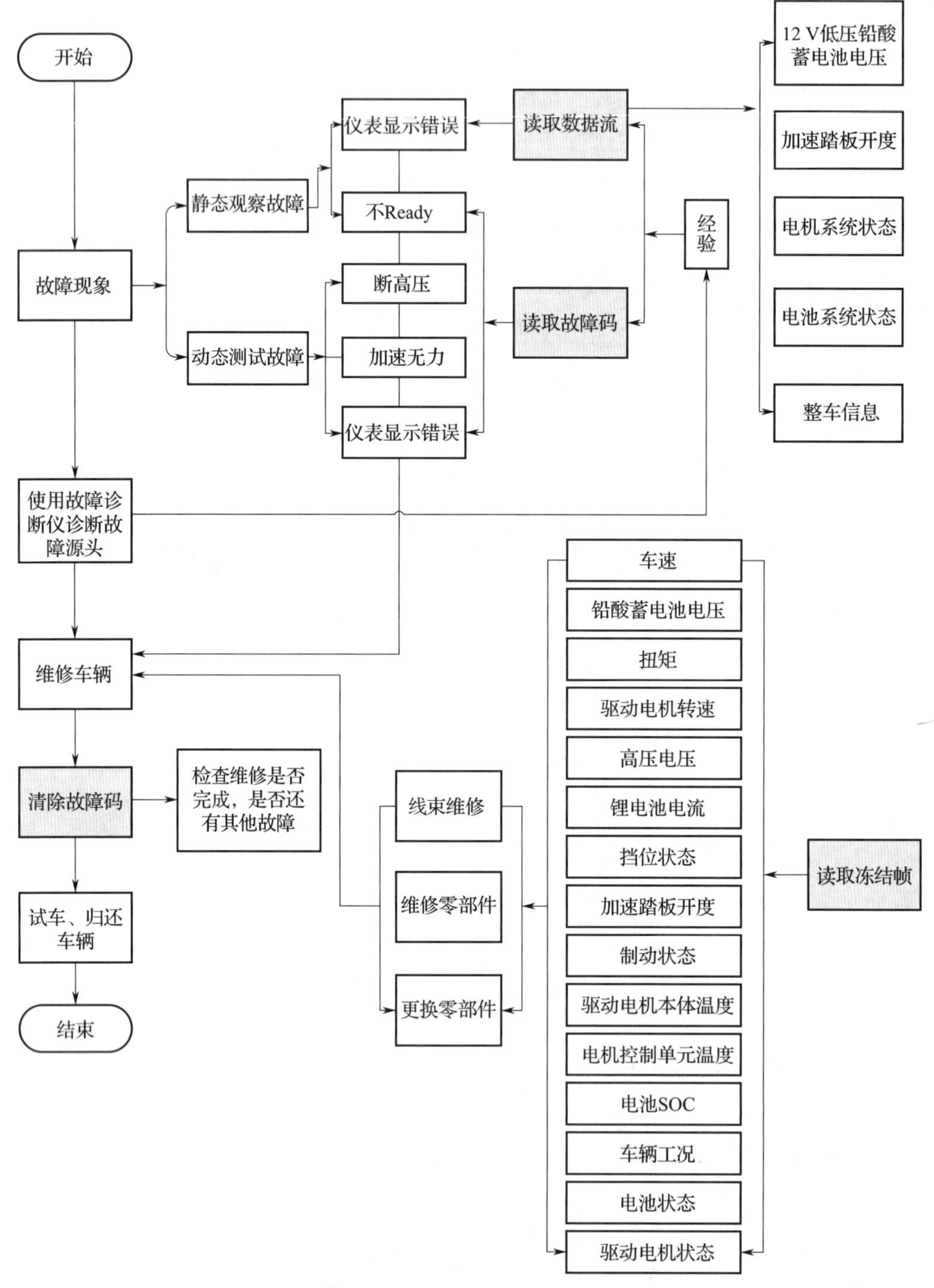

图 14-2　整车故障检查与诊断流程

(三) 纯电动汽车整车通信故障的检测方法及解决方案

整车通信故障的检测方法和解决方案见表 14-3。

表 14-3　整车通信故障的检测方法及解决方案

故障情况	检测方法及解决方案
整车控制器没有电	根据整车控制器管脚定义，检查针脚。 1 号针脚：ACC—启动开关 ACC 挡； 2 号针脚：GND—接地端； 3 号针脚：BAT—整车常电； 4 号针脚：ON—启动开关 ON 挡； 5 号针脚：GND—接地端； 可能原因包括整车控制器供电保险烧毁、线束断开、接插件退针等
仪表到整车控制器的新能源 CAN 总线线束有问题	整车控制器线束端子 8 号针脚：新能源 CAN_H—对应仪表线束端子针脚； 整车控制器线束端子 9 号针脚：新能源 CAN_L—对应仪表线束端子针脚
整车控制器与车型不匹配或者整车控制器损坏	检查整车控制器的零部件号，直接更换适用于本车型的整车控制器即可
仪表与车型不匹配或者仪表损坏	检查仪表的零部件号，直接更换适用于本车型的仪表

实训技能

实训一　驱动冷却系统检修

实训目的

（1）能够检查驱动冷却系统管路。

（2）能够更换冷却液。

实训要求

（1）检查冷却液前，须断开高压电池维修塞。

（2）进行操作前，须穿戴安全防护装备。

实训器材

（1）设备准备：北汽 EV160、举升机。

（2）工具准备：万用表。

（3）安全防护用品：安全防护装备。

实训一设备、工具如图 14-3 所示。

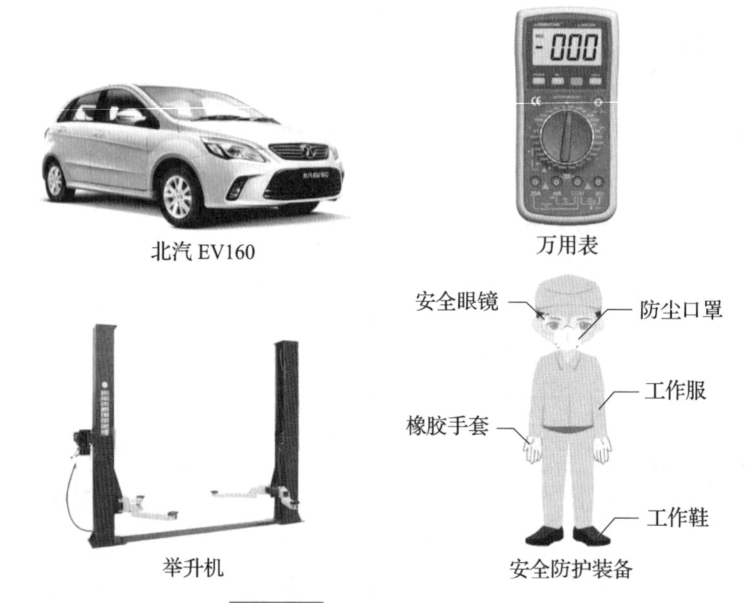

图 14-3　实训一设备、工具

操作步骤

1. 检查驱动冷却系统管路

（1）检查冷却液溢流管路外观是否破损，连接是否可靠，如图 14-4 所示。

（2）检查散热器进水管路外观是否破损，连接是否可靠，如图 14-5 所示。

图 14-4　冷却液溢流管

图 14-5　散热器进水管

（3）检查水泵进水管路外观是否破损，连接是否可靠，如图 14-6 所示。

（4）检查电机控制单元进水管路外观是否破损，连接是否可靠，如图 14-7 所示。

图 14-6　水泵进水管

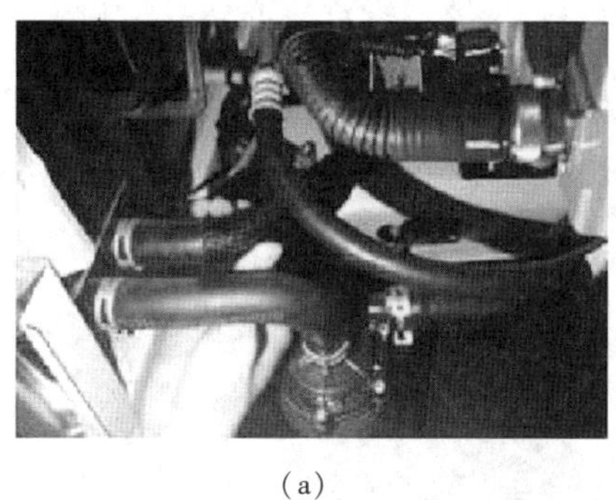

（a）　　　　　　　　　　　　　　　（b）

图 14－7　电机控制单元进水管

（a）连接水箱端　（b）连接电机控制单元进水管

2. 更换冷却液

1）检查冷却液冰点

（1）检查冰点检测仪外观有无破损，如图 14－8 所示。

（2）使用纯净水检查冰点检测仪性能是否良好，如图 14－9 所示。

图 14－8　检查冰点检测仪外观

图 14－9　使用纯净水检查冰点检测仪

（3）测试完成，清洁冰点检测仪，如图 14－10 所示。

（4）拧松冷却液储液壶盖并取下，如图 14－11 所示。

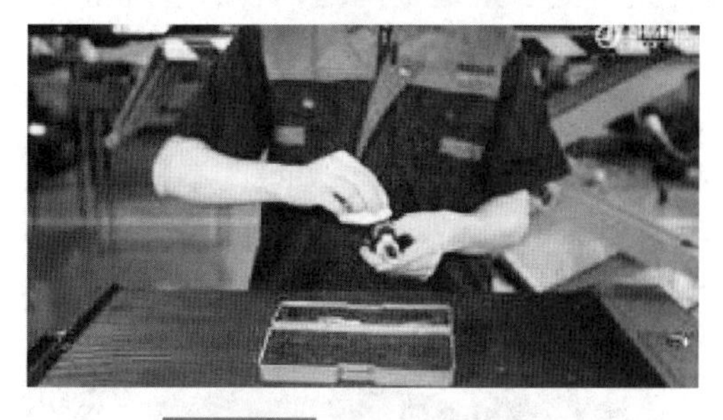

图 14－10　清洁冰点检测仪

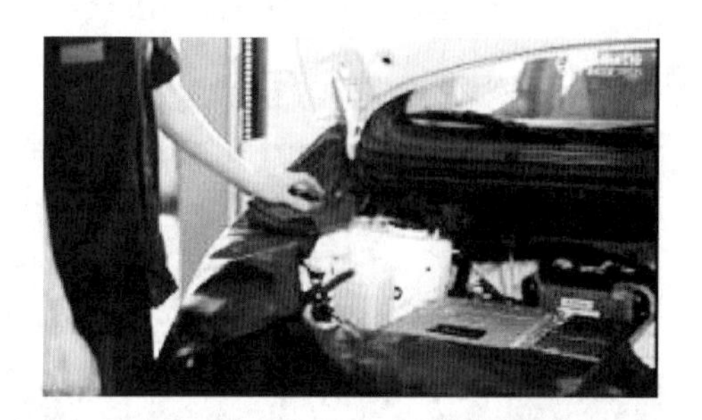

图 14－11　取下冷却液储液壶盖

（5）使用试管提取少量冷却液，并将其放到试镜表面，立刻盖板挤出气泡，如图 14－12所示。

（6）将冰点检测仪对准光源，通过观察孔观察冷却液冰点指数是否合格，如图 14－13 所示。若测量值高出标准值，则需要立即更换整车冷却液。

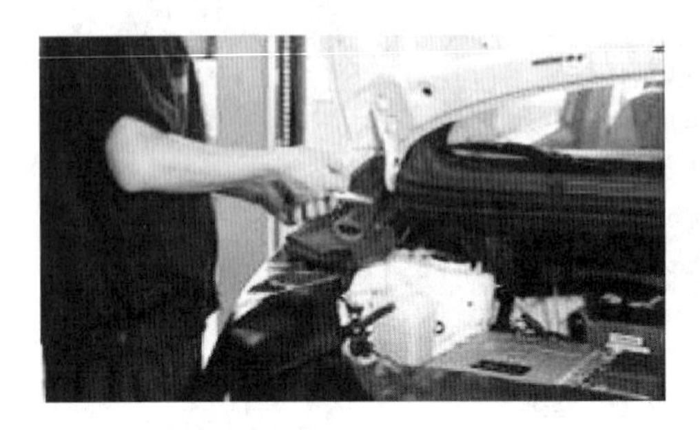

图 14－12　提取冷却液

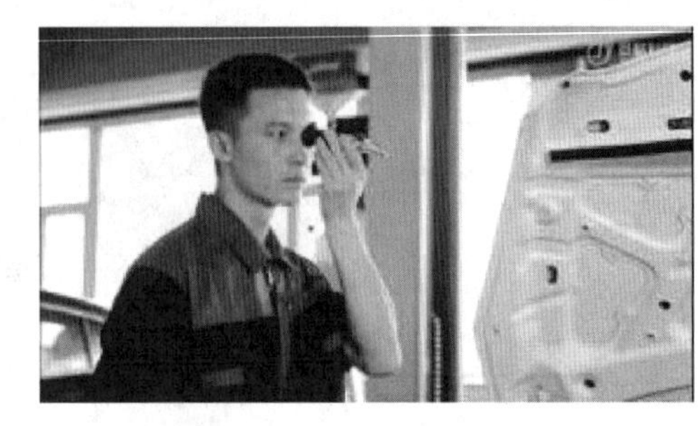

图 14－13　观察冷却液冰点指数

2）更换冷却液

（1）举升车辆至高位，拧松排放螺栓排放冷却液，如图 14－14 所示。

（2）排放完冷却液后，拧紧排放螺栓，清洁残留水渍，如图 14－15 所示。

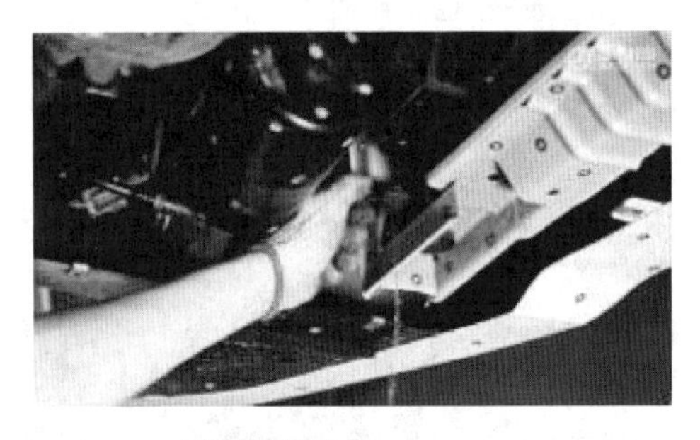

图 14－14　排放冷却液

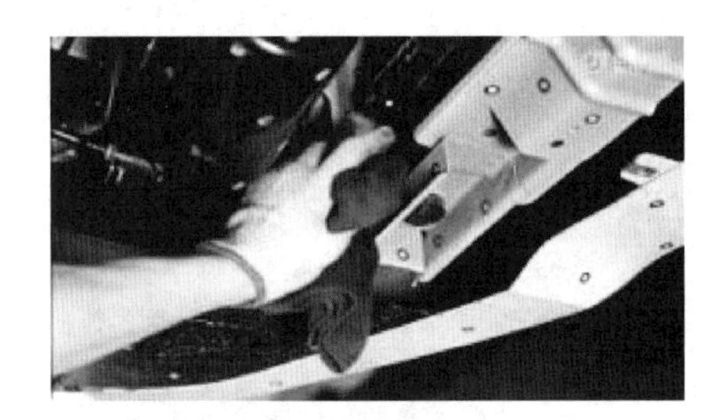

图 14－15　清洁残留水渍

（3）降下车辆，根据维修手册要求将符合标准的冷却液加注到冷却储液壶内，直到液位达到标准，旋紧储液壶盖，清洁残留的冷却液，如图 14－16 所示。

（4）车辆运转一段时间后，检查冷却液位是否处于规定范围之内，若冷却液低于标准液位，则继续添加冷却液，如图 14－17 所示。

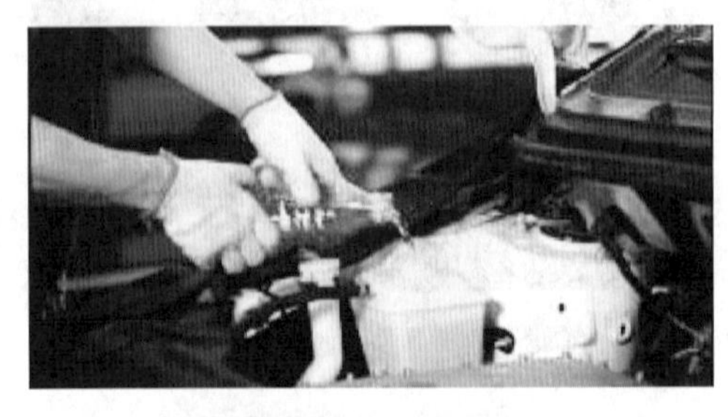

图 14－16　加注冷却液

图 14－17　检查冷却液位置

(5) 再次举升车辆，检查冷却系统各部件有无油液泄漏，如图 14－18 所示。

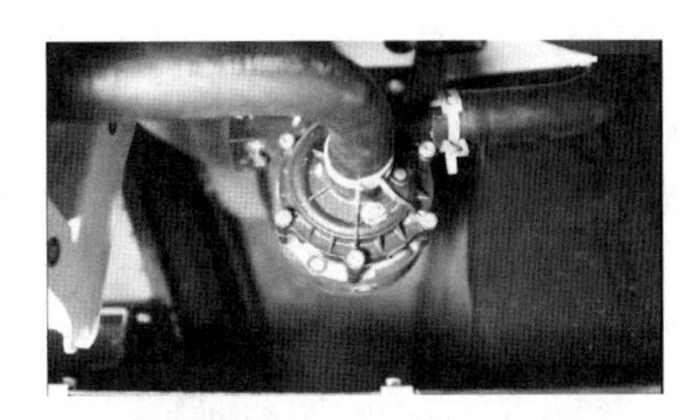

图 14－18　检查冷却系统各部件

实训二　动力电池充电系统检修

实训目的

(1) 掌握动力电池充电系统检测内容。

(2) 掌握动力电池充电系统检测方法。

实训要求

(1) 检修动力电池充电系统前，须断开高压电池维修塞。

(2) 进行检测前，须穿戴安全防护装备。

实训器材

(1) 设备准备：北汽 EV160、举升机。

(2) 工具准备：万用表。

(3) 安全防护用品：安全防护装备。

实训二设备、工具如图 14－19 所示。

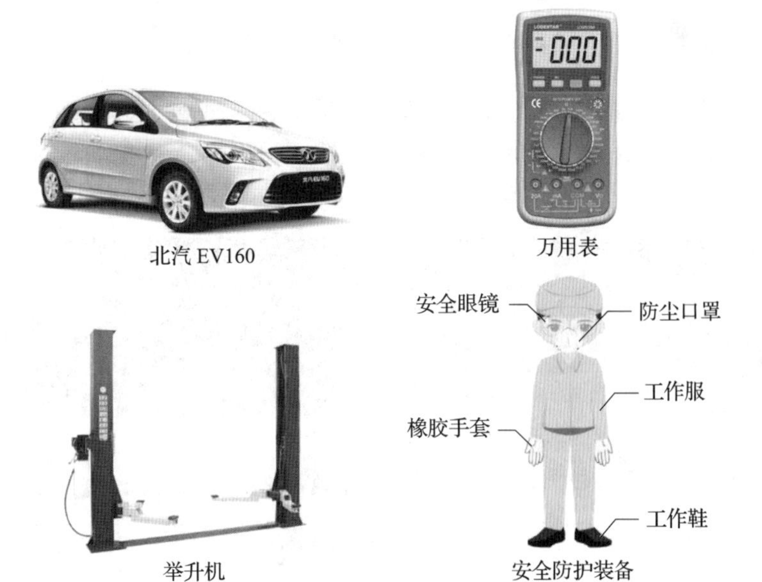

图 14－19　实训二设备、工具

操作步骤

1. 检查快速充电口盖外观

（1）检查快速充电口盖开关是否顺畅，如图 14－20 所示。

（2）检查各端口有无异常，如图 14－21 所示。

图 14－20 检查快速充电口盖

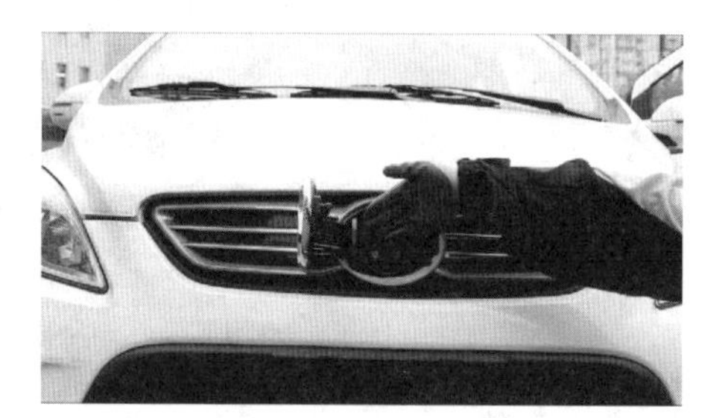

图 14－21 检查各端口

（3）检查充电口盖锁止是否可靠，如图 14－22 所示。

2. 检查快速充电口与高压控制盒线束

（1）打开快速充电口盖，如图 14－23 所示。

图 14－22 检查充电口盖锁止

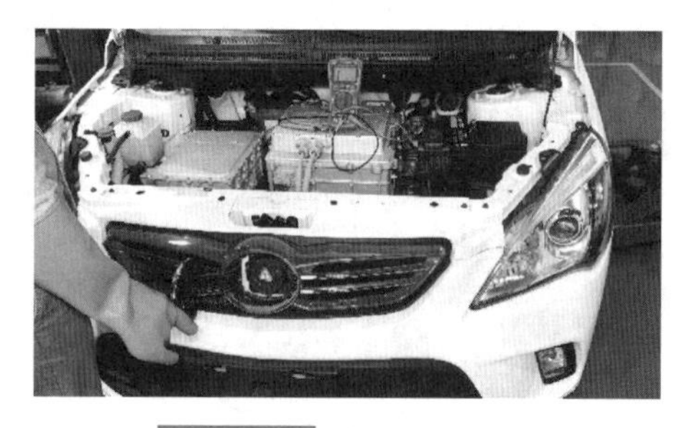

图 14－23 打开充电口盖

（2）断开高压控制盒的快充控制连接器，如图 14－24 所示。

（3）将万用表旋至 20 Ω 电阻挡，使万用表黑表笔连接充电口 5 号端子，红表笔连接接插器 1 号端子，如图 14－25、图 14－26 所示。

图 14－24 断开快充控制连接器

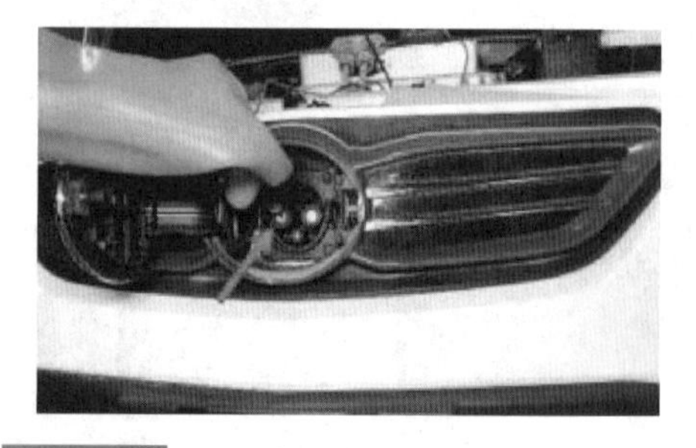

图 14－25 万用表黑表笔连接充电口 5 号端子

（4）测量两端的电阻值，标准电阻值小于 1 Ω 若测量值与标准数值不符合，则说明该线路断路损坏，如图 14－27 所示。

图 14－26　万用表红表笔连接接插器 1 号端子

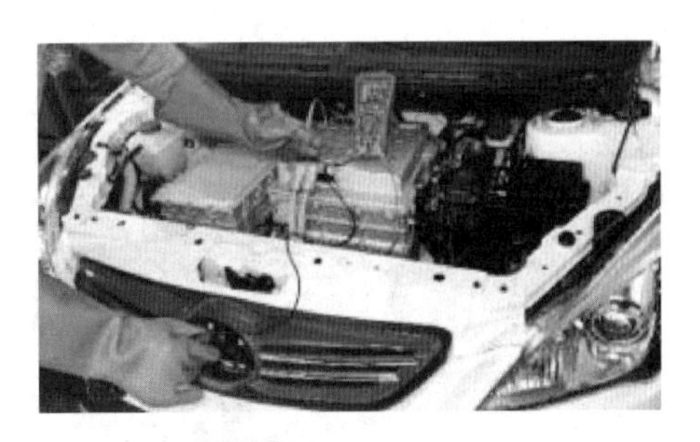

图 14－27　测量两端的电阻值

（5）将万用表旋至电阻挡保持不变，使万用表黑表笔连接充电口 6 号端子如图 14－28 所示，红表笔连接接插器 2 号端子（见图 14－29）。

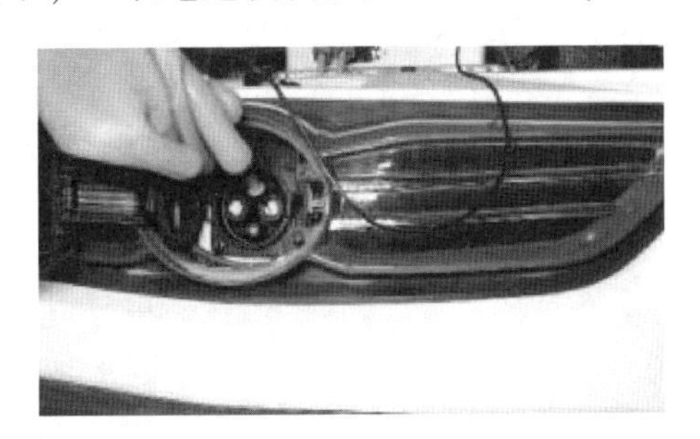

图 14－28　万用表黑表笔连接充电口 6 号端子

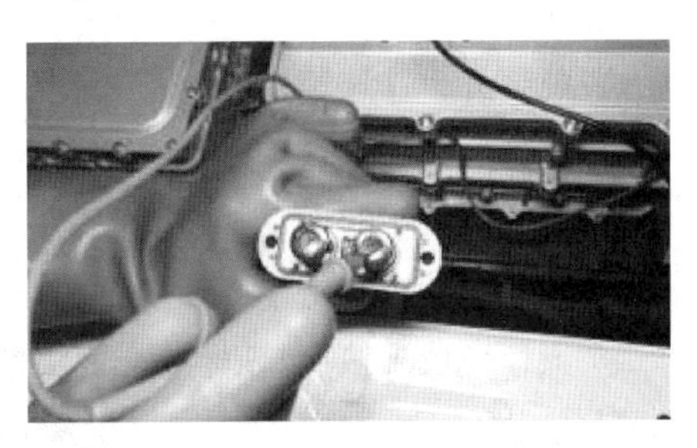

图 14－29　万用表红表笔连接接插器 2 号端子

（6）测量两端的电阻值，标准电阻值小于 1 Ω。若测量值与标准数值不符合，则说明该线路断路损坏，如图 14－30 所示。

3. 检查快速充电口与车身搭铁

（1）将万用表旋至 20 MΩ 电阻挡，使万用表黑表笔连接充电口 5 号端子，红表笔连接车身搭铁点，如图 14－31 所示。

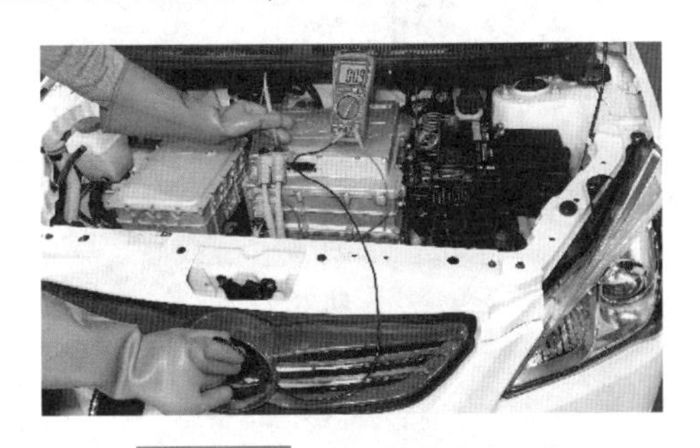

图 14－30　测量两端的电阻值

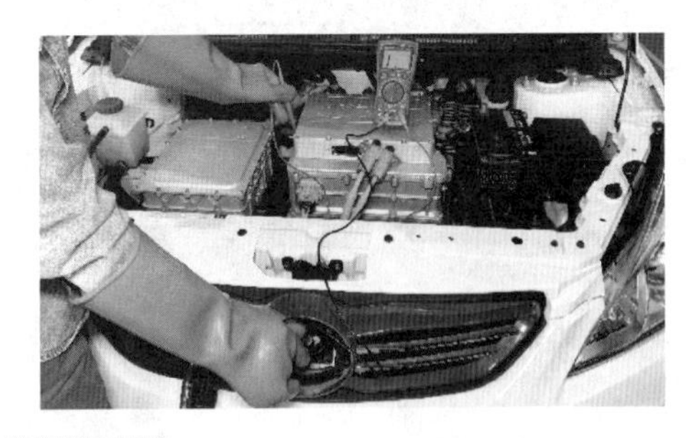

图 14－31　万用表连接快速充电口与车身搭铁点

（2）测量充电口和车身搭铁之间的电阻值，标准电阻值大于 20 MΩ。若测量值小于标准值，则说明高压控制盒短路损坏，如图 14－32 所示。

（3）测量完成，连接接插器，如图 14－33 所示。

图 14-32　标准电阻值

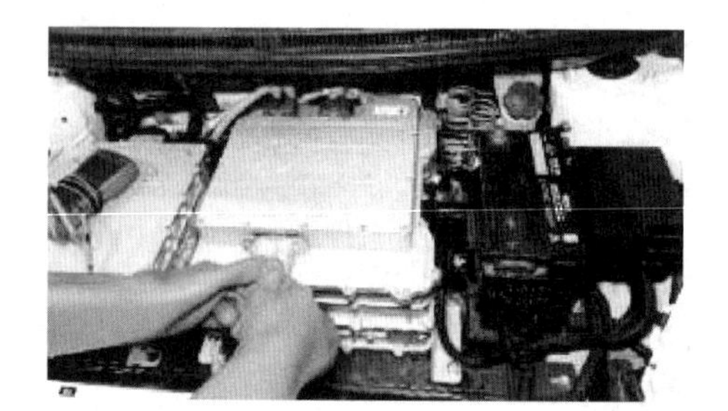

图 14-33　连接接插器

实训三　电控系统加速踏板故障检测

实训目的

（1）能够分析加速踏板电路图。

（2）能够对故障进行检测与诊断。

实训要求

（1）操作过程中注意设备的保护。

（2）操作完成后按照 6S 标准整理实训场地。

实训器材

（1）设备准备：北汽 EV160、举升机。

（2）工具准备：万用表。

（3）安全防护用品：安全防护装备。

实训三设备、工具如图 14－34 所示。

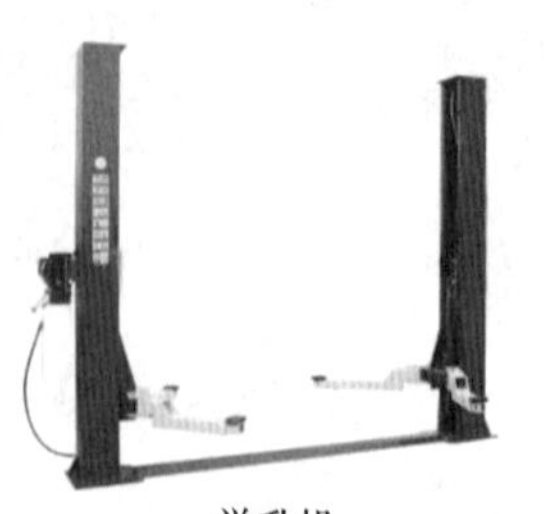

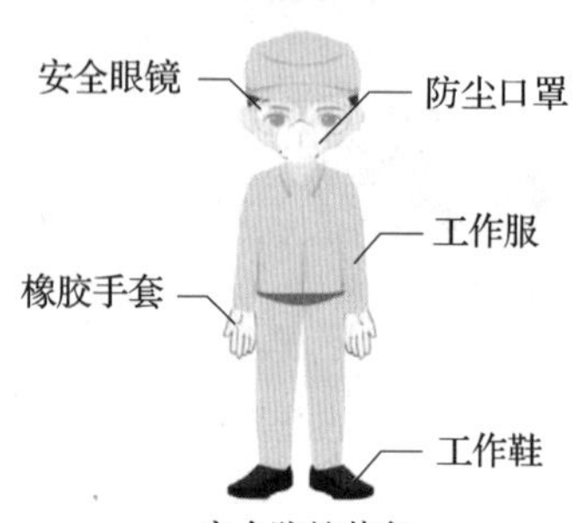

图 14－34　实训三设备、工具

操作步骤

纯电动汽车的加速踏板决定着驱动电机的扭矩输出，是一个典型的“与安全相关”的设备，其功能性故障将直接影响人身、车辆、财产等的安全。

北汽 EV200 车主反映，最近车辆在行驶时总感觉加速无力，经过维修人员排查，确定加速踏板位置传感器故障。下面对这一故障进行检测与诊断。

1. 分析北汽 EV200 加速踏板电路图

北汽 EV200 加速踏板位置传感器有 2 个电位器、6 个针脚。每 3 个针脚连接一个完整的电位器，2 个电位器分别布置在 2 个电路中，如图 14－35 所示。加速踏板内部的电位器分别是主信号电位器和辅助信号电位器。两者之间的关系：主信号电压是辅助信号电压的 2 倍；两组电位器可以相互检测，如果其中一个电位器出现故障，则整车控制器可以接收到另一个电位器的信号，从而保证车辆的安全可靠性。

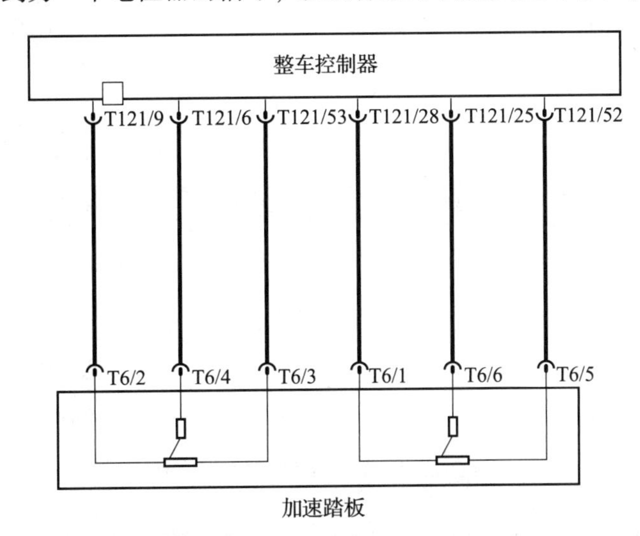

图 14－35　北汽 EV200 加速踏板电路

维修人员在对北汽 EV200 加速踏板故障进行检测与诊断时，首先需要识读北汽 EV200 加速踏板电路图。北汽 EV200 加速踏板电路图导线定义见表 14－4。

表 13－4　北汽 EV200 加速踏板电路图导线定义

导线名称	导线定义
T6/2—T121/9	加速踏板位置信号 1 电源线
T6/4—T121/6	加速踏板位置信号 1 信号线
T6/3—T121/53	加速踏板位置信号 1 接地线
T6/1—T121/28	加速踏板位置信号 2 电源线
T6/6—T121/25	加速踏板位置信号 2 信号线
T6/5—T121/52	加速踏板位置信号 2 接地线

通过对电路图的分析，结合读取的故障码和标准数据，维修判断整车控制器接收不到从加速踏板传递过来的信号。导致这种现象的原因有以下两种。

（1）加速踏板位置传感器工作异常。

（2）加速踏板位置传感器外部电路故障。

2. 加速踏板信号故障检测与诊断步骤

北汽 EV200 故障诊断仪测出加速踏板信号故障代码为 P1538，如图 14－36 所示。根据故障码可知加速信号发生故障。

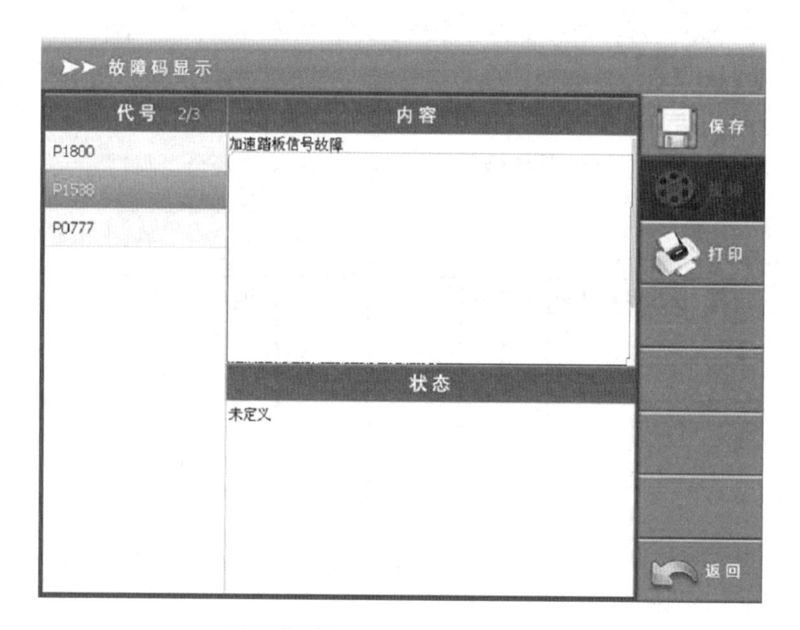

图 14－36 加速踏板信号故障代码

北汽 EV200 加速踏板信号故障的检测与诊断步骤。

（1）使用故障诊断仪读数据流指令，选择加速踏板信号 1 和加速踏板信号 2，点击“确定”，读取数据流。

（2）检修人员踩加速踏板，检测加速踏板线束端子 4、6 的电压，正常情况下端子 4 的电压是端子 6 的电压的 2 倍。

（3）检查加速踏板信号连接线束，查看加速踏板线束连接是否正常。

（4）检测加速踏板线束端子 1、2 的电压，正常值应该是 5 V。

（5）检测加速踏板线束端子 3、5 的电压，正常值应该是 0 V。

（6）在不踩加速踏板时，检测加速踏板线束端子 4、6 的电压，正常情况下电路电压应该都接近 0 V。

（7）以上（2）~（5）项，任何一项不满足，请更换线束或者更换加速踏板。

（8）维修结束，使用故障诊断仪清除故障码，重新启动系统。

思考与练习

一、判断题

1. 电机控制单元的运行状况是决定驱动系统能否够正常运行的关键。（　　）

2. 电机控制单元的检修基本以传感器检测及绝缘性监测为主。（　　）

3. 电池管理系统是动力电池与整车控制器、驾驶者沟通的桥梁。（　　）

4. 北汽 EV160 电池管理系统的主要故障是电池管理系统主控盒故障、2 个电池管理系统控制盒（信息采集器）故障和电池信息采集线束故障。（　　）

5. 整车控制器的性能直接影响纯电动汽车控制系统的控制效果。（　　）

二、选择题

1. 纯电动汽车常见故障包括（　　）。【多选】

A. 接插器损坏　　B. 接插器松动

C. 电机控制单元短路损坏　　D. 电动机线圈断路损坏

2. 纯电动汽车驱动系统故障诊断主要包括（　　）。【多选】

A. 电动机检测　　B. 电机控制单元检测

C. 温度检测　　D. 驱动系统高压互锁检测

3. 动力电池低压线束针脚 C 为（　　）。

A. 空脚　　B. 高压互锁信号

C. ON 挡信号线　　D. 负极继电器输出

4. 当整车控制器判定为一级故障后，会（　　）。

A. 紧急断开高压　　B. 放电电流限功率

C. 进入坡行工况　　D. 停止能量回收

学习小结

1. 纯电动汽车常见故障包括接插件损坏、松动，电机控制单元短路损坏，电动机线圈断路损坏。

2. 驱动系统故障诊断主要包括电动机检测、电机控制单元检测、驱动系统高压互锁检测、温度检测。

3. 北汽 EV160 电池管理系统的主要故障是电池管理系统主控盒故障、2 个电池管理系统控制盒（信息采集器）故障和电池信息采集线束故障。

4. 电控系统的常见故障包括充电机及 DC/DC 变换器常见故障、动力电池异常断开、动力电池不能正常断开、电池单体电压问题、电池包温度异常、电池 SOC 异常、电流显示异常、空调异常、车辆及其暖风设备不能正常启动。

5. 纯电动汽车高压电气系统的安全检测和保护主要包括预充电保护电路、电流检测电路、主电路互锁检测、绝缘检测、余电泄放保护、电压检测、温度检测。

6. 整车控制器根据驱动电机、电池、EPS、DC/DC 等零部件故障，整车 CAN 网络故障及整车控制器硬件故障进行综合判断，确定整车故障等级，并进行相应的控制处理。

7. 整车故障检测与诊断的流程：读取故障码→读取冻结帧→读取数据流→维修→清除故障码→关闭钥匙，再将钥匙旋至 ON 挡，再次读取故障码，确定故障不存在，维修完成。